# SIEMENS 数控系统参数编程

## ——编程技巧与实例精解

杜 军 编著

QINGSONG ZHANGWO SIEMENS SHUKONG XITONG CANSHU BIANCHENG BIANCHENG JIQIAO YU SHILI JINGJIE

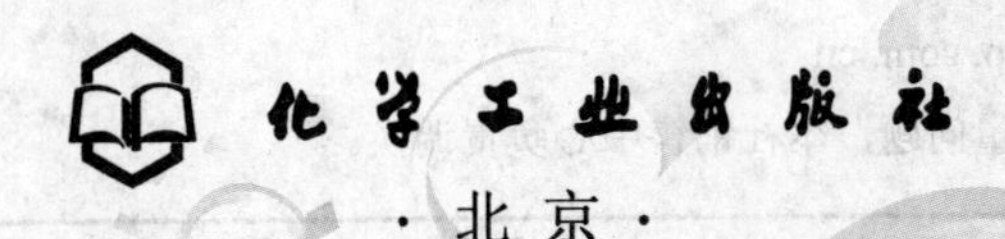


·北京·

这是一本让你轻松实现从入门到精通 SIEMENS（西门子）数控系统参数编程的书。

本书是实用性非常强的数控技术用书，详细介绍了 SIEMENS 数控系统参数编程的基础知识、数控车削加工参数编程和数控铣削加工参数编程相关知识。全书内容采用“实例法”，由浅入深，由易到难，循序渐进的模块化方式编写，共分 56 个模块，先介绍相关入门基础知识导入学习，然后精选 70 余道典型例题详细讲解以期重难点突破，最后精心设计了 180 余道针对性思考练习题供强化练习巩固提高（附参考答案），完全符合科学的学习模式。

本书可供数控行业的工程技术人员、从事数控加工编程及操作的人员使用，也可供各类大中专院校或培训学校的数控相关专业师生使用，还可作为各类数控竞赛和国家职业技能鉴定数控高级工、数控技师、高级技师的参考书。

**图书在版编目（CIP）数据**

轻松掌握 SIEMENS 数控系统参数编程——编程技巧与实例精解 / 杜军编著. —北京：化学工业出版社，2013.8

ISBN 978-7-122-16242-7

Ⅰ. ①轻… Ⅱ. ①杜… Ⅲ. ①数控机床-程序设计 Ⅳ. ①TG659

中国版本图书馆 CIP 数据核字（2013）第 002843 号

责任编辑：张兴辉　　文字编辑：项　溦

责任校对：王素芹　　装帧设计：王晓宇

出版发行：化学工业出版社（北京市东城区青年湖南街 13 号　邮政编码 100011）

印　　刷：北京永鑫印刷有限责任公司

装　　订：三河市宇新装订厂

787mm×1092mm　1/16　印张 14¾　字数 360 千字　　2013 年 9 月北京第 1 版第 1 次印刷

购书咨询：010-64518888（传真：010-64519686）　　售后服务：010-64518899

网　　址：http: // www. cip. com. cn

凡购买本书，如有缺损质量问题，本社销售中心负责调换。

定　　价：49.00 元

# 前言 FOREWORD

这是一本让你轻松实现从入门到精通 SIEMENS（西门子）数控系统参数编程的书。

你是数控编程学习人员，你是数控加工从业人员，那你懂参数程序吗？…不懂？…你会 R 参数编程吗？…不会？太难？…你对参数编程的应用了解全面吗？…了解一部分，不全面？…你 OUT（落伍）了！

## 什么是参数编程？

先看下面的简单例题：如图 1 所示，工件原点在 $P_1$ 点位置，则 $P_2$ 点的坐标值为（30,20），这样表示的坐标值为常量表示形式，如图 2 所示 $P_2$ 点的坐标值用符号可表示为（$L, B$），图 3 则是用 SIEMENS 数控系统“认识”的符号表示为（R1，R2）。不难理解，其实仅是用不同的表示符号进行了置换而已。

若要求从 $P_1$ 点移动到 $P_2$ 点，可编制加工程序分别为“G00 X30 Y20”、“G00 X=L Y=B”和“G00 XR1 Y=R2”，其中“G00 XR1 Y=R2”就是一个参数程序语句，符号“R1”、“R2”就是 R 参数（变量）!

定义有了：运用 R 参数（变量）符号编制的数控程序就叫参数编程！！很简单的！

比较一下，“G00 X30 Y20”只能移动到坐标值为（30,20）的目标位置；“G00 X=L Y=B”对于 SIEMENS 数控系统无法识别；而“G00 X=R1 Y=R2”，若令 R1=30，R2=20，仍然可移动到坐标值为（30,20）的目标位置，若令 R1=42，R2=10，则可移动到坐标值为（42,10）的目标位置……仅改变 R 参数的值即可实现移动目标位置的改变！

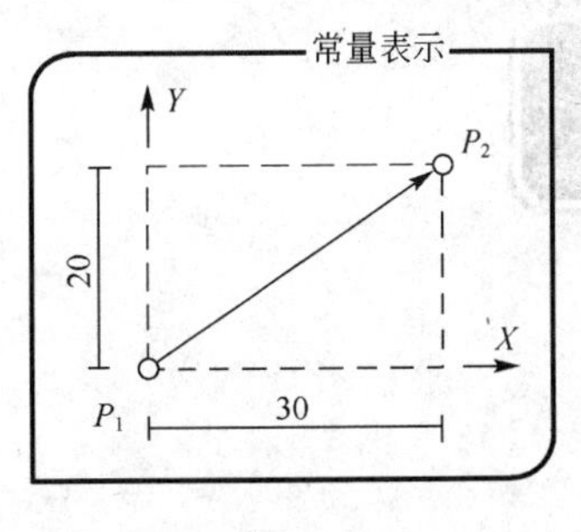

图 1

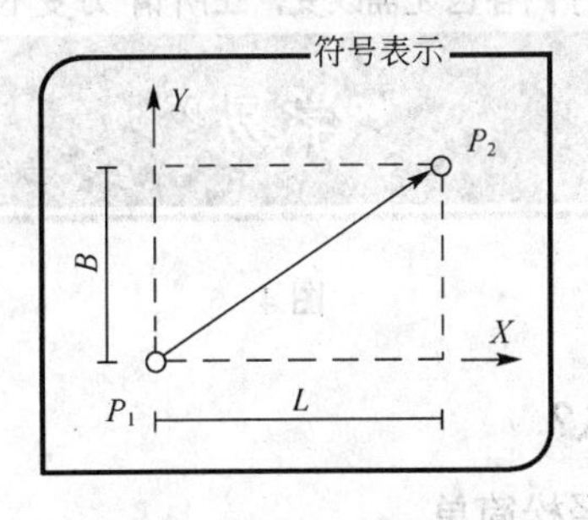

图 2

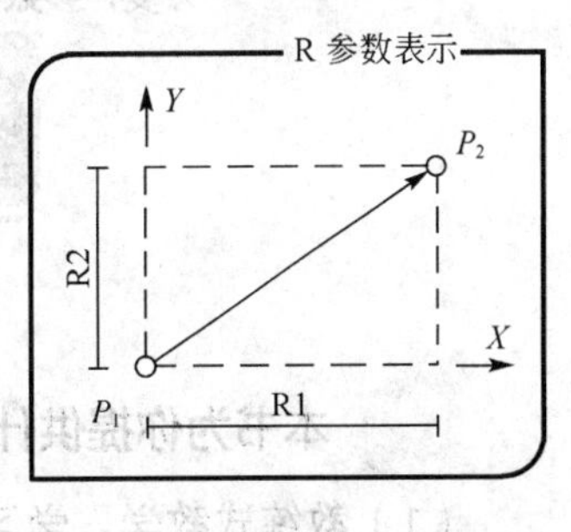

图 3

**从 $P_1$ 点移动到 $P_2$ 点不同表示形式对比表**

| 基点与移动路线 | 常量表示 | 符号表示 | R 参数（变量）表示 |
|---|---|---|---|
| $P_1$ | (0,0) | (0,0) | (0,0) |
| $P_2$ | (30，20) | ($L$，$B$) | (R1,R2) |
| $P_1 \to P_2$ | G00 X30 Y20 | G00 X=L Y=B | G00 X=R1 Y=R2 |

## 参数编程给你带来什么?

参数程序的典型应用如下。

（1）定制专属固定循环指令

重复出现的相同结构、形状相似、尺寸不同的系列产品，还有如大平面铣削等典型的循环动作均可轻松实现修改 R 参数赋值完成期望动作，将重复或复杂的问题简单化。

（2）实现曲线插补

一般数控系统仅提供了直线插补和圆弧插补，运用 R 参数编程可实现公式曲线的插补功能，椭圆、双曲线、抛物线、正弦曲线等非圆曲线尽在掌握，可大大拓展数控系统插补指令。

关于参数编程能给你带来的改变，也许从图 4 能有所了解。

图 4

## 本书为你提供什么?

（1）教练式教学，学习轻松简单

本书章节布局合理，全部采用模块化编写，可从头至尾、从易到难、由浅入深地学习，也可单独学习研究某一章节。

每一小节按“基础知识”、“例题讲解”、“思考练习”三部曲方式安排，完全符合科学有效的教练式教学模式。先精细化介绍基础知识，对所涉知识了然于胸，然后精选具有代表性的题目作为例题详细讲解，作为示范以例导学，最后安排大量练习题，采用一课多练的方式，检验并强化巩固所学知识。

（2）活学活用，从入门到精通

本书打造了“一图一表”（一幅几何参数模型图、一张变量处理表）的特色例题讲解模式，生动形象，大大提高学习效率，入门从此变得轻松简单。同时提供海量针对性的习题，在不断练习的过程中逐渐学以致用、举一反三，俗话说“曲不离口、拳不离手”，熟才能生巧，只有大量地强化练习方能真正将知识纳为己用，精通则不再遥远。

（3）现学现用，不懂也能用

本书亦可作为参数编程手册式工具书，章节模块化可单独查询学习，使用方便；每节例题采用模板式编写，可以“拿来主义”不求甚解直接套用。

毋庸置疑，参数编程是数控加工编程的高级内容，有人称它为“数控编程金字塔的塔尖”，以形容它的高度与难度，通过本书的学习，它将高度犹存，难度不在。

还等什么？Let’s go！

**编著者**

CONTENTS

# 目录

## 第 1 章　参数编程基础　Page 1



## 第 2 章　数控车削加工参数编程　Page 26



## 第 3 章　数控铣削加工参数编程　Page 80

## 思考练习答案 Page 186



## 参考文献 Page 226

# 第1章 参数编程基础

## 1.1 概述

R参数是SINUMERIK系统制造厂家考虑所提供的指令不能满足用户需要时，而给用户所用的在数控系统的平台上进行开发的工具，当然这里的开放和开发都是有条件和有限制的。通过以下知识的学习，就可以充分利用数控系统所提供的R参数功能了。

**（1）R参数化编程概念**

在一般的程序编制中，程序字为常量，一个程序只能描述一个几何形状，当工件形状没有发生改变、但是尺寸发生改变时，只能重新编程，灵活性和适用性差。另外，在编制如椭圆等没有插补指令的公式曲线加工程序时，需要逐点算出曲线上的点，然后用直线或圆弧段逼近，如果零件表面粗糙度要求很高，则需要计算更多点，程序庞大且不利于修改。利用数控系统提供的参数化编程功能，当所要加工的零件形状不变、只是尺寸发生了一定变化的情况时，只需要在程序中给要发生变化的尺寸加上几个R参数（变量）和必要的计算式，当加工的是椭圆等非圆曲线时，只需要在程序中利用数学关系来表达曲线，实际加工时，尺寸一旦发生变化，只要改变这几个参数的赋值就可以了。这种具有R参数，并利用对参数的赋值和表达式来进行对程序编辑的编程方式叫R参数化编程。

参数化编程可以较大地简化编程，扩展程序应用范围。参数化编程适合图形类似、只是尺寸不同的系列零件的编程，适合刀具轨迹相同、只是位置参数不同的系列零件的编程，也适合抛物线、椭圆、双曲线等非圆曲线的编程。

**（2）R参数化编程的基本特征**

普通编程只能使用常量，常量之间不能运算，程序只能顺序执行，不能跳转。参数化编程与普通程序编制相比有以下特征。

① 使用R参数（变量）　可以在程序中使用参数，使得程序更具有通用性，当同类零件的尺寸发生变化时，只需要更改程序中参数的值即可，而不需要重新编制程序。

② 可对参数赋值　可以在参数化程序中对R参数进行赋值或在参数设置中对R参数赋值，使用者只需要按照要求使用，而不必去理解整个程序内部的结构。

③ 参数间可进行演算　在参数化编程的程序中可以进行参数的四则运算和算术逻辑运算，从而可以加工出非圆曲线轮廓和一些简单的曲面。

④ 程序运行可以跳转　在参数化编程的程序中可以改变控制执行顺序。

**（3）R参数化编程的优点**

① 长远性　数控系统中随机携带有各种固定循环指令，这些指令是以参数编程为基础开发的通用的固定循环指令。通用循环指令有时对于工厂实际加工中某一类特点零件的加工并不一定能满足加工要求，对此可以根据加工零件的具体特点，量身定制出适合这类零件特征的专用程序，并固化在数控系统内部。这种专用的程序类似于使用普通固定循环

指令一样调用，使数控系统增加了专用的固定循环指令，只要这一类零件继续生产，这种专用固定循环指令就一直存在并长期应用，因此，数控系统的功能得到增强和扩大。

② 共享性　R参数程序的编制确实存在相当的难度，要想编制出一个加工效率高、程序简洁、功能完善的程序更是难上加难，但是这并不影响参数化程序的使用。正如设计一台电视机要涉及多方面的知识，考虑多方面的因素，是复杂的事情，但使用电视机却是一件相对简单的事情，使用者只要熟悉它的操作与使用，并不需要注重其内部构造和结构原理。参数化程序的使用也是一样，使用者只需懂其功能、各参数的具体含义和使用限制注意事项即可，不必了解其设计过程、原理、具体程序内容。使用参数化程序者不是必须要懂参数化编程，当然懂参数化编程可以更好地应用参数化程序。

③ 多功能性　参数化程序的功能包含以下几个方面。

a. 相似系列零件的加工。同一类相同特征、不同尺寸的零件，给定不同的参数，使用同一个参数化程序就可以加工，编程得到大幅度简化。

b. 非圆曲线的拟合处理加工。对于椭圆、双曲线、抛物线、螺旋线、正（余）弦曲线等可以用数学公式描述的非圆曲线的加工，数控系统一般没有这样的插补功能，但是应用R参数化编程功能，可以将这样的非圆曲线用非常微小的直线段或圆弧段拟合加工，从而得到满足精度要求的非圆曲线。

c. 曲线交点的计算功能。在复杂零件结构中，许多节点的坐标是需要计算才能得到的，例如，直线与圆弧的交点、切点，直线与直线的交点，圆弧与圆弧的交点、切点等，不用人工计算并输入，只要输入已知的条件，节点坐标可以由参数化程序计算完成并直接编程加工，在很大程度上增强了数控系统的计算功能，降低了编程的难度。

④ 简练性　在质量上，自动编程生成的加工程序基本由G00、G01、G02/G03等简单指令组成，数据大部分是离散的小数点数据，难以分析、判别和查找错误，程序长度要比参数化程序长几十倍甚至几百倍，不仅占用宝贵的存储空间，加工时间也要长得多。

⑤ 智能性　R参数化编程是数控加工程序编制的高级阶段，程序编制的质量与编程人员的素质息息相关。高素质的编程人员在参数化程序的编制过程中可以融入积累的工艺经验技巧，考虑轮廓要素之间的数学关系，应用适当的编程技巧，使程序非常精炼，并且加工效果好。参数化程序是由人工编制的，必然包含人的智能因素，程序中应考虑到各种因素对加工过程及精度的影响。

**（4）编制参数化程序的基础要求**

参数化程序的功能强大，但学会编制参数化程序有相当的难度，它要求编程人员具有多方面的基础知识与能力。

① 部分数学基础知识　编制参数化程序必须有良好的数学基础，数学知识的作用有多方面：计算轮廓节点坐标需要频繁地进行数学运算；在加工规律曲线、曲面时，必须熟悉其数学公式并根据公式编制相应的参数化程序拟合加工，如椭圆的加工；更重要的是，良好的数学基础可以使人的思维敏捷，具有条理性，这正是编制参数化程序所需要的。

② 一定的计算机编程基础知识　参数化程序是一类特殊的、实用性极强的专用计算机控制程序，其中许多基本概念、编程规则都是从通用计算机语言编程中移植过来的，所以学习C语言、BASIC、FORTRAN等高级编程语言的知识，有助于快速理解并掌握参数化编程。

③ 一定的英语基础　在参数化程序编制过程中需要用到许多英文单词或单词的缩写，掌握一定的英语基础知识可以正确理解其含义，增强分析程序和编制程序的能力；再者，数控系统面板按键及显示屏幕中也有为数不少的英语单词，良好的英语基础有利于熟练操作数控系统。

④ 足够的耐心与毅力　相对于普通程序，参数化程序显得枯燥且难懂。编制参数化程序过程中需要灵活的逻辑思维能力，调试参数化程序需要付出更多的努力，发现并修正其中的错误需要耐心与细致，更要有毅力从一次次失败中汲取经验教训并最终取得成功。

思考练习

1. R参数化编程与普通程序编制相比有哪四大特征？
2. 参数化程序有哪些优点？
3. 参数化编程可以用于哪些方面的数控编程？
4. 参数化编程对编程人员有哪些方面的要求？

# 1.2　参数化编程入门

为了让读者对参数化编程有一个比较简单的认识，本节先介绍两个参数化编程入门例题，它们分别属于在数控铣削加工和数控车削加工零件、采用主程序和子程序的两种不同应用情况。

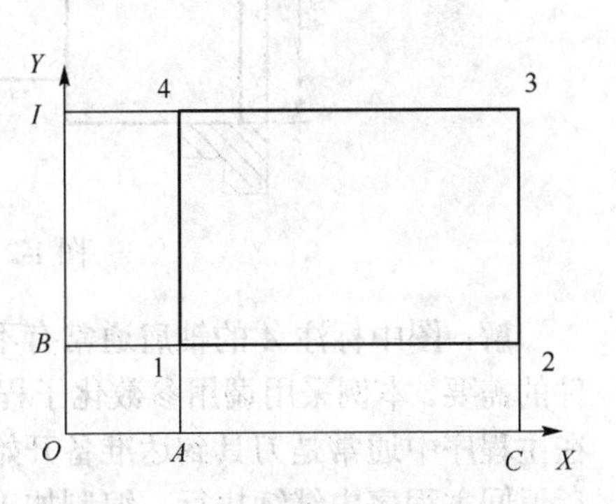

图 1-1　矩形外轮廓数控铣削精加工

**【例 1-1】** 数控铣削精加工如图 1-1 矩形外轮廓，要求采用参数化指令编制其加工程序。

解：假定起刀点在 $O$ 点，如图 1-1 所示，按 $O\rightarrow1\rightarrow2\rightarrow3\rightarrow4\rightarrow1\rightarrow O$ 的走刀轨迹加工（为方便理解，本程序作了简化处理，未考虑刀具补偿等问题），则部分加工程序如下。

```
N10 G00 X=A Y=B          （从O点快速点定位至1点）
N20 G01 X=C F100         （直线插补至2点）
N30 Y=I                  （直线插补至3点）
N40 X=A                  （直线插补至4点）
N50 Y=B                  （直线插补至1点）
N60 G00 X0 Y0            （返回O点）
```

将程序中变量 A、B、C、I 用参数化编程中的 R 参数来代替，设字母与 R 参数的对应关系为（即将 A、B、C、I 分别赋值给 R1、R2、R3 和 R4）

```
R1=A
R2=B
R3=C
R4=I
```

则编制参数化编程如下。

```
N10 R1=A                 （将A值赋给R1）
N20 R2=B                 （将B值赋给R2）
N30 R3=C                 （将C值赋给R3）
N40 R4=I                 （将I值赋给R4）
N50 G00 X=R1 Y=R2        （从O点快速点定位至1点）
N60 G01 X=R3 F100        （直线插补至2点）
N70 Y=R4                 （直线插补至3点）
```

```
N80 X=R1                    （直线插补至4点）
N90 Y=R2                    （直线插补至1点）
N100 G00 X0 Y0              （返回O点）
```

改变A、B、C、I的具体数值就可以铣削加工出不同尺寸的矩形外轮廓，也就是说当加工同一类尺寸不同的零件时，只需改变R参数的数值即可，而不必针对每一个零件都编一个程序。当然，实际使用时一般还需要在上述程序中加上坐标系设定、刀具半径补偿和F、S、T等指令。

**【例1-2】** 采用参数化子程序编程完成数控车削加工如图1-2所示的台阶轴零件。

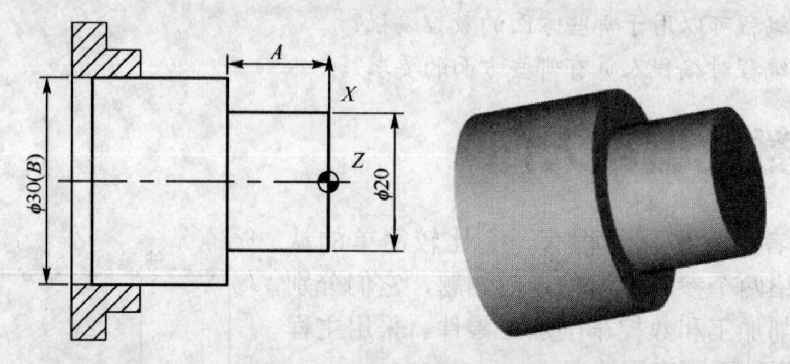


图1-2 台阶轴零件数控车削加工

解：图中标注*A*的轴肩通常有不同长度，采用参数化编程可以满足加工不同*A*尺寸工件的需要。本例采用调用参数化子程序的方式加工该零件，主程序仍然按照普通格式编制，在主程序中通常是刀具到达准备开始加工位置时有一程序段调用子程序，子程序执行结束后返回主程序中继续执行。编制加工程序如下。

主程序：

```
ZCX1010.MPF                 （主程序名）
R100=15                     （将A值赋给R100）
T1 S550 M03 F120            （加工参数设定）
G00 X150 Z50                （刀具进给到起刀点）
G00 X20 Z2                  （刀具快速到达切削起始点）
L1011                       （调用1011号参数化子程序）
G01 X30                     （车削轴肩）
G00 X150 Z50                （快速返回刀具起始点）
M05                         （主轴停转）
M30                         （程序结束）
```

参数化子程序：

```
L1011.SPF                   （子程序名）
G01 Z=-R100                 （车削外圆，可获得任意轴肩长度）
M17                         （子程序结束并返回主程序）
```

在主程序中，用L1011指令调用1011号参数化子程序，“R100=15”表示将轴肩的长度15mm赋值给参数R100。车削轴端外圆并保证所需长度尺寸是通过子程序中下面程序段实现的：

```
G01 Z=-R100
```

如果用一般程序加工轴肩长度为15mm的外圆，输入的是下面的程序段。

```
G01 Z-15
```

然而，这只能加工这种长度的工件。参数化编程允许用户加工任意所需长度的工件，可以通过改变 R100 指令中的数值来实现。

轴肩的长度加工完成后，执行 M17 返回到主程序，加工轴肩端面并获得所需直径。如果轴肩直径（图 1-2 中 *B* 尺寸）也需要变化，也可以通过参数化编程实现。为此，程序可修改如下。

主程序：

```
ZCX1012.MPF                      （主程序名）
R100=15                          （将 A 值赋给 R100）
R101=30                          （将 B 值赋给 R101）
T1 S550 M03 F120                 （加工参数设定）
G00 X150 Z50                     （刀具快进到起刀点）
G00 X20 Z2                       （刀具快速到达切削起始点）
L1013                            （调用参数化子程序）
G00 X150 Z50                     （快速返回刀具起始点）
M05                              （主轴停转）
M30                              （程序结束）
```

参数化子程序：

```
L1013.SPF                        （子程序名）
G01 Z=-R100                      （车削外圆，可获得任意轴肩长度）
X=R101                           （车削轴肩可得到任意直径）
M17                              （返回主程序）
```

该程序中通过“R101=30”把直径值 30mm 赋值给变量 R101，只需要修改参数 R100 和 R101 中的赋值即可加工不同轴肩长度直径的工件。

从以上例子可以看出，参数化编程中可以用参数（变量）代替具体数值，因而在加工同一类型工件时，只需对参数赋不同的值，而不必对每一个零件都编一个程序。

## 思考练习

1. 编制精加工图 1-3（a）所示直径为 *D*、长度为 *L* 的外圆柱面部分加工程序段，请完成填空并回答问题。

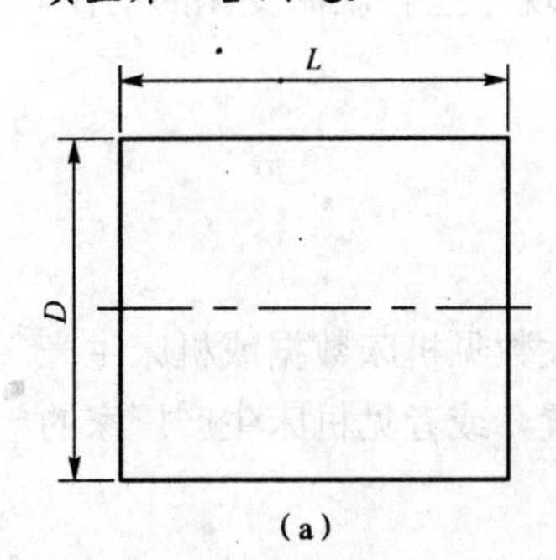


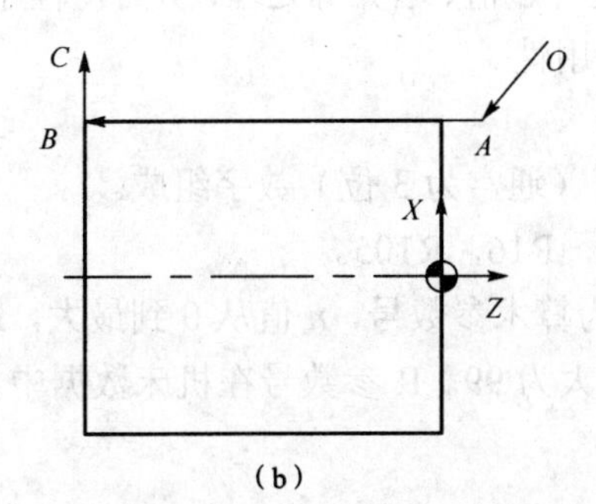


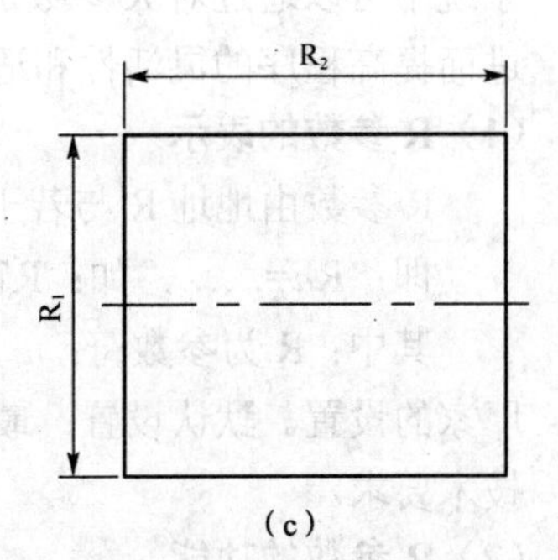


图 1-3　圆柱面加工

如图 1-3（b）所示，建立工件坐标原点于工件右端面与轴线的交点上，按 *O*→*A*→*B*→*C* 的路线加工（设 *A* 点距离工件右端面 2mm，*C* 点距离工件外圆面 5mm），编制部分加工程序如下。

*O*→*A*: G00 X=D Z2

*A*→*B*: G01 X=D Z=-L

*B*→*C*: G00 X=D+10 Z______

如图1-3（c）所示，若用R1替代直径*D*，用R2替代长度*L*，则将上述程序修改为：

*O*→*A*: G00 X=R1 Z2

*A*→*B*: G01 X______Z=-R2

*B*→*C*: G00 X=R1+10 Z=-R2

若要求精加工$\phi$40mm×25mm的外圆柱面，执行如下程序即可：

```
R1=40
R2=25
G00 X=R1 Z2
G01 X=R1 Z=-R2
G00 X=R1+10 Z=-R2
```

请问若要求精加工$\phi$32mm×20mm的外圆柱面，程序应如何修改？

2. 试简述采用常量编程（普通程序）和用变量编程（参数化程序）各有何特点。

## 1.3 R参数

一般意义上所讲的数控指令是指ISO代码指令编程，即每个代码功能是固定的，使用者只需按照规定编程即可。但有时候这些指令满足不了用户的需要，系统因此提供了用户自定义程序功能，使用户可以对数控系统进行一定的功能扩展，也可视为用户利用数控系统提供的工具，在数控系统上的二次开发。

一般程序编制中的程序字为一常量，一个程序段只能描述一个动作，所以缺乏灵活性和适用性。有些情况下，机床需要按一定规律动作，用户应能根据工件确定切削参数，在通常的程序编写中很难达到也不能处理。针对这种情况，现代数控机床提供了另一种编程方式即参数（变量）编程。

参数（变量）编程是指在程序中使用参数，通过对参数进行赋值及处理的方式达到程序功能。

SIEMENS系统中的参数编程与FANUC系统中的“用户宏程序”编程功能相似，SIEMENS系统中的R参数就相当于FANUC系统用户宏程序中的变量。同样，在SIEMENS系统中可以通过对R参数进行赋值、运算等处理，从而使程序实现一些有规律变化的动作，进而提高程序的灵活性和适用性。

**（1）R参数的表示**

R参数由地址R与若干（通常为3位）数字组成。

即：R*n*=……，如：R1，R16，R105。

其中：R为参数符；*n*为算术参数号，*n*值从0到最大，最大数见机床数据或机床生产厂家的设置。默认设置：最大为99。R参数号在机床数据中设置，或者见机床生产厂家的技术要求。

**（2）R参数的功能**

使用算术参数，例如，如果NC程序对分配的值有效，或如果需要计算值，所需值在程序执行期间可由控制系统设置或计算。其他可能性包括通过操作设置算术参数值，如果值已分配给算术参数，那么它们也可分配给程序中其他的NC地址。这些地址值应该是可变的。

**（3）R 参数的引用**

除地址 N、G、L 外，R 参数可以用来代替其他任何地址后面的数值。但是使用参数编程时，地址与参数间必须通过“=”连接，这一点与宏程序编程不同。

例如：

```
G01 X=R10 Y=-R11 F=100-R12
```

当 R10=100、R11=50、R12=20 时，上式即表示为“G01 X100 Y-50 F80”。

**（4）R 参数的赋值**

使用 R 参数前，参数必需带有正确的值。如：

```
R1=25            （R1 的初始值为 25）
G01 X=R1         （表示 G01 X25）
R1=-10           （运行过程中可以随时改变 R1 的值）
G01 X=R1         （表示 G01 X-10）
```

把一个常数或表达式的值赋给一个 R 参数称为赋值。

R 参数可以在数控系统操作面板上直接输入数值赋值，也可在程序中以等式方式赋值，但等号左边不能用表达式。

① R 参数在程序中赋值　R 参数在程序中赋值种类及格式如表 1-1 所示。

表 1-1　R 参数在程序中赋值种类及格式

| 种　类 | 格　式 |
|---|---|
| 常量赋值 | $Ri$=（具体数值） |
| 变量赋值 | $Ri$=$Rj$ 或 $Ri$=（表达式） |

例如，“R1=100”中“R1”表示参数，“=”表示赋值符号，起语句定义作用，“100”就是给参数 R1 赋的值。

“R100=30+20”中将表达式“30+20”赋值给参数 R100，即 R100=50。

参数赋值相关注意事项：

a. 赋值符号（=）两边内容不能随意互换，左边只能是参数，右边可以是数值、表达式或者参数。

b. 一个赋值语句只能给一个参数赋值，如“R0=12”是正确的，但如“R1=R2=10”期望把 10 同时赋值给参数 R1 和 R2 是错误的。

c. 在一个程序段内可以有多个赋值或多个表达式赋值，且必须在一个单独的程序段内赋值。例如：

```
N10  R1=10 R2=20 R3=10*2 R4=R2-R1
```

d. 可以多次给一个参数赋值，但新的参数值将取代旧的参数值，即最后赋的值有效。

e. 给轴地址字（移动指令）赋值必须在一个单独的程序段内。例如：

```
N10 G01 G91 X=R1 Z=R2 F300        （单独的程序段，移动指令）
N20 Z=R3
N30 X=-R4
N40 Z=SIN(25.3)-R5                （带运算操作的赋值）
```

f. 可以给 R 参数间接赋值。例如：

```
N10 R1=5                          [直接将数值 5（整数）赋值给 R1]
……
N100 R[R1]=27.123                 （间接将数值 27.123 赋值给 R5）
```

g. 赋值语句在其形式为“R 参数=表达式”时具有运算功能。在运算中，表达式可以是数值之间的四则运算，也可以是参数自身与其他数据的运算结果，如："R1=R1+1"表示把原来的R1的值加1后的数值结果赋给新的R1，这点与数学等式是不同的。

需要强调的是："R1=R1+1"形式的表达式可以说是参数编程运行的"原动力"，任何参数程序几乎都离不开这种类型的赋值运算，而它偏偏与人们头脑中根深蒂固的数学上的等式概念严重偏离，因此对于初学者往往造成很大的困扰，但是如果对计算机编程语言（例如C语言）有一定了解的话，对此应该更易理解。

h. 赋值表达式的运算顺序与数学运算的顺序相同。

i. 算术参数赋值范围±（0.0000001～99999999），同时，也可根据机床进行具体赋值，整数值的小数点可以省略，正号也可以省略，例如：R1=3.987，R2=91.8，R3=3，R4=–7。

通过指数符号可以扩展的数值范围来赋值，例如：±（$10^{-300}$～$10^{+300}$）。

指数值书写在EX字符的后面；总的字符个数最多10（包括符号和小数点）。EX的取值范围为–300～＋300。

例如：R1=–0.1EX-5　为　R1=–0.000001；

R2=–1.872EX8　为　R2=187200000。

② 在数控系统操作面板中赋值　R参数在数控系统操作面板中赋值步骤如下。

a. 使系统处于手动状态；

b. 按下OFFSERPARAM软键；

c. 按下R参数软键；

d. 在R参数中输入数值。

（5）R参数的种类

R参数分成三类，即自由参数、加工循环传递参数和加工循环内部计算参数。

R0～R99为自由参数，可以在程序中自由使用。

R100～R249为加工循环传递参数。如果在程序中没有使用固定循环，则这部分参数也可以自由使用。

R250～R299为加工循环内部计算参数。同样，如果在程序中没有使用固定循环，则这部分参数也可以自由使用。

**【例1-3】** 下面是一个使用了R参数的主程序和相应子程序。

```
ZCX1000.MPF        （主程序名）
R50=20             （先给参数R50赋值）
L1001              （然后调用子程序）
R50=350            （重新赋值）
L1001              （再调用子程序）
G90                （恢复绝对方式）
M30                （主程序结束）

L1001.SPF          （子程序名）
G91 G01 X=R50      （同样一段程序，R50的值不同，X移动的距离就不同）
M17                （子程序结束并返回主程序）
```

## 思考练习

一、选择题

1. 下列关于参数描述中错误的是（　　）。

A）参数的表示形式是 R 后加具体的数字，如 R10。

B）R2 是一个参数，R[R2]也是一个参数，其参数号为 R2 的所代表的具体数值。

C）“R0+3”是一个参数。

D）R40 是一个参数。

2. 请选出下列不属于参数的选项（　　）。

A）R0　　B）R10　　C）R104　　D）R$i$

3. 请选出下列是参数的选项（　　）。

A）R1+R2　　B）R5*5　　C）SIN=R10　　D）R[R[SIN30]]

4. 对于算术表达式下列说法不正确的是（　　）。

A）算术表达式的结果是一个具体的数值。

B）“R10+5”是一个算术表达式。

C）算术表达式就是参数。

D）R30/R2 是一个算术表达式。

5. 执行如下两程序段后，N2 程序段计算的是参数____的值，其值为____。（　）

```
N1 R1=3
N2 R1=R1+3.5
```

A）R1，3.5　　B）R1，6.5　　C）R3，6.5　　D）R3，3.5

6. 若有 50=R100+1，则该程序段表示（　　）。

A）直接赋值　　B）自参数赋值　　C）参数赋值　　D）赋值形式有误

7. 若有 R50=R50+10，则 R50 的值为（　　）。

A）10　　B）60　　C）0　　D）赋值错误

8. R10=20　　;本程序段中 R10 的值为（　　）。

R10=R10+1　　;本程序段中 R10 的值为（　　）。

R10=R10+2　　;本程序段中 R10 的值为（　　）。

A）20　　B）21　　C）22　　D）23

二、简答题

1. “参数程序可以使用多个参数，这些参数可以用参数号来区别”这句话对吗？

2. “赋值运算中，右边的表达式可以是常数或变量，也可以是一个含四则混合运算的代数式”这句话对吗？

3. R1=10，则“G00 X=R1　Y=R2”的执行结果是？

4. 执行如下两程序段后，R1 的值为多少？

```
R1=20
R1=2
```

5. 执行如下两程序段后，R1 的值为多少？

```
R1=20
R1=R1+2
```

6. 执行如下程序段后，N1 程序段的常量形式是什么？

```
R1=0
R11=1
R1=2
R2=0
N1 G=R7 G=R11 X=R1 Y=R2
```

7. 执行如下程序段后，N1 程序段的常量形式是什么？

```
R1=1
R2=0.5
R3=3.7
R4=20
N1 G01 X=R1+R2 Y=R3 F=R4
```

8. 执行如下程序段后，N2 程序段的常量形式是什么？

```
R1=1
R2=0.5
R4=20
N2 G01 X=R1+R2 Y=R3 F=R4
```

# 1.4 参数数学运算

参数化编程的一个重要特征是能够实现参数的数学运算，表 1-2 是常用的运算形式。

**表 1-2 常用的运算形式**

| 运算类型 | 运算功能 | 运算符号 | 编程示例 | 说明（括号内为运算结果） |
|---|---|---|---|---|
| 算术运算 | 加法 | + | R1=20+32.5 | R1 等于 20 与 32.5 之和（52.5） |
| | 减法 | – | R3=R2-R1 | R3 等于 R2 的数值与 R1 的数值之差 |
| | 乘法 | * | R4=0.5*R3 | R4 等于 0.5 乘以 R3 数值之积 |
| | 除法 | / | R5=10/20 | R5 等于 10 除以 20（0.5） |
| 函数运算 | 正弦 | SIN() | R3=SIN(R1)*30 | R3 等于 R1 数值的正弦值再乘以 30 |
| | 余弦 | COS() | R4=COS(R1)*30 | R4 等于 R1 数值的余弦值再乘以 30 |
| | 正切 | TAN() | R5=TAN(R2)*90 | R5 等于 R2 数值的正切值再乘以 90 |
| | 反正弦 | ASIN() | R6=ASIN(1/2) | R6 等于 1/2 的反正弦，单位为“°”（30） |
| | 反余弦 | ACOS() | R7=ACOS(0.5) | R7 等于 0.5 的反余弦，单位为“°”（60） |
| | 反正切 | ATAN2(,) | R10=ATAN2(30,80) | R10 等于 30 除以 80 反正切，单位为“°”（20.556） |
| | 平方值 | POT() | R12=POT(3) | R12 等于 3 的平方值（9） |
| | 平方根 | SQRT() | R13=SQRT(20*30) | R13 等于 20 与 30 的积，再开平方（25.495） |
| | 绝对值 | ABS() | R14=ABS(10-35) | R14 等于 10 与 35 的差并取绝对值（25） |
| | 对数 | LN() | R15=LN(R2) | R15 等于 R2 取自然对数 |
| | 指数 | EXP() | R16=EXP(R3) | R16 等于 R3 取自然指数 |
| | 取整 | TRUNC() | R20=TRUNC(8.49) | R20 等于将 8.49 进行小数点后舍去后取整（8） |
| | 四舍五入 | ROUND() | R22=ROUND(8.59) | R22 等于将 8.59 进行四舍五入后圆整（9） |
| 比较运算 | 等于 | == | 1==2 | 比较 1 是否等于 2（条件不满足，假） |
| | 不等于 | < > | R2< >3 | 比较 R2 是否不等于 3 |
| | 大于 | > | R1+1>R2–R3 | 比较“R1+1”的值是否大于“R2–R3”的值 |
| | 小于 | < | 2<5 | 比较 2 是否小于 5（条件满足，真） |
| | 大于等于 | >= | R4>=15 | 比较 R4 是否大于等于 15 |
| | 小于等于 | <= | 10<=R2 | 比较 10 是否小于等于 R2 |

**（1）三角函数**

在参数运算过程中，三角函数 SIN、COS、TAN 其“()” 中是角度，单位为“°”，分和秒要换算成到小数点的度，如 90° 30′表示为 90.5°，30° 18′表示成 30.3°。

反三角函数 ASIN、ACOS 其“()” 中是数值，范围–1～1，运算结果为角度，单位“°”，如 ACOS(0.5)的运算结果为 60°。

反正切函数 ATAN2 其“()” 中是两矢量，运算结果为角度，单位“°”。R3=ATAN2（30.5,80.1）如图 1-4（a）所示，运算结果为 20.8455°。R3=ATAN2（30, –80）如图 1-4（b）所示，运算结果为 159.444°。

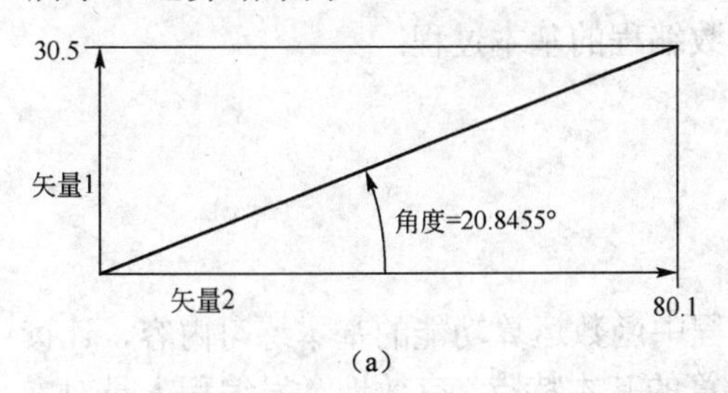

（a）

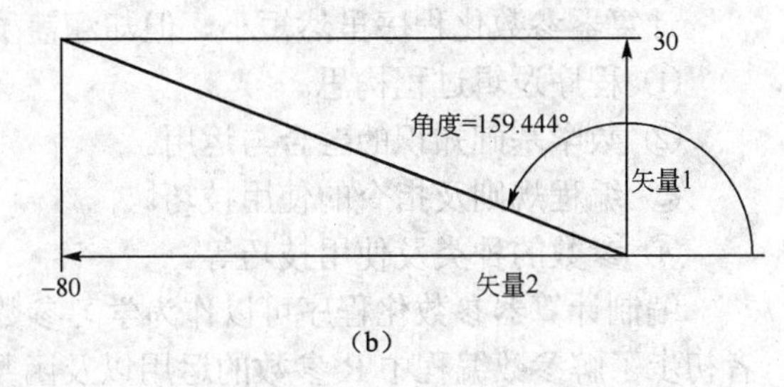

（b）

图 1-4　反正切函数 ATAN2（，）

**（2）圆括号**

在 R 参数的运算过程中，允许使用括号，以改变运算次序，且括号允许嵌套使用。例如：R1=SIN(((R2+R3)*R4+R5)/R6)

**（3）运算的优先顺序**

运算的先后次序为：

① 圆括号“()”。

② 函数运算。

③ 乘除运算。

④ 加减运算。

⑤ 比较运算。

其他运算遵循相关数学运算法则。

例如，R1=R2+R3*SIN(R4-1);

1

2

3

4

例如，R1=COS(((R2+R3)*R4+R5)*R6);

1

2

3

4

例中 1、2、3 和 4 表示运算次序。

**（4）比较运算**

比较运算符用在程序条件跳转的条件表达式中，作为判断两个表达式大小关系的连接符。条件表达式必须包括比较运算符，条件表达式即比较运算的结果有两种，一种为“满足”（真），另一种为“不满足”（假）。 条件表达式“不满足”时，该运算结果值为零。如“10>5”表示一个“10 大于 5”的条件表达式，其结果为真即条件成立。

**【例 1-4】** 构造一个计算器用于计算 SIN30° 数值的程序。

解：计算 SIN30° 的数值需要用到正弦函数，编制程序如下。

```
CX1040.MPF
M03 S500                        （主轴正转）
```

```
R1=SIN(30)                (计算SIN30°的数值并保存在R1中)
G00 X=R1                  (移动刀具到计算值位置，记录SIN30°的值)
M30                       (程序结束)
```

计算器参数化程序虽然短小，但却涵盖了参数编程的基本过程：

① 程序逻辑过程构思。

② 数学基础知识的融合与运用。

③ 编程规则及指令的使用技巧。

④ 参数的种类及使用技巧等。

编制计算器参数化程序可以作为学习参数编程中函数运算功能的基本练习内容，让读者初步了解参数编程中R参数的运用以及函数运算的基本特点，有效地激发编程人员对参数编程的兴趣，为复杂的参数化程序分析与编制打下一个良好的基础。

**【例 1-5】** 试编制一个计算一元二次方程$4x^2+5x+2=0$的两个根$x_1$和$x_2$值的计算器参数化程序。

解：一元二次方程$ax^2+bx+c=0$的两个根$x_1$和$x_2$的值为

$$x=\frac{-b\pm\sqrt{b^2-4ac}}{2a}$$

编程如下。

```
CX1041.MPF
M03 S500                    (主轴正转)
R1=SQRT(5*5-4*4*2)          (计算公式中的√(b²-4ac))
R21=(-5+R1)/(2*4)           (计算根x1)
G00 X=R21                   (刀具移动到根x1的计算值位置)
M00                         (程序暂停以便记录根x1的结果)
R21=(-5-R1)/(2*4)           (计算根x2)
G00 X=R21                   (刀具移动到根x2的计算值位置)
M30                         (程序结束)
```

从程序中可以看出，参数化程序计算复杂公式要方便得多，可以计算多个结果，并逐个显示。如果有个别计算结果记不清楚，还可以重新运算一遍并显示结果。

## 思考练习

一、判断题

1. 在参数数学运算中，圆括号“( )”可用于改变运算次序。(　　)

2. 三角函数运算中20° 15′表示为20.25°。(　　)

3. 正弦函数中的角度值应换算为弧度。(　　)

4. 反正切函数中矢量的长度为所计算角度的直角三角形的直边长，方向跟坐标方向有关。(　　)

5. 比较运算的结果为一常数值。(　　)

二、选择题

1. 下列函数表达有误的是(　　)。

A) COS(R1)　　B) SIN(R1)　　C) SIN45　　D) COS(45)

2. 令 R0=$a$，R23=$x$，用变量表示$\frac{a^2}{x^2}$，如下表示错误的是（　　）。

A）R0*R0/R23*R23　　B）R0*R0/R23/R23

C）R0*R0/(R23*R23)　　D）(R0*R0)/(R23*R23)

3. 若令 R10=$a$，R20=$b$，R30=$c$，则$a+c$用变量表示为（　　）。

A）R10+R30　　B）R10*R10*R10

C）SQRT(R20*R20–4*R10*R30)　　D）R10+R20+R30

4. 若令 R10=$a$，R20=$b$，R30=$c$，则$a^3$表示为（　　）。

A）R10+R30　　B）R10*R10*R10

C）SQRT(R20*R20–4*R10*R30)　　D）R10+R20+R30

5. 若令 R10=$a$，R20=$b$，R30=$c$，则$\sqrt{b^2-4ac}$表示为（　　）。

A）R10+R30　　B）R10*R10*R10

C）SQRT(R20*R20–4*R10*R30)　　D）R10+R20+R30

6. “大于”用比较运算符表示为（　　）。

A）>　　B）>=　　C）<　　D）<=

7. “不等于”用比较运算符表示为（　　）。

A）>　　B）>=　　C）<　　D）<>

8. 若 R1=10，则对于 R1>2 的结果描述不正确的是（　　）。

A）值为真　　B）条件成立　　C）条件不成立

9. 若 R1=10，则对于 R1>=10 的结果描述不正确的是（　　）。

A）值为真　　B）条件成立　　C）条件不成立

10. 若 R1=10，则对于 R1>20 的结果描述正确的是（　　）。

A）值为真　　B）条件成立　　C）条件不成立

11. 若 R1=10，R2=12，则对于 R1>R12 的结果描述正确的是（　　）。

A）值为真　　B）条件成立　　C）条件不成立

12. 若 R10=5，R20=4，则对于 R10<=R20+2 的结果描述错误的是（　　）。

A）值为真　　B）条件成立　　C）条件不成立

三、简答题

1. 参数数学运算功能具体有哪些？
2. 运算的优先顺序是什么？
3. 计算 100+67 × 3，在程序中如何输入？
4. 计算(35+R3 × 2) × 10，在程序中如何输入？
5. 计算 sin45°，在程序中如何输入？
6. 计算$(R1+4)^2$，在程序中如何输入？
7. 计算$\sqrt{3}$，在程序中如何输入？

# 1.5 程序跳转

## 1.5.1 程序跳转目标

程序跳转功能可以实现程序运行分支，标记符或程序段号用于标记程序中所跳转的目标程序段，标记符可以自由选取，在一个程序中，标记符不能有其他意义。在使用中必须注意以下四点。

① 标记符或程序段号用于标记程序中所跳转的目标程序段，用跳转功能可以实现程序运行分支。

② 标记符可以自由选择，但必须由2～8个字母或数字组成，其中开始两个符号必须是字母或下划线。但要注意的是：标记符应避免与SINUMERIK 802D中已有固定功能（已经定义）的字或词相同，如MIRROR、X等。

③ 跳转目标程序中标记符后面必须为冒号，且标记符应位于程序段段首。如果程序段有段号，则标记符紧跟着段号。

④ SINUMERIK 802D数控系统具有程序段号整理功能，所以不推荐使用程序段号作为程序跳转目标。

编程示例如下。

```
N10  LABEL1: G01  X20        （LABEL1为标记符，跳转目标程序段有段号）
……
TR789: G00  X10  Z20         （TR789为标记符，跳转目标程序段没有段号）
……
N100  ……                     （程序段号可以是跳转目标）
```

判断题

1. MARKE可以作为标记符。（　　）
2. MARKE2可以作为标记符。（　　）
3. AAA可以作为标记符。（　　）
4. A01可以作为标记符。（　　）
5. BJ123可以作为标记符。（　　）
6. ATAN可以作为标记符。（　　）
7. TRANS可以作为标记符。（　　）
8. ROT可以作为标记符。（　　）
9. N200不能作为标记符，但可以是程序段号用于程序跳转目标。（　　）
10. 程序段N10 BBB: G00 X100中“N10”是程序跳转目标。（　　）
11. 程序段MARKE01: G00 X100的格式是正确的。（　　）
12. 程序段MARKE02 G00 X100的格式是正确的。（　　）

## 1.5.2　绝对跳转

机床在执行加工程序时，是按照程序段的输入顺序来运行的，与所写的程序段号的大小无关，有时零件的加工程序比较复杂，涉及一些逻辑关系，程序在运行时可以通过插入程序跳转指令改变执行顺序，来实现程序的分支运行。跳转目标只能是有标记符或程序段号的程序段，该程序段必须在此程序之内。

程序跳转指令有两种：一种为绝对跳转（又称为无条件跳转），另一种为有条件跳转，经常用到的是条件跳转指令。绝对跳转指令必须占用一个独立的程序段。

**（1）绝对跳转编程指令格式**

① GOTOF 跳转标记　表示向前跳转，即向程序结束的方向跳转（图1-5）。

② GOTOB 跳转标记　表示向后跳转，即向程序开始的方向跳转（图1-5）。

**（2）绝对跳转指令功能**

通过缺省、主程序、子程序、循环以及中断程序依次执行被编程的程序段，程序跳转可修改此顺序。

```
N10 ……
  N20 ……
    N30 GOTOB N20
      N40 ……
        N50 GOTOF N70
          N60 ……
            N70 ……
```

图 1-5 跳转方向

**（3）操作顺序**

带用户指定名的跳转目的可以在程序中编程，GOTOF 与 GOTOB 命令可用于在同一程序内从其他点分出跳转目的点，然后程序随着跳转目的而立即恢复执行。

**（4）绝对跳转示例**

跳转所选的字符串用于标记符（跳转标记）或程序段号。因为 SINUMERIK 802D 数控系统具有程序段号整理功能，所以不推荐使用程序段号跳转。

```
N10 G90 G54 G00 X20 Y30
……
N40 GOTOF AAA                （向前跳转到标记符为 AAA 的程序段）
……
N90 AAA:R2=R2+1              （标记符为 AAA 的程序段）
N100 GOTOF BBB               （向前跳转到标记符为 BBB 的程序段）
……
N160 CCC:IF R5==100 GOTOF BBB
                             （标记符为 CCC 的程序段，条件满足时跳转向标记符
                             BBB 的程序段）
N170 M30
N180 BBB:R5=50               （标记符为 BBB 的程序段）
……
N240 GOTOB N160              （向后跳转到 N160 程序段）
```

注意：无条件跳转必须在独立的程序段中编程。在带无条件跳转的程序中，程序结束指令 M02/M30 不一定出现在程序结尾。

## 思考练习

一、选择题

1. 表示向前跳转的指令是（　　）。

A）GOTOF　　B）GOTOB　　C）GOTO

2. 表示向后跳转的指令是（　　）。

A）GOTOF　　B）GOTOB　　C）GOTO

3. 下列语句格式有错的是（　　）。

A）GOTOF N30　　B）GOTOB 30　　C）GOTOF AAA

4. “程序结束指令M30之后的程序段一定不会被执行”这句话是（　　）。

A）正确的　　　B）错误的　　　C）不清楚

二、简答题

1. 阅读如下部分程序后回答：N10程序段将被执行多少次？

```
GOTOF AAA
N10  ……
AAA:
```

2. 阅读如下部分程序后回答：N10程序段将被执行多少次？

```
AAA:
N10  ……
GOTOB AAA
```

## 1.5.3 有条件跳转

用IF条件语句表示有条件跳转。如果满足跳转条件（条件表达式成立，条件在设定范围），则进行跳转。跳转目标只能是有标记符或程序段号的程序段。该程序段必须在此程序之内。使用了条件跳转后有时会使程序得到明显的简化，程序语句执行的流向变得更清晰。

有条件跳转指令要求一个独立的程序段，在一个程序段中可以有许多个条件跳转指令。

**（1）编程指令格式**

① IF 判断条件 GOTOF 跳转标记。

② IF 判断条件 GOTOB 跳转标记。

**（2）指令说明**

IF为引入跳转条件导入符，后面的条件是计算参数变量，用于条件表述的计算表达式比较运算；GOTOF为跳转方向，表示向前（向程序结束的方向）跳转；GOTOB为跳转方向，表示向后（向程序开始的方向）跳转；跳转标记所选的字符串用于标记符或程序段号。

**（3）比较运算**

在SINUMERIK 802D数控系统中，比较运算经常出现在程序分支的程序语句判断中。常用的比较运算符见表1-3。

**表1-3　常用的比较运算符号**

| 运算符号 | 意义 | 运算符号 | 意义 |
| --- | --- | --- | --- |
| <> | 不等于 | == | 等于 |
| > | 大于 | >= | 大于等于 |
| < | 小于 | <= | 小于等于 |

用比较运算表示跳转条件，计算表达式也可用于比较运算。比较运算的结果有两种，一种为“满足”，另一种为“不满足”。当比较运算的结果为“不满足”时，该运算结果值为零。

跳转条件示例如下。

```
IF R1>R2 GOTOF MARKE1                （如果R1大于R2，则跳转到MARKE1）
IF R7<=(R8+R9)*743 GOTOB MARKE1      （作为条件的复合表达式）
IF R10 GOTOF MARKE1                  （允许确定一个变量。如果变量值为0（假），
                                      条件就不能满足；对于所有其他值，条件为真）
IF R1==0 GOTOF MARKE1 IF R1==1 GOTOF MARKE2（同意程序段中的几个条件）
```

程序举例如下：

```
N10  G90 G54 G00 X20 Y30
……
N40  R1=10 R2=15                 （R 参数赋初值）
N50  AAA:                        （跳转标记）
……
N90  R1=R1+R2                    （参数值变化）
N100  IF R1<=100 GOTOB AAA       （跳转条件判断）
……
N170  M30                        （程序结束）
```

下面是另外一个示例：

```
N10  R1=30 R2=60 R3=10 R4=11 R5=50 R6=20          （初始值的分配）
N20  MA1: G00 X=R2*COS(R1)+R5 Y=R2*SIN(R1)+R6     （计算并分配给轴地址）
N30  R1=R1+R3 R4=R4-1            （变量确定）
N40  IF R4>0 GOTOB MA1           （跳转语句）
N50  M30                         （程序结束）
```

**【例 1-6】** 阅读如下程序，然后回答程序执行完毕后 R2 的值为多少。

```
R1=5                             （将 5 赋值给 R1）
R2=0                             （R2 赋初值）
IF R1<>0 GOTOF N1                （如果 R1 的值不等于 0 则直接转向 N1 程序
                                 段，否则继续执行下一程序段）
R2=1                             （将 1 赋给 R2）
N1 G00 X100 Z=R2                 （刀具定位）
```

解：由于条件表达式成立，程序直接转向 N1 程序段，所以执行完上述程序后 R2=0。

**【例 1-7】** 阅读如下程序，然后回答程序执行完毕后 R2 的值为多少。

```
R1=5                             （将 5 赋值给 R1）
R2=0                             （R2 赋初值）
IF R1*2<>10 GOTOF N1             （如果"R1*2"的值不等于 10 则直接转向
                                 N1 程序段，否则继续执行下一程序段）
R2=1                             （将 1 赋给 R2）
N1 G00 X100 Z=R2                 （刀具定位）
```

解：由于 R1*2=10，条件表达式不成立，所以执行完上述程序后 R2=1。

**【例 1-8】** 运用有条件跳转指令编写求 1～10 各整数总和的程序。

解：求 1～10 各整数总和的编程思路（算法）主要有两种，分析如下。

1）最原始方法

步骤 1：先求 1+2，得到结果 3。

步骤 2：将步骤 1 得到的和 3 再加 3，得到结果 6。

步骤 3：将步骤 2 得到的和 6 再加 4，得到结果 10。

步骤 4：依次将前一步计算得到的和加上加数，直到加到 10 即得最终结果。

这种算法虽然正确，但太繁琐。

2）改进后的编程思路

步骤 1：使变量 R1=0。

步骤 2：使变量 R2=1。

步骤 3：计算 R1+R2，和仍然储存在变量 R1 中，可表示为“R1=R1+R2”。

步骤 4：使 R2 的值加 1，即“R2=R2+1”。

步骤 5：如果 R2≤10，返回重新执行步骤 3 以及其后的步骤 4 和步骤 5，否则结束执行。

利用改进后的编程思路，求 1～100 各整数总和时，只需将步骤 5 中的 R2≤10 改成 R2≤100 即可。

如果求 1×3×5×7×9×11 的乘积，编程也只需做很少的改动。

步骤 1：使变量 R1=1。

步骤 2：使变量 R2=3。

步骤 3：计算 R1×R2，表示为“R1=R1*R2”。

步骤 4：使 R2 的值加 2，即“R2=R2+2”。

步骤 5：如果 R2≤11，返回重新执行步骤 3 以及其后的步骤 4 和步骤 5，否则结束执行。

该编程思路不仅正确，而且是计算机较好的算法，因为计算机是高速运算的自动机器，实现循环轻而易举。采用该编程思路编程如下。

```
CX1050.MPF                  （程序号）
R1=0                        （存储和的变量赋初值 0）
R2=1                        （计数器赋初值 1，从 1 开始）
N1 R1=R1+R2                 （求和）
  R2=R2+1                   （计数器加 1，即求下一个被加的数）
IF R2<=10 GOTOB N1          （如果计数器值小于或等于 10 执行循环，否则转移到
                            N2 程序段）
N2 M30                      （程序结束）
```

显然，有条件跳转可以实现循环计算，但程序中必须有修改条件变量值的语句，使得循环若干次后条件变为“不成立”而退出循环，否则就会成为死循环。

**【例 1-9】** 试编制计算数值 $1^2+2^2+3^2+\cdots+10^2$ 的总和的程序。

解：使用跳转指令编程如下。

```
CX1051.MPF
R1=0                        （和赋初值）
R2=1                        （计数器赋初值）
AAA:                        （跳转标记符）
  R1=R1+R2*R2               （求和）
  R2=R2+1                   （计数器累加）
IF R2<=10 GOTOB AAA         （条件判断，如果计数器值小于或等于 10 执行循环）
M30                         （程序结束）
```

程序中变量 R1 是存储运算结果的，R2 作为自变量。

**【例 1-10】** 在 R 参数 R50～R55 中，事先设定常数值如下：R50=30；R51=60；R52=40；R53=80；R54=20；R55=50。要求编制从这些值中找出最大值并赋给变量 R56 的程序。

解：求最大值参数程序参数如表 1-4。

**表 1-4 参数表**

| R 参数 | 作 用 |
|---|---|
| R50～R55 | 事先设定常数值，用来进行比较 |
| R56 | 存放最大值 |
| R1 | 保存用于比较的变量号 |

编制求最大值的程序如下。

```
R50=30
R51=60
R52=40
R53=80
R54=20
R55=50
R1=50                          (变量号赋给R1)
R56=0                          (存储变量置0)
AAA:                           (跳转标记符)
  IF R[R1]<R56 GOTOF BBB       (大小比较)
  R56=R[R1]                    (储存较大值在变量R56中)
  BBB:                         (跳转标记符)
  R1=R1+1                      (变量号递增)
IF R1<=55 GOTOB AAA            (条件判断，如果计数器值小于或等于55执行循环)
```

## 思考练习

### 一、选择题

1. "IF R3<=R5 GOTOB AAA" 语句的含义是（　　）。

   A）如果R3大于R5时，程序向后跳转到AAA程序段

   B）如果R3小于R5时，程序向后跳转到AAA程序段

   C）如果R3等于R5时，程序向后跳转到AAA程序段

   D）如果R3小于等于R5时，程序向后跳转到AAA程序段

2. 参数编程中（　　）指令可以实现程序循环。

   A）IF…GOTOF　　B）IF…GOTOB　　C）GOTOF　　D）GOTOB

3. 例1-8中，1~10的总和数值赋给了参数（　　）。

   A）R1　　B）R2　　C）N1　　D）N2

### 二、简答题

1. 仔细阅读例1-10程序，试思考如何验证上述程序是正确的。下面是一个用于输入数控系统验证的程序，请问当执行完程序后刀具刀位点的$X$坐标值应为多少？

```
CX1052.MPF
R50=30
R51=60
R52=40
R53=80
R54=20
R55=50
G54 G90 T1 M03 S500
R1=50
R56=0
AAA:
  IF R[R1]<R56 GOTOF BBB
```

```
  R56=R[R1]
  BBB:
  R1=R1+1
IF R1<=55 GOTOB AAA
G00 X=R56
M30
```

2. 若R1=32，请问执行如下3个程序段后R2的值为多少？若R1=30.1呢？若R1=20呢？

```
IF R1<30 GOTOF AAA          （当R1小于30时，程序跳转向前到AAA程序段）
R2=0.1                      （R2=0.1）
AAA:                        （跳转标记符）
IF R1<30.2 GOTOF BBB        （当R1小于30.2时，程序跳转向前到BBB程序段）
R2=0.5                      （R2=0.5）
BBB:                        （跳转标记符）
IF R1<31 GOTOF CCC          （当R1小于31时，程序跳转向前到CCC程序段）
R2=1.5                      （R2=1.5）
CCC:                        （跳转标记符）
```

三、编程题

1. 试编制求20～100各整数的总和的程序。

2. 试编制求1～20各整数的总乘积的程序。

3. 试编制计算数值$1.1^2+2.2^2+3.3^2+\dots+9.9^2$的总和的程序。

4. 高等数学中有一个著名的菲波那契数列1，2，3，5，8，13，…，即数列的每一项都是前面两项的和，现在要求编程找出数列中小于360范围内最大的那一项的数值。

5. 任意给定一个5位以内的数，要求在参数程序中自动判断并用变量分别表示出其个位、十位、百位、千位和万位的具体数值。

### 1.5.4 程序跳转综合应用

程序跳转指令的基本功能很明确。绝对跳转指令的基本功能是无条件执行跳转，如程序CX1060中N100程序段会始终被跳过（不执行，无意义），而在程序CX1061中N100和N200程序段将被无限次执行（程序陷入死循环）。有条件跳转的基本功能是条件成立则跳转，如程序CX1062中若R1>0条件成立，程序将跳过N100程序段，直接执行N200程序段，否则从N100开始顺序执行（N200仍然要被执行）。

```
CX1060.MPF                  （程序CX1060）
……
GOTOF N200
N100 ……
N200 ……
……
CX1061.MPF                  （程序CX1061）
……
N100 ……
N200 ……
GOTOB N100
……
```

```
CX1062.MPF                    （程序 CX1062）
……
IF R1>0 GOTOF N200
N100 ……
N200 ……
……
```

利用程序跳转指令的位置不同和指令的组合可形成两种典型的流程控制：条件循环流程和条件分支流程。

**（1）条件循环流程**

图 1-6（a）所示为条件循环流程，由一个有条件跳转指令构成，合适的修改条件表达式中的参数值，使条件成立，则“程序 1～程序 N”部分的程序会被有限次地循环执行。

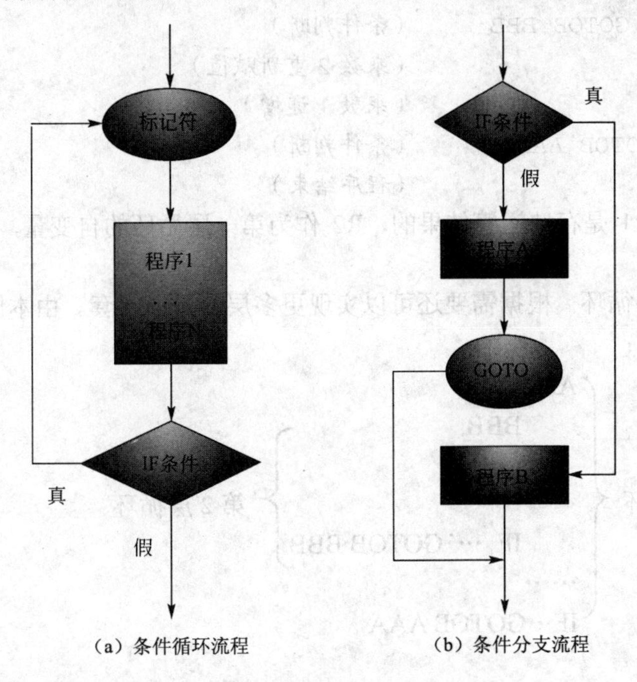


（a）条件循环流程　（b）条件分支流程

图 1-6　程序流程控制

【例 1-11】阅读 CX1063 程序，试判断标记符 AAA 后的两个程序段将被执行多少次？

```
CX1063.MPF
R1=0
R2=1
AAA:
  R1=R1+R2
  R2=R2+1
IF R2<=10 GOTOB AAA
M30
```

解：条件判断之前 AAA 后的两个程序段被执行 1 次；条件判断时 R2=2，满足条件再执行 1 次；再进行条件判断时 R2=3，满足条件再执行 1 次……直至 R2=10 时执行最后 1 次，所以总共被执行了 10 次。

【例 1-12】 试编制计算数值 1.1×1+2.2×1+3.3×1+…+9.9×1+1.1×2+2.2×2+3.3×2+…+

9.9×2 +1.1×3+2.2×3+3.3×3+…+9.9×3 的总和的程序。

解：本程序中要用到循环的嵌套，第一层循环控制变量 1，2，3 的变化，第二层循环控制变量 1.1，2.2，3.3…9.9 的变化。编制程序如下。

```
CX1064.MPF
R1=0                          （和赋初值）
R2=1                          （乘数 1 赋初值）
R3=1                          （乘数 2 赋初值）
AAA:                          （跳转标记）
  BBB:                        （跳转标记）
  R1=R1+R2*(R3*1.1)           （求和）
  R3=R3+1                     （乘数 2 递增）
  IF R3<=9 GOTOB BBB          （条件判断）
R3=1                          （乘数 2 重新赋值）
R2=R2+1                       （乘数 1 递增）
IF R2<=3 GOTOB AAA            （条件判断）
M30                           （程序结束）
```

程序中变量 R1 是存储运算结果的，R2 作为第一层循环的自变量，R3 作为第二层循环的自变量。

本例用到两层循环，根据需要还可以实现更多层的循环嵌套。由本例可得出，条件循环的嵌套关系如下：

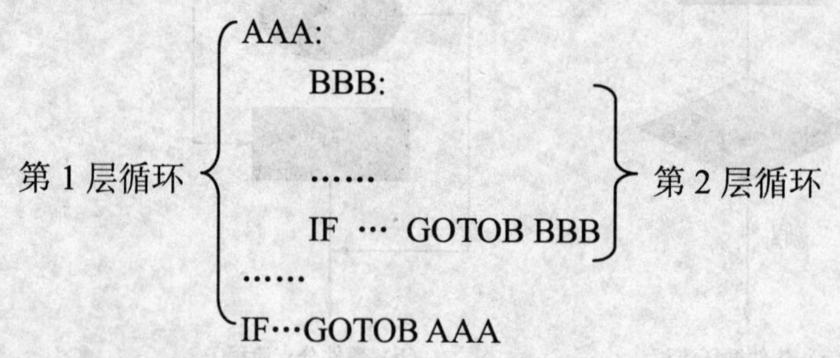


**（2）条件分支流程**

图 1-6(b)所示为条件分支流程，由一个有条件跳转指令和一个无条件跳转指令构成，它可以实现选择执行（二选一），条件成立时仅执行程序 B，条件不成立则仅执行程序 A。

**【例 1-13】** 试编制一个当 R1>6 时参数 R10 的值取为 1，R1<=6 时 R10 的值取为 0 的程序。

解：根据题意，要求二选一，可以采用条件循环指令编程。

```
CX1065.MPF
IF R1>6 GOTOF AAA             （条件判断）
R10=0                         （若条件不成立执行本程序段）
GOTOF BBB                     （无条件跳转）
AAA:R10=1                     （若条件成立执行本程序段）
BBB:                          （跳转标记）
M30                           （程序结束）
```

**【例 1-14】** 图 1-7 所示为一分段函数示意图，试编制一个根据具体的 $X$ 值得出该函数 $Y$ 值的程序。

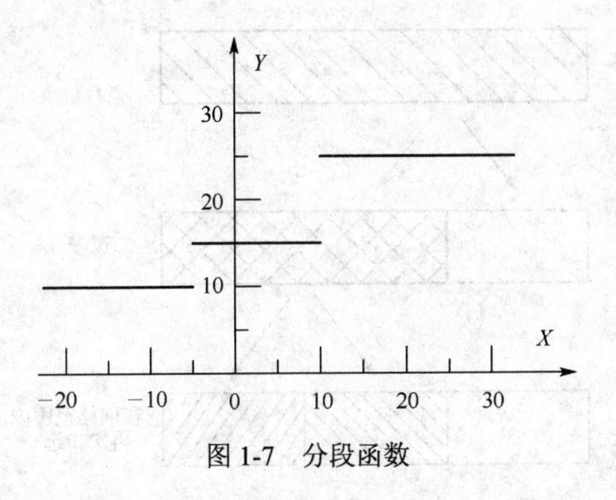

图 1-7　分段函数

解：如图所示，当 $X$ 大于 10 时，$Y$ 的值为 25，当 $X$ 小于–5 时，$Y$ 的值为 10，$X$ 大于等于–5 且小于等于 10 时，$Y$ 的值为 15。令参数 R1 表示 $X$ 坐标值，参数 R2 表示 $Y$ 坐标值，采用条件分支流程控制方式编程如下。

```
CX1066.MPF
IF R1>=-5 GOTOF AAA              （若 R1 大于等于 -5）
R2=10                            （R2 赋值 10）
GOTOF CCC                        （无条件跳转）
AAA:                             （跳转标记符）
  IF R1>10 GOTOF BBB             （若 R1 大于 10）
  R2=15                          （R2 赋值 15）
  GOTOF CCC                      （无条件跳转）
  BBB:                           （跳转标记符）
  R2=25                          （R2 赋值 25）
CCC:                             （跳转标记）
M30                              （程序结束）
```

本例用了两个条件分支流程，实现了三选一的选择执行，其流程控制关系如下。

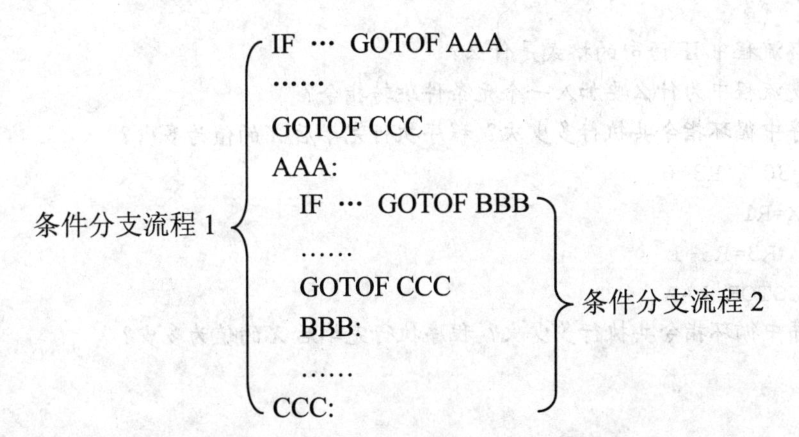


另外，从流程关系中可以看出：条件分支流程 2 属于条件分支流程 1 条件满足后执行的内容。也就是说，条件分支流程 2 是在条件分支流程 1 条件成立范围内，再次划分 2 份，进行二选一，其关系如图 1-8 所示。

如例 1-14 中程序段“IF R1>10 GOTOF BBB”的判断条件“R1>10”是在程序段“IF R1>=–5 GOTOF AAA”中“R1>=–5”范围内的再划分。将该程序进行如下修改也是正确的。

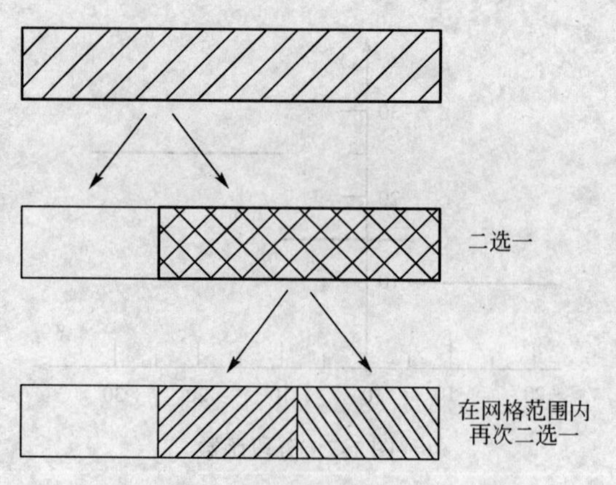


图 1-8　三选一流程控制条件关系示意图

```
CX1067.MPF
IF R1>=-5 GOTOF AAA          （若R1大于等于-5）
R2=10                        （R2赋值10）
GOTOF CCC                    （无条件跳转）
AAA:                         （跳转标记符）
  IF R1<=10 GOTOF BBB        （若R1小于等于10）
  R2=25                      （R2赋值25）
  GOTOF CCC                  （无条件跳转）
  BBB:                       （跳转标记符）
  R2=15                      （R2赋值15）
CCC:                         （跳转标记）
M30                          （程序结束）
```

## 思考练习

### 一、简答题

1. 条件循环流程中IF语句的格式是什么？
2. 条件分支流程中为什么要加入一个无条件跳转指令？
3. 下面程序中循环指令共执行多少次？程序执行完毕后$X$的值为多少？

```
R1=0  R2=30   R3=0
AAA:G00 X=R1
R1=R1+R2  R3=R3+1
IF R3<3 GOTOB AAA
```

4. 下面程序中循环指令共执行多少次？程序执行完毕后$X$的值为多少？

```
R1=10
R2=0
AAA:
R3=90*R2
R4=R1*SIN(R3)
G00 X=R4
R2=R2+1
```

```
IF R2<3 GOTOB AAA
```

**二、编程题**

1. 编制一个用于判断数值 *Y* 能否被 *X* 整除的程序。

2. 编制一个用于判断某一数值为奇数或是偶数的参数程序。

3. 某商店卖西瓜，一个西瓜的质量若在 4kg 以下，则销售价格为 0.6 元/kg；若在 4kg 或 4kg 以上，则售价为 0.8 元/kg，试编制一个根据西瓜质量确定具体售价的程序。

4. 要求若加工余量大于或等于 4mm，背吃刀量取 3mm；若加工余量介于 4mm 和 1mm 之间，背吃刀量取 2mm；若加工余量小于或等于 1mm，则背吃刀量取等于加工余量，试编制根据加工余量确定背吃刀量的参数程序。

# 第2章 数控车削加工参数编程

## 2.1 概述

**（1）数控车削加工参数编程的适用范围**

① 适用于手工编制含椭圆、抛物线、双曲线等没有插补指令的非圆曲线类零件的数控车削加工程序。

② 适用于编制工艺路线相同但位置参数不同的系列零件的加工程序。

③ 适用于编制形状相似、但尺寸不同的系列零件的加工程序。

④ 使用参数编程能扩大数控车床的加工编程范围，简化零件加工程序。

**（2）数控车削加工参数编程注意事项**

① 绝对坐标值与相对坐标值　使用绝对坐标值编程（G90），所有位置参数均以当前有效的零点为基准。在生产过程中经常有些图纸，其尺寸不是以零点为基准，而是以另一个工件点为基准，为了避免不必要的尺寸换算，可以使用相对坐标值编程（G91）。

② 直径值与半径值　数控车削加工的编程可用直径编程方式，也可以用半径编程方式，用哪种方式可事先通过参数设定，一般情况下，数控车削加工均采用直径编程。特别需要注意的是：由于曲线方程中的$x$值为半径值，编制含公式曲线零件的加工程序中的$X$坐标值应换算为直径值。

③ 模态指令与非模态指令　编程中的指令分为模态指令和非模态指令。模态指令也称为续效指令，一经程序段中指定，便一直有效，与上段相同的模态指令可省略不写，直到以后程序中重新指定同组指令时才失效。而非模态指令（非续效指令）的功能仅在本程序段中有效，与上段相同的非模态指令不可省略不写。

**思考练习**

1. 数控车削加工参数编程的适用范围有哪些？
2. 数控车削加工参数编程有哪些注意事项？
3. 模态指令与非模态指令有何区别？

## 2.2 系列零件数控车削加工

参数编程可用于零件形状相同、但有部分尺寸不同的系列零件加工。如果将这些不同的尺寸用参数形式给出，由程序自动对相关节点坐标进行计算，则可用同一程序完成该系列零件的加工。

【例 2-1】 试运用 R 参数编制数控车削加工如图 2-1 所示系列零件外圆面的程序，工件坐标原点设在球心，已知毛坯棒料直径$\phi$58mm。

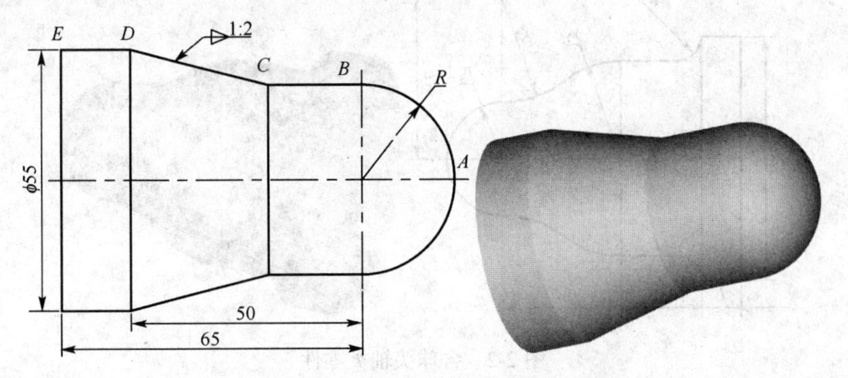


图 2-1　系列零件外圆面的加工

解：从图 2-1 中可以看出，编程所需节点中除 *D*、*E* 两点外，*A*、*B*、*C* 三点坐标值均与球半径 *R* 有关，若用参数 R1 表示 *R*，表 2-1 给出了各节点坐标值。

**表 2-1　节点坐标值**

| 节点 | 用 R 和数值表示的坐标值 | | 用 R 参数和数值表示的坐标值 | |
|---|---|---|---|---|
| | *X* | *Z* | *X* | *Z* |
| *A* | 0 | R | 0 | R1 |
| *B* | 2R | 0 | 2*R1 | 0 |
| *C* | 2R | 60-4R | 2*R1 | 60-4*R1 |
| *D* | 55 | -50 | 55 | -50 |
| *E* | 55 | -65 | 55 | -65 |

编制加工程序如下，该程序中将球半径“R20”赋值给了 R1，若加工该系列其他 *R* 尺寸零件时仅需将程序中第一个程序段“R1=20”中 R1 的赋值进行修改即可。

```
CX2000.MPF                    （程序号）
R1=20                         （将半径值 20 赋值给变量 R1）
G54 G90 M03 S800 T1 F160      （加工参数设定）
G00 X100 Z100                 （进刀至起刀点）
G00 G42 X0 Z=R1+2             （精加工外轮廓起始程序段）
G01 Z=R1                      （A 点）
G03 X=2*R1 Z0 CR=R1           （B 点）
G01 Z=60-4*R1                 （C 点）
X55 Z-50                      （D 点）
Z-65                          （E 点）
G00 G40 X100                  （退刀）
G00 Z100                      （返回起刀点）
M30                           （程序结束）
```

1. 如图 2-2 所示轴类零件，已知 *D*、*R* 和 *L* 尺寸，试编制其加工程序。

提示：如图所示，由 $r_1 = D/2 - R$、$r_2 + r_3 = 4L$ 和 $r_1 + r_2 = 5L$ 可得 $r_2 = 5L - r_1$、$r_3 = 4L - r_2$。

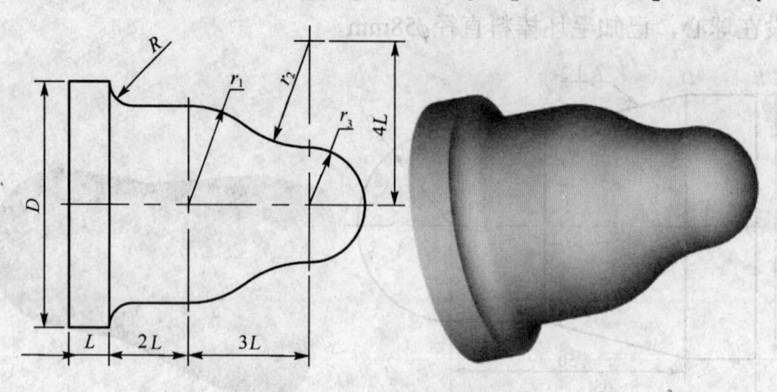


图 2-2　含球头轴类零件

2. 试编制一个在直径为 $D$ 的圆柱面上距离右端面 $C$ 的位置，用刀宽为 $A$ 的切断刀加工宽度为 $B$、底径为 $E$ 的矩形槽（图 2-3）的程序。

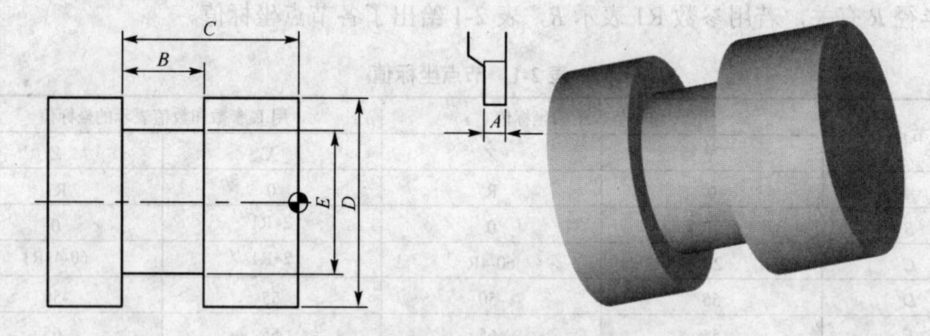


图 2-3　矩形槽加工

3. 数控车削加工图 2-4 所示 4 种不同尺寸规格的轴类系列零件外圆面，试编制其加工程序。

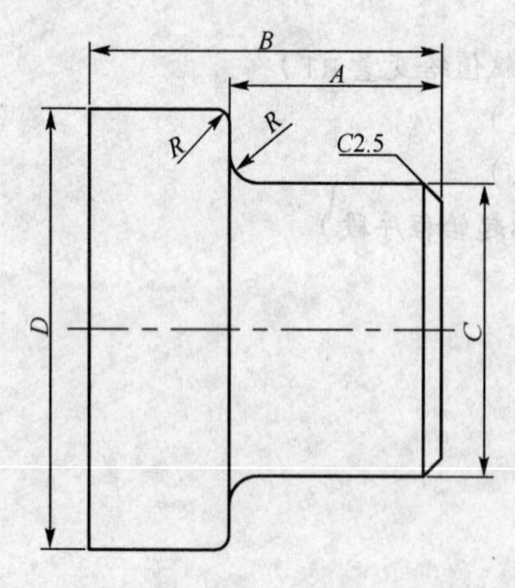


| 几何参数 | A | B | C | D | R |
|---|---|---|---|---|---|
| 尺寸1 | 30 | 50 | 40 | 60 | 3 |
| 尺寸2 | 25 | 46 | 28 | 48 | 2 |
| 尺寸3 | 19 | 45 | 21 | 47 | 4 |
| 尺寸4 | 24 | 55 | 32 | 52 | 3 |

图 2-4　零件外圆面的加工

4. 如图 2-5 所示，在圆柱面上切槽，要求加工不同槽的组合时以 R20 的值作选择，当 R20 的值为“1”时仅切槽 1，值为“12”时切槽 1 和 2，值为“1234”时切槽 1、2、3 和 4，值为“35”时切槽 3 和 5，依此类推，试编制该零件的切槽加工程序。

5. 数控车削加工如图 2-6 所示零件上的直沟槽，试编制加工程序。

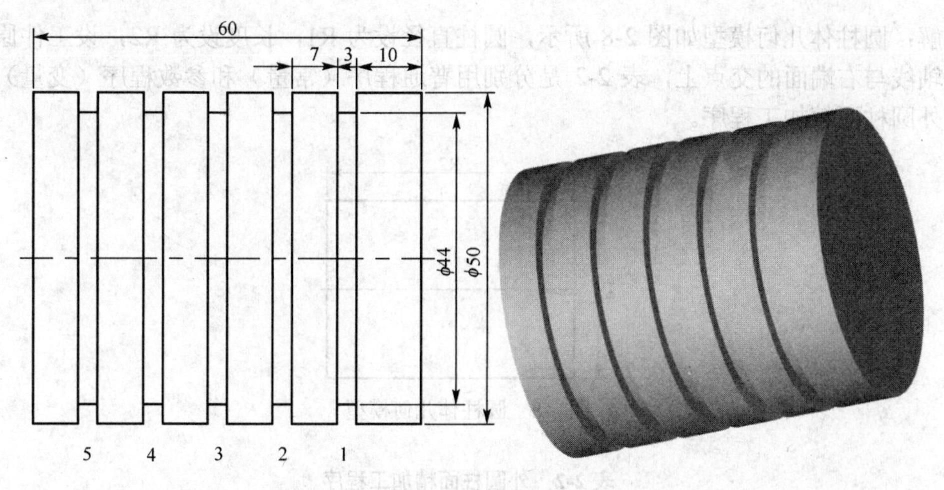


图 2-5 切槽加工

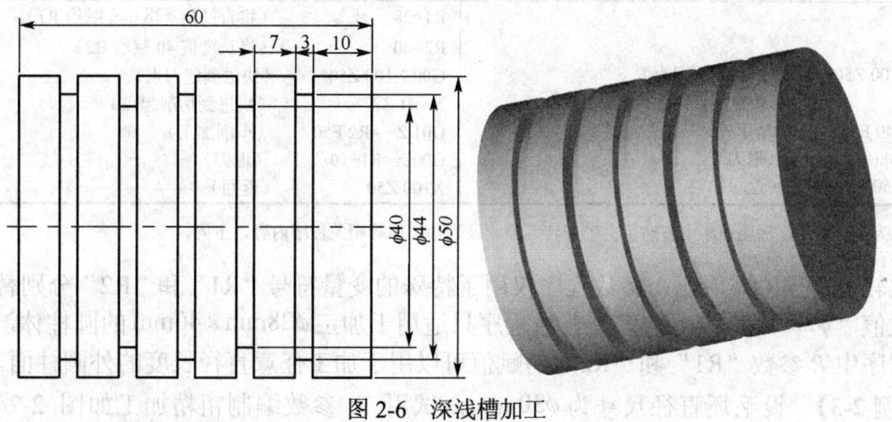


图 2-6 深浅槽加工

# 2.3 数控车削加工固定循环

## 2.3.1 外圆柱面加工循环

固定循环是为简化编程将多个程序段指令按约定的执行次序综合为一个程序段来表示。如在数控车床上进行外圆面或外螺纹等加工时，往往需要重复执行一系列的加工动作，且动作循环已典型化，这些典型的动作可以预先编好参数化程序并存储在内存中，需要时可用类似于系统自带的切削循环指令方式进行程序调用。

【例 2-2】 数控车削加工如图 2-7 所示 $\phi$28mm×40mm 外圆柱面，试用 R 参数编制其精加工程序。

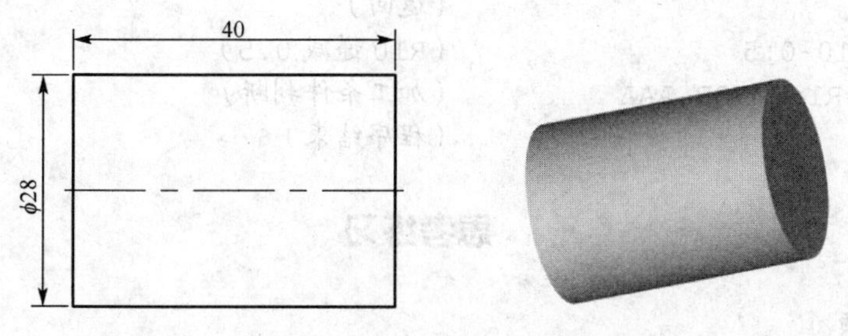


图 2-7 $\phi$28mm×40mm 外圆柱面

解：圆柱体几何模型如图 2-8 所示，圆柱直径设为 R1，长度设为 R2，设工件原点在工件轴线与右端面的交点上，表 2-2 是分别用普通程序（常量）和参数程序（变量）编制的该外圆柱面精加工程序。

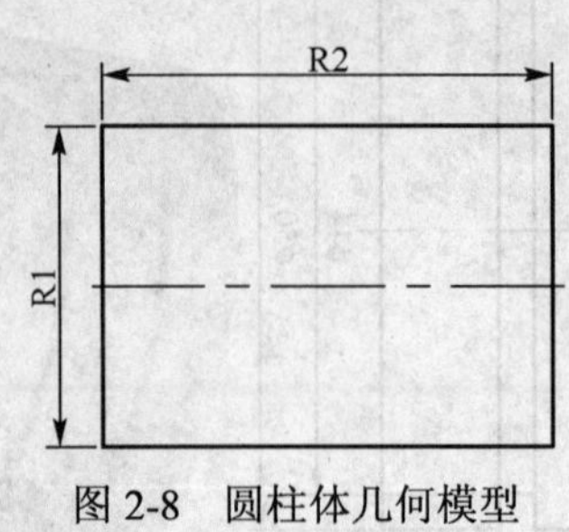


图 2-8　圆柱体几何模型

表 2-2　外圆柱面精加工程序

| 普通程序 | | 参数程序 | |
|---|---|---|---|
| | | R1=28 | （将直径值 $\phi$28 mm 赋给 R1） |
| | | R2=40 | （将长度值 40 赋给 R2） |
| G00 X100 Z50 | （快进到起刀点） | G00 X100 Z50 | （快进到起刀点） |
| X28 Z2 | （快进到切削起点） | X=R1 Z2 | （快进到切削起点） |
| G01 Z-40 F50 | （精车外圆柱面） | G01 Z=–R2 F50 | （车削加工） |
| G00 X38 | （退刀） | G00 X=R1+10 | （退刀） |
| X100 Z50 | （返回） | X100 Z50 | （返回） |

注：为简化程序，例题程序中省略了主轴旋转、停止及程序结束等相关程序内容，下同。

比较两程序不难看出，参数程序仅用了特殊的变量符号“R1”和“R2”分别替代了具体的数值“$\phi$28”和“40”，但是普通程序只适用于加工 $\phi$28mm×40mm 的圆柱体，而修改参数程序中 *R* 参数“R1”和“R2”的赋值可以用于加工任意直径长度的外圆柱面。

**【例 2-3】** 设毛坯直径尺寸为 $\phi$30 mm，试用 R 参数编制粗精加工如图 2-7 所示的 $\phi$28mm×40 mm 外圆柱面。

解：将例 2-2 中程序略作修改，编制外圆柱面粗精加工程序如下。

```
CX2010.MPF
R1=28                      （将圆柱直径值赋给 R1）
R2=40                      （将圆柱长度值赋给 R2）
R10=30                     （将毛坯直径值赋给 R10）
T01 M03 S1000 F120         （加工参数设定）
G00 X100 Z50               （刀具快进到起刀点）
AAA:                       （标记符）
   X=R10 Z2                （刀具定位到各层切削起点位置）
   G01 Z=-R2               （直线插补加工）
   G00 X100                （退刀）
   Z50                     （返回）
   R10=R10-0.5             （R10 递减 0.5）
IF R10>=R1 GOTOB AAA       （加工条件判断）
M30                        （程序结束）
```

思考练习

一、问答题

仔细阅读例 2-3 中程序后回答下列问题。

1. 参数 R10 的变化范围是什么？

2. 粗精加工每层切削厚度是多少？

3. 共加工了多少次？试分别列出每一次加工时的 $X$ 坐标值。

4. 如何将每层切削厚度修改为 0.8mm？若将例题程序中每层切削厚度修改为“0.8”可以吗？为什么？

5. 加工程序需要改进的有哪些方面？如何实现？

二、编程题

1. 试编制一个适用于外圆柱面粗精加工调用的参数程序。

2. 如图 2-9 所示外圆锥体，圆锥大径为 $\phi$30mm，小径为 $\phi$20mm，圆锥长度为 30mm，毛坯尺寸为 $\phi$32mm，试编制其粗精加工程序。

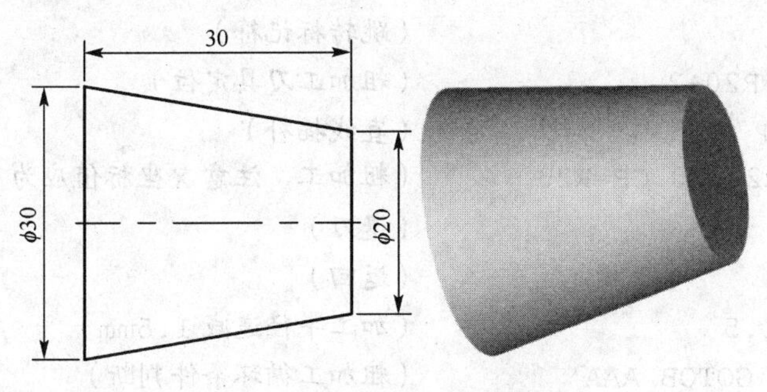


图 2-9　外圆锥体加工

### 2.3.2　半球面加工循环

【例 2-4】 如图 2-10 所示半球面，球半径为“$SR$15”，试编制其数控精加工程序。

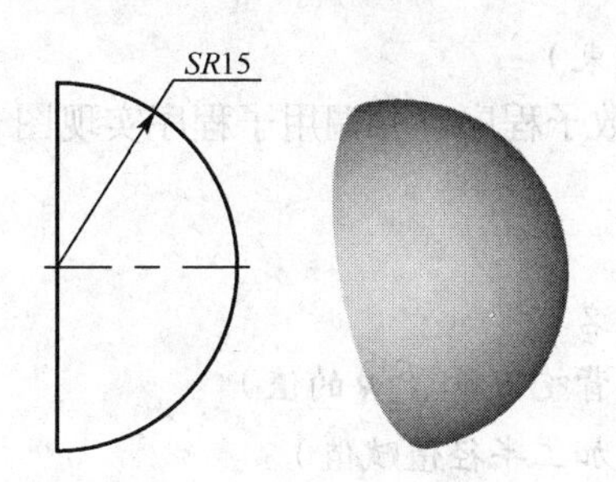


图 2-10　“$SR$15”半球面

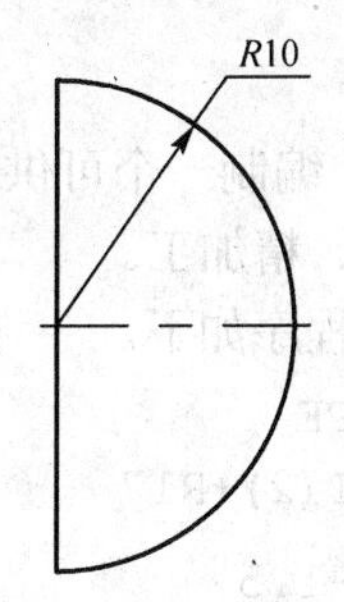


图 2-11　用参数 R10 表示球半径的半球面

解：采用参数 R10（注意此处不是半径 10mm）表示球半径的半球面示意图如图 2-11 所示，设工件原点在球心，表 2-3 是分别用普通程序（常量）和参数程序（变量）编制的其半球面精加工程序。

表 2-3　半球面精加工程序

| 普通程序 | | 参数程序 | |
|---|---|---|---|
| | | R10=15 | （将半径值 15 赋给 R10） |
| G00 X100 Z50 | （刀具快进到起刀点） | G00 X100 Z50 | （刀具快进到起刀点） |
| X0 Z17 | （快进到切削起点） | X0 Z=R10+2 | （快进到切削起点） |
| G01 Z15 | （车削到球顶） | G01 Z=R10 | （车削到球顶） |
| G03 X30 Z0 R15 | （精车半球） | G03 X=2*R10 Z0 CR=R10 | （精车半球） |
| G00 X40 | （退刀） | G00 X=2*R10+10 | （退刀） |
| X100 Z50 | （返回） | X100 Z50 | （返回） |

【例 2-5】 设毛坯直径尺寸为$\phi$30 mm，试用参数程序编制粗、精加工如图 2-10 所示的“*SR*15”半球面。

解：采用同心圆法实现该半球面的粗、精加工，设工件原点在球心，编制加工程序如下。

```
CX2020.MPF
R10=15                          （将球半径 15 赋给 R10）
R11=SQRT(2)*R10                 （计算总背吃刀量√2R 的值）
R20=R11-1.5                     （第一刀加工半径值赋值）
T01 M03 S800 F120               （加工参数设定）
G00 X100 Z50                    （刀具快进到起刀点）
AAA:                            （跳转标记符）
  G00 X0 Z=R20+2                （粗加工刀具定位）
  G01 Z=R20                     （直线插补）
  G03 X=2*R20 Z0 CR=R20         （粗加工，注意 X 坐标值应为直径值）
  G00 X100                      （退刀）
  Z50                           （返回）
  R20=R20-1.5                   （加工半径递减 1.5mm）
IF R20>R10 GOTOB AAA            （粗加工循环条件判断）
G00 X0 Z=R10+2                  （精加工刀具定位）
G01 Z=R10                       （进刀到球顶点）
G03 X=2*R10 Z0 CR=R10           （精加工半球面）
G00 X100                        （退刀）
Z50                             （返回）
M30                             （程序结束）
```

【例 2-6】 编制一个可供调用加工半球面的参数子程序，并调用子程序实现图 2-10 所示半球面的粗、精加工。

解：编制程序如下。

```
L2021.SPF                       （子程序名）
R11=SQRT(2)*R17                 （计算总背吃刀量√2R 的值）
R20=R11-1.5                     （第一刀加工半径值赋值）
AAA:                            （跳转标记符）
  G00 X0 Z=R20+2                （粗加工刀具定位）
  G01 Z=R20                     （直线插补）
  G03 X=2*R20 Z0 CR=R20         （粗加工，注意 X 坐标值应为直径值）
  G00 Z=R20+2                   （退刀）
  R20=R20-1.5                   （加工半径递减 1.5mm）
IF R20>R17 GOTOB AAA            （粗加工循环条件判断）
G00 X0 Z=R17+2                  （精加工刀具定位）
G01 Z=R17                       （进刀到球顶点）
G03 X=2*R17 Z0 CR=R17           （精加工半球面）
G00 Z=R17+2                     （退刀）
M17                             （子程序结束并返回主程序）
```

调用程序加工半球面的主程序如下。

```
CX2022.MPF            （主程序名）
R17=15                （球半径赋值）
T01 M03 S1000 F120    （加工参数设定）
G00 X100 Z100         （刀具快进到起刀点）
L2021                 （调用程序加工半球面）
G00 X100 Z100         （返回起刀点）
M30                   （程序结束）
```

**思考练习**

1. 若粗、精加工“*SR*20”的半球面，加工程序如何编制？

2. 例题程序中选用的是图 2-12 所示的还是图 2-13 所示的粗、精加工策略？试选用本例中未采用的策略编制半球面的加工程序。

提示：如图 2-14 所示，*r* 比 *R* 小，由图可得 $r=\frac{\sqrt{2}}{2}R$。

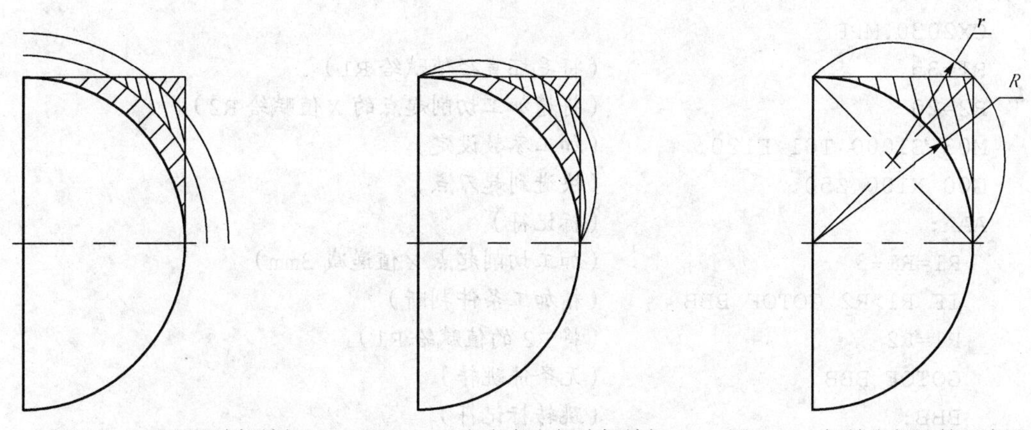


图 2-12　同心圆法粗精加工　　图 2-13　定点变半径法粗精加工　　图 2-14　初始半径计算示意图

## 2.3.3　轴类零件外轮廓加工循环

**【例 2-7】**如图 2-15 所示轴类零件，试编制其外轮廓精加工程序。

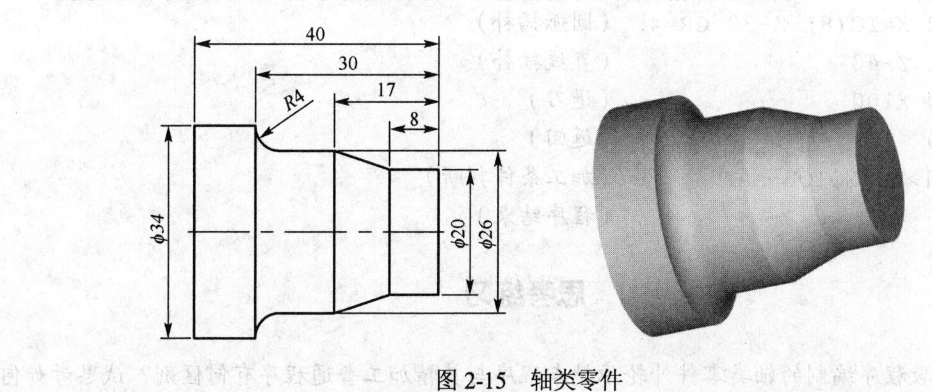


图 2-15　轴类零件

解：设工件原点在工件轴线与右端面的交点上，表 2-4 是分别用普通程序（常量）和参数程序（变量）编制的其外轮廓精加工程序。

表 2-4　轴类零件外轮廓精加工程序

| 普通程序 | | 参数程序 | |
|---|---|---|---|
| | | R1=20 | （将切削起点 X 值赋给 R1） |
| G00 X100 Z50 | （进刀到起刀点） | G00 X100 Z50 | （进刀到起刀点） |
| X20 Z2 | （刀具定位到切削起点） | X=R1 Z2 | （刀具定位到切削起点） |
| G01 Z–8 | （直线插补） | G01 Z–8 | （直线插补） |
| X=IC(6) Z–17 | （直线插补） | X=IC(6) Z–17 | （直线插补） |
| Z–26 | （直线插补） | Z–26 | （直线插补） |
| G02 X=IC(8) Z–30 CR=4 | （圆弧插补） | G02 X=IC(8) Z–30 CR=4 | （圆弧插补） |
| G01 Z–40 | （直线插补） | G01 Z–40 | （直线插补） |
| G00 X100 | （退刀） | G00 X100 | （退刀） |
| Z50 | （返回） | Z50 | （返回） |

**【例 2-8】** 设毛坯直径尺寸为 $\phi35$ mm，试编制粗、精加工如图 2-15 所示轴类零件外轮廓的程序。

解：设工件原点在零件轴线与右端面的交点位置，编制粗、精加工该零件外轮廓的程序如下。

```
CX2030.MPF
R1=35                     （将毛坯直径值赋给 R1）
R2=20                     （将精加工切削起点的 X 值赋给 R2）
M03 S1000 T01 F120        （加工参数设定）
G00 X100 Z50              （快进到起刀点）
AAA:                      （标记符）
  R1=R1-3                 （加工切削起点 X 值递减 3mm）
  IF R1>R2 GOTOF BBB      （精加工条件判断）
  R1=R2                   （将 R2 的值赋给 R1）
  GOTOF BBB               （无条件跳转）
  BBB:                    （跳转标记符）
  X=R1 Z2                 （刀具定位到切削起点）
  G01 Z-8                 （直线插补）
  X=IC(6) Z-17            （直线插补）
  Z-26                    （直线插补）
  G02 X=IC(8) Z-30 CR=4   （圆弧插补）
  G01 Z-40                （直线插补）
  G00 X100                （退刀）
  Z50                     （返回）
IF R1>R2 GOTOB AAA        （加工条件判断）
M30                       （程序结束）
```

## 思考练习

1. 参数程序编制的轴类零件外轮廓精车程序与其精加工普通程序有何区别？试思考如何修改参数程序实现该轴类零件的轮廓法粗、精加工？

2. 仔细阅读例 2-8，为什么要将程序段“R1=R1–3”的位置放在“AAA”程序段的后一个程序段而不是放在“IF R1>R2 GOTOB AAA”程序段的前一个程序段？

3. 仔细阅读例 2-8，为什么在条件循环流程中添加一个条件分支流程？

4. $X$ 坐标采用相对坐标、$Z$ 坐标采用绝对坐标的混合编程的方式编程，其优、缺点是什么？

5. 数控车削加工如图 2-16 所示轴类零件，毛坯直径尺寸为 $\phi 38$ mm，试采用本节例题中方法编制该零件外轮廓的粗、精加工程序。

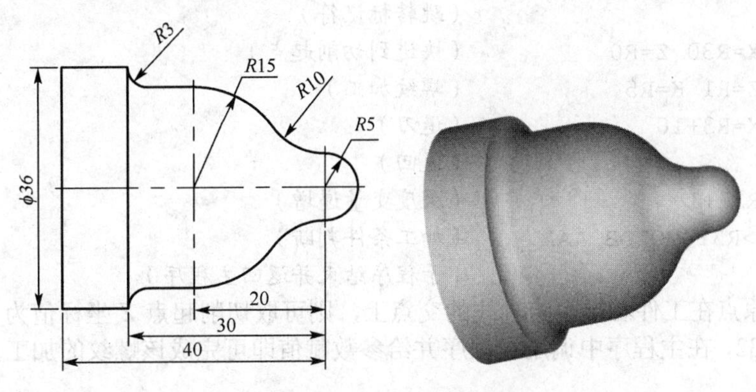


图 2-16　含球头轴类零件

## 2.3.4　螺纹加工循环

【例 2-9】 如图 2-17 所示，外圆柱螺纹尺寸为“M24×2”，螺纹长度 30mm，试编制其加工程序。

解：外圆柱螺纹加工变量模型如图 2-18 所示，设螺纹大径为 $D$，螺距为 $F$，切削起点的 $Z$ 坐标值为 $A$，切削终点的 $Z$ 坐标值为 $B$。

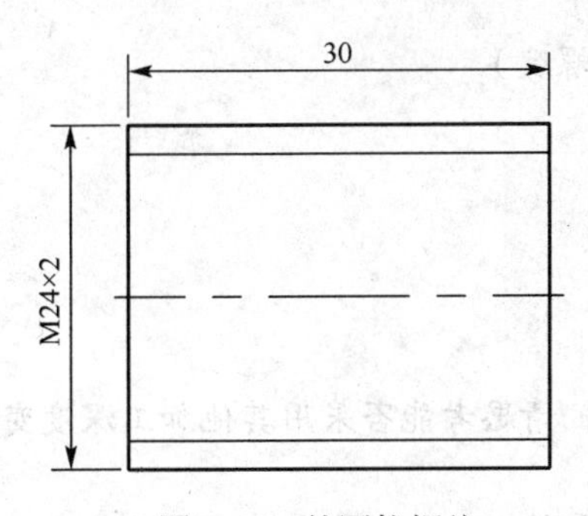


图 2-17　外圆柱螺纹

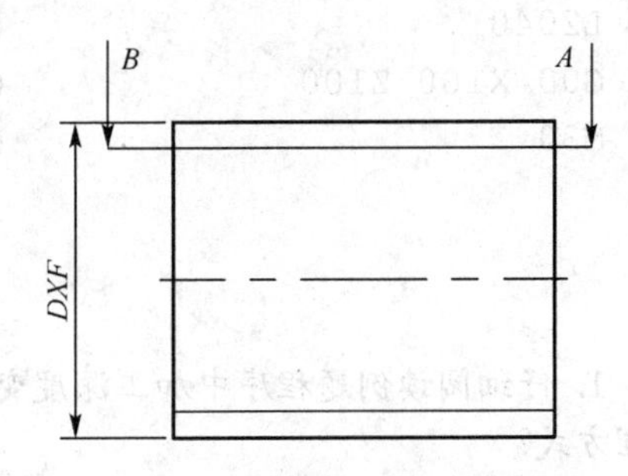


图 2-18　外圆柱螺纹加工变量模型

R 参数含义：

R3=$D$——螺纹大径；

R5=$F$——螺纹螺距；

R0=$A$——螺纹切削起点的 $Z$ 坐标值；

R1=$B$——螺纹切削终点的 $Z$ 坐标值；

R2=$C$——螺纹加工第一刀吃刀深度。

程序如下。

```
L2040.SPF                    (子程序号)
R30=R3                       (将螺纹大径值赋给 R30)
R31=R3-2*0.54*R5             (计算螺纹小径值)
R32=1                        (深度变量赋初值)
AAA:                         (跳转标记符)
 R30=R3-R2*SQRT(R32)         (加工 X 坐标递减)
```

```
    IF R30<R31 GOTOF BBB          （精加工条件判断）
    GOTOF CCC                     （无条件跳转）
    BBB:                          （跳转标记符）
    R30=R31                       （将小径值赋给 R30）
    CCC:                          （跳转标记符）
    G00 X=R30 Z=R0                （快进到切削起点）
    G33 Z=R1 K=R5                 （螺纹加工）
    G00 X=R3+10                   （退刀）
    Z=R0                          （返回）
    R32=R32+1                     （深度变量递增）
  IF R30>R31 GOTOB AAA            （加工条件判断）
  M17                             （子程序结束并返回主程序）
```

设工件原点在工件右端面与轴线的交点上，则可取切削起点 $Z$ 坐标值为 3，切削终点 $Z$ 坐标值为–32，在主程序中调用子程序并给参数赋值即可完成该螺纹的加工，编制加工主程序如下。

```
  CX2041.MPF                      （主程序号）
  R3=24                           （螺纹大径）
  R5=2                            （螺纹螺距）
  R0=3                            （螺纹切削起点的 Z 坐标值）
  R1=-32                          （螺纹切削终点的 Z 坐标值）
  R2=0.8                          （螺纹加工第一刀吃刀深度）
  T03 M03 S600                    （加工参数设定）
  G00 X100 Z100                   （快进到起刀点）
  L2040                           （调用程序加工螺纹）
  G00 X100 Z100                   （返回起刀点）
  M30                             （程序结束）
```

## 思考练习

1. 仔细阅读例题程序中加工深度变化的处理方式，请思考能否采用其他加工深度变化的处理方式？

2. 数控车削加工如图 2-19 所示圆弧螺纹，该螺纹牙型为“*R*3”的圆弧，螺距为 8mm，试编制其加工程序。

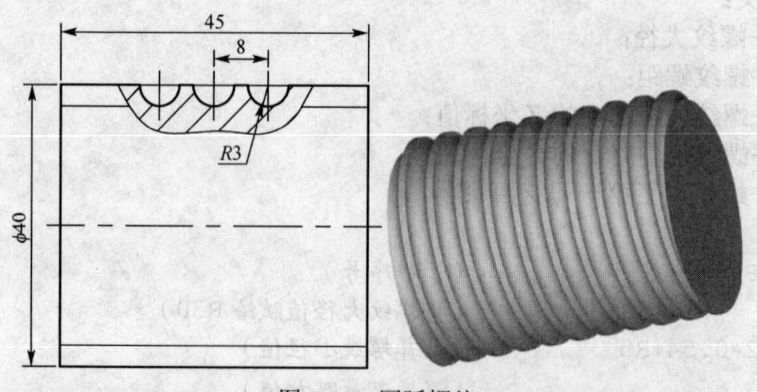


图 2-19　圆弧螺纹

3. 如图 2-20 所示，数控车削加工“*R*60”圆弧面上的圆弧螺纹，螺纹牙型为“*R*3”的圆弧，螺距为 8mm，试编制其加工程序。

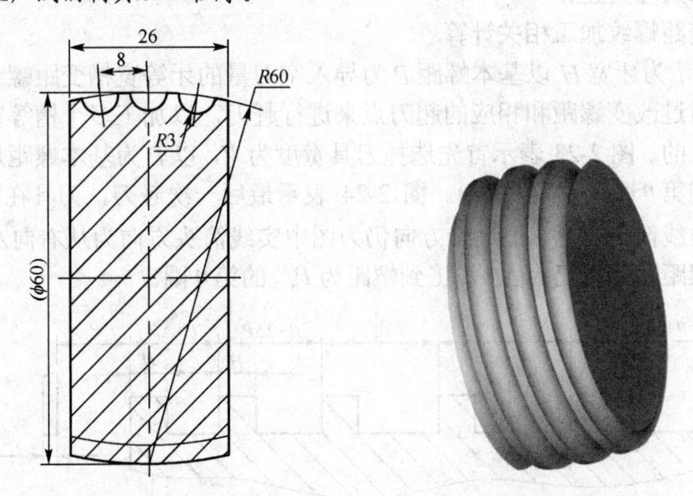


图 2-20　圆弧表面上加工圆弧螺纹

## 2.3.5　变螺距螺纹加工循环

**（1）变螺距螺纹的螺距变化规律**

常用变距螺纹的螺距变化规律如图 2-21 所示，螺纹的螺距是按等差级数规律渐变排列的，图中 $P$ 为螺纹的基本螺距，$\Delta P$ 为主轴每转螺距的增量或减量。

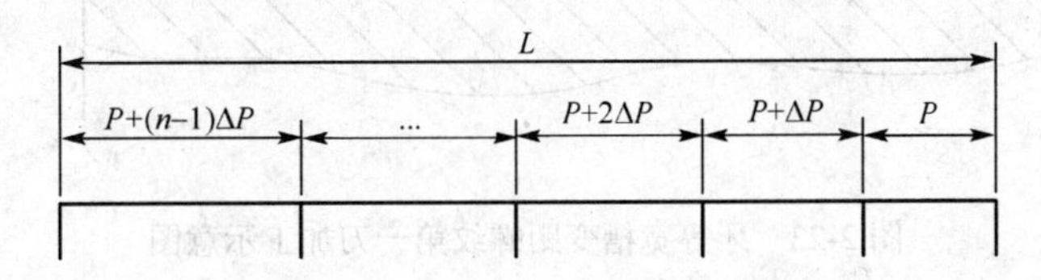


图 2-21　变距螺纹螺距变化规律

由图可得第 $n$ 圈的螺距为

$$Pn = P + (n-1)\Delta P$$

设螺旋线上第 1 圈螺纹起始点到第 $n$ 圈螺纹终止点的距离为 $L$，则可得

$$L = nP + \frac{n(n-1)}{2}\Delta P$$

式中，$P$ 为基本螺距；$\Delta P$ 为螺距变化量；$n$ 为螺旋线圈数。

**（2）变距螺纹的种类及加工工艺**

变距螺纹有两种情况，一种是槽等宽牙变距螺纹（图 2-25），另一种是牙等宽槽变距螺纹（图 2-26）。

槽等宽牙变距螺纹加工时，主轴带动工件匀速转动，同时刀具做轴向匀加（减）速移动就能形成变距螺旋线。

对于牙等宽槽变距螺纹的加工要比槽等宽牙变距螺纹复杂一些，表面上看要车成变槽宽，只能是在变距车削的过程中使刀具宽度均匀变大才能实现，不过这是不现实的。实际加工中可通过改变螺距和相应的起刀点来进行赶刀，逐渐完成螺纹加工。具体方法是：第一刀先车出一个槽等宽牙变距的螺纹，第二刀切削时的起刀点向端面靠近（或远离）一定距离，同时基本螺距变小一个靠近的距离（或变大一个远离的距离），第三刀再靠近（或远离）一定距离，基本螺距再变小一个靠近的距离（或再变大一个远离的距离），依此类推，直至加工到要求尺寸为止。

**（3）牙等宽槽变距螺纹加工相关计算**

图 2-22 所示为牙宽 $H$ 以基本螺距 $P$ 为导入空刀量的牙等宽槽变距螺纹加工结果示意图，该螺纹是通过改变螺距和相应的起刀点来进行赶刀，以加工多个槽等宽牙变距螺纹逐渐叠加完成加工的。图 2-23 表示首先选择刀具宽度为 $V$，以 $P$ 为基本螺距加工出一个槽等宽牙变距螺纹到第 $n$ 圈（螺距为 $P_n$）。图 2-24 表示最后一次赶刀，刀具在第 $n$ 圈朝右偏移距离 $U$（如图虚线箭头示意，但进给方向仍为图中实线箭头方向为从右向左）后以 $P-\Delta P$ 为基本螺距，螺距变化量仍为 $\Delta P$ 加工到螺距为 $P_{n-1}$ 的第 $n$ 圈。

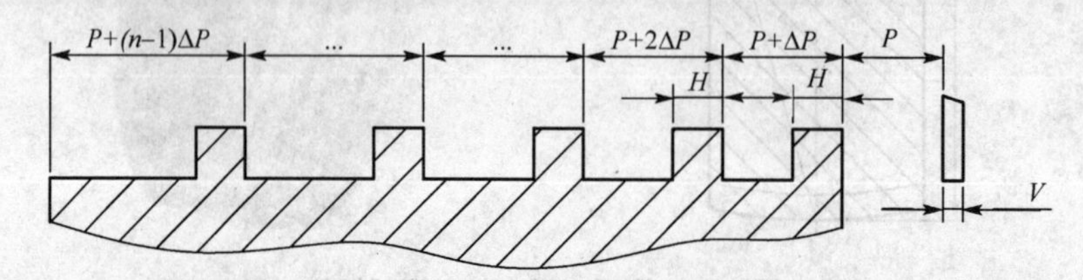


图 2-22　牙等宽槽变距螺纹加工结果示意图

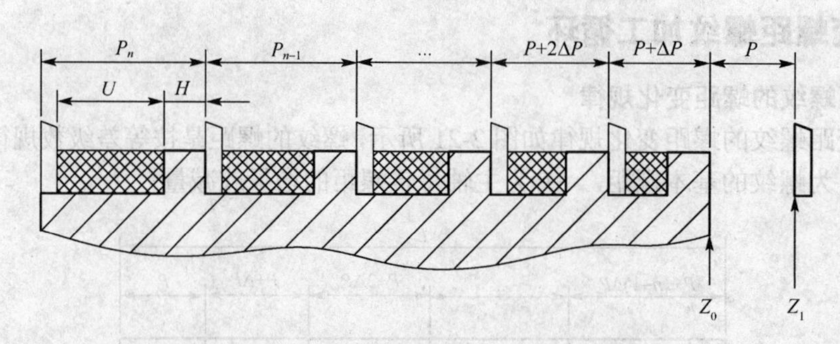


图 2-23　牙等宽槽变距螺纹第一刀加工示意图

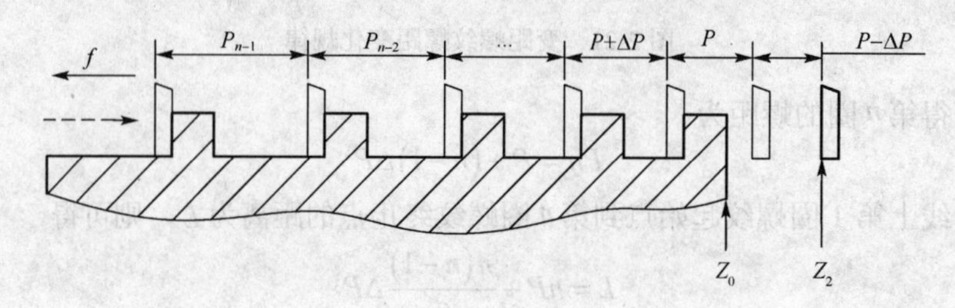


图 2-24　牙等宽槽变距螺纹最后一刀加工示意图

设工件右端面为 $Z$ 向原点，则第一刀的切削起点的 $Z$ 坐标值 $Z_1=P$，最后一刀的切削起点的 $Z$ 坐标值 $Z_2=2P-\Delta P-V-H$。由图可得从第二刀到最后一刀第 $n$ 圈的赶刀量（即第 $n$ 圈第一刀加工后的轴向加工余量）为 $U$，螺距递减一个螺距变化量 $\Delta P$，则赶刀次数至少为 $Q=\dfrac{U}{V}$ 的值上取整。其中，$Q$ 为赶刀次数，$V$ 为刀具宽度，$U$ 为赶刀量，$U=Pn-V-H$，$H$ 为牙宽。每一次赶刀时切削起点的偏移量 $M=\dfrac{Z_2-Z_1}{Q}$，每一次赶刀的螺距变化量 $N=\dfrac{\Delta P}{Q}$。

**（4）变距螺纹实际加工注意事项**

① 根据不同的加工要求合理选择刀具宽度。

② 根据不同情况正确设定 $F$ 初始值和起刀点的位置。从切削起点开始车削的第一个螺距 $P = F + \Delta P$。车削牙等宽槽变距螺纹时注意选择正确的赶刀量，因为赶刀量是叠加的，若第 1 牙赶刀 0.1mm，则第 10 牙的赶刀量是 1mm，因此要考虑刀具强度是否足够和赶刀量是否超出刀宽。

③ 根据不同要求正确计算螺距偏移量和循环刀数。

④ 由于变距螺纹的螺纹升角随着导程的增大而变大，所以刀具左侧切削刃的刃磨后角应等于工作后角加上最大螺纹升角 $\psi$，即后角 $\alpha_0 = (3° \sim 5°) + \psi$。

**【例 2-10】** 编制程序完成如图 2-25 所示槽等宽牙变距矩形螺纹的数控车削加工。

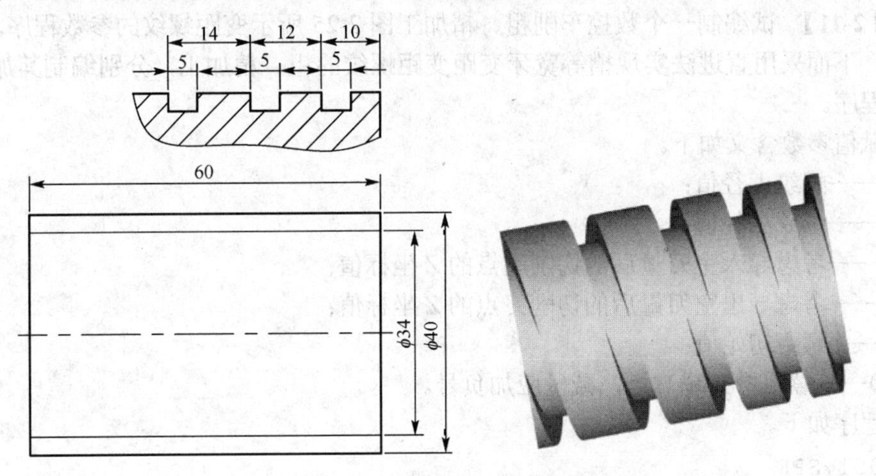


图 2-25　槽等宽牙变距矩形螺纹

解：如图 2-25 所示，该变距螺纹的基本螺距 $P$=10mm，螺距增量 $\Delta P$=2mm，螺纹总长度 $L$=60mm，代入方程

$$L = nP + \frac{n(n-1)}{2}\Delta P$$

解得 $n \approx 4.458$，即该螺杆有 5 圈螺旋线（第 5 圈不完整），再由

$$Pn = P + (n-1)\Delta P$$

得第 5 圈螺纹螺距为 18mm。

选择 5mm 宽的矩形螺纹车刀，从距离右端面 8mm 处开始切削加工（基于螺纹加工升降速影响和安全考虑，选择切削起点距离右端面 1 个螺距的导入空刀量），到距离左端面 6mm 后螺纹加工完毕退刀（考虑了导出空刀量），所以螺距初始值为 8mm（而程序中的 $F$ 值应为 8–2=6mm）。设工件坐标系原点在工件右端面和轴线的交点上，编制螺纹精加工程序如下。

```
CX2050.MPF
R1=8                          （初始螺距赋值）
R2=2                          （螺距增量赋值）
R3=8                          （切削起点 Z 坐标值赋值）
R4=-66                        （切削终点 Z 坐标值赋值）
M03 S150                      （主轴正转）
G00 X100 Z50                  （螺纹刀具移动到起刀点）
X34 Z8                        （快进至螺纹切削起点）
G64                           （连续切削）
```

```
AAA:                            （跳转标记符）
  G33 Z=IC(-R1) K=R1-R2         （螺纹加工）
  R3=R3-R1                      （Z 坐标值递减）
  R1=R1+R2                      （螺距递增）
IF R3>R4 GOTOB AAA              （当 Z 坐标值大于 R4 时执行循环）
G00 X50                         （X 向退刀）
X100 Z50                        （返回起刀点）
M30                             （程序结束）
```

【例 2-11】 试编制一个数控车削粗、精加工图 2-25 所示变距螺纹的参数程序。

解：下面采用直进法实现槽等宽牙变距变距螺纹的粗、精加工，分别编制其加工子程序和主程序。

各赋值参数含义如下。

R0——螺纹大径值；

R1——螺纹小径值；

R8——考虑导入空刀量后的切削起点的 $Z$ 坐标值；

R9——考虑导出空刀量后的切削终点的 $Z$ 坐标值；

R5——螺距初始值；

R10——螺距增（减）量，减量应加负号。

子程序如下。

```
L2051.SPF
R20=R0                          （X 坐标赋初值）
AAA:                            （跳转标记）
  R20=R20-0.5                   （X 坐标递减）
  IF R20<=R1 GOTOF CCC          （精加工条件判断）
  GOTOF DDD                     （条件结束）
  CCC:                          （条件结束）
  R20=R1                        （将螺纹小径值赋给 R20）
  DDD:                          （条件结束）
  G00 X=R20 Z=R8                （刀具定位到切削起点）
  G64                           （连续切削）
  R30=R8                        （Z 坐标赋初值）
  R31=R5                        （螺距赋初值）
  BBB:                          （变距螺纹加工循环条件判断）
    G33 Z=IC(-R31) K=R31-R10    （螺纹加工）
    R30=R30-R31                 （Z 坐标值递减）
    R31=R31+R10                 （螺距递增）
  IF R30>=R9 GOTOB BBB          （加工条件判断）
  G00 X=R0+10                   （退刀）
  Z=R8                          （返回）
IF R20>R1 GOTOB AAA             （加工条件判断）
M17                             （子程序结束并返回主程序）
```

编制主程序如下。

```
CX2052.MPF
```

```
R0=40                      (螺纹大径值赋值)
R1=34                      (螺纹小径值赋值)
R8=8                       (考虑导入空刀量后的切削起点的 Z 坐标值赋值)
R9=-66                     (考虑导出空刀量后的切削终点的 Z 坐标值赋值)
R5=8                       (螺距初始值赋值)
R10=2                      [螺距增(减)量赋值]
M03 S150                   (主轴正转)
G00 X100 Z50               (螺纹刀具移动到起刀点)
L2051                      (调用子程序)
G00 X50                    (X 向退刀)
X100 Z50                   (返回起刀点)
M30                        (程序结束)
```

**思考练习**

图 2-26 所示为牙等宽槽变距矩形螺纹，试编制数控车削加工该变距螺纹的参数程序。

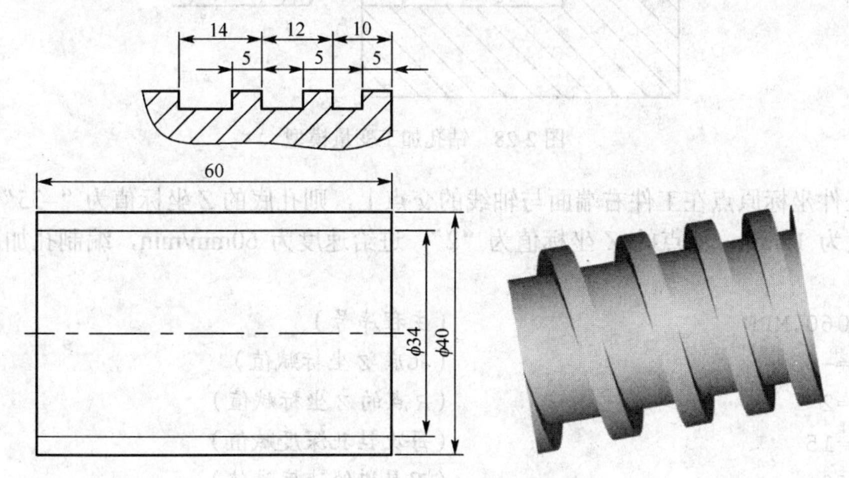


图 2-26　牙等宽槽变距矩形螺纹

### 2.3.6　孔加工循环

【例 2-12】 在数控车床上用麻花钻钻削加工如图 2-27 所示的 $\phi$12mm×35 mm 的孔，试编制其加工程序。

解：钻孔加工变量模型如图 2-28 所示，设钻头定位到 $R$ 点后，每次钻孔深度 $Q$ 后适当退刀，直至加工到孔底，孔底坐标值为 $Z$。

孔加工固定循环参数含义如下。

R25=$Z$——孔底 $Z$ 坐标值；

R17=$R$——$R$ 点的 $Z$ 坐标值；

R16=$Q$——每次钻孔深度；

R5=$F$——刀具进给速度。

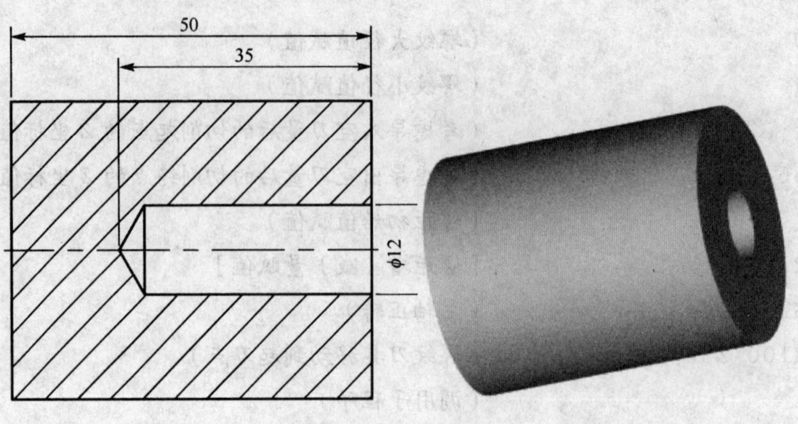


图 2-27 钻孔加工

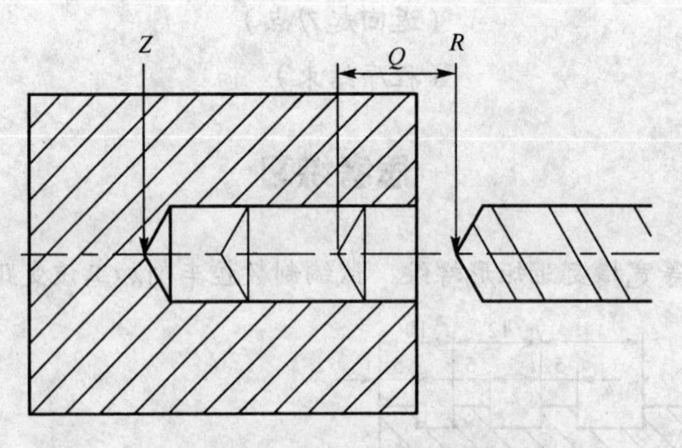


图 2-28 钻孔加工变量模型

设工件坐标原点在工件右端面与轴线的交点上，则孔底的 Z 坐标值为“–35”，设每次钻孔深度为 15mm，R 点的 Z 坐标值为“2”，进给速度为 60mm/min，编制孔加工主程序如下。

```
CX2060.MPF              (主程序号)
R25=-35                 (孔底 Z 坐标赋值)
R17=2                   (R 点的 Z 坐标赋值)
R16=15                  (每次钻孔深度赋值)
R5=60                   (刀具进给速度赋值)
T04 M03 S600            (加工参数设定)
G00 X100 Z100           (刀具快进到起刀点)
L2061                   (调用子程序钻孔)
G00 X100 Z100           (返回起刀点)
M30                     (主程序结束)
```

孔加工子程序如下。

```
L2061.SPF               (子程序号)
G00 X0                  (刀具 X 方向定位)
Z=R17                   (进刀到 R 点)
R10=R17                 (钻孔深度赋初值)
AAA:                    (跳转标记符)
  G01 Z=R10 F=R5        (钻孔)
  G00 Z=R17             (退刀)
```

```
R10=R10-R16          (钻孔深度递减)
IF R10>R25 GOTOB AAA (加工条件判断)
G01 Z=R25 F=R5       (保证孔加工深度)
G00 Z=R17            (退刀)
M17                  (子程序结束并返回主程序)
```

思考练习

1. 在例 2-12 中，若将工件原点设在工件左端面与轴线的交点上，试调用子程序编制该孔的加工程序。

2. 调用该孔加工固定循环的子程序能否适用于其他钻孔加工？

3. 如图 2-29 所示零件，要求在数控车床上钻出工件上 $\phi$16mm×40 mm 的孔，试编制其加工程序。

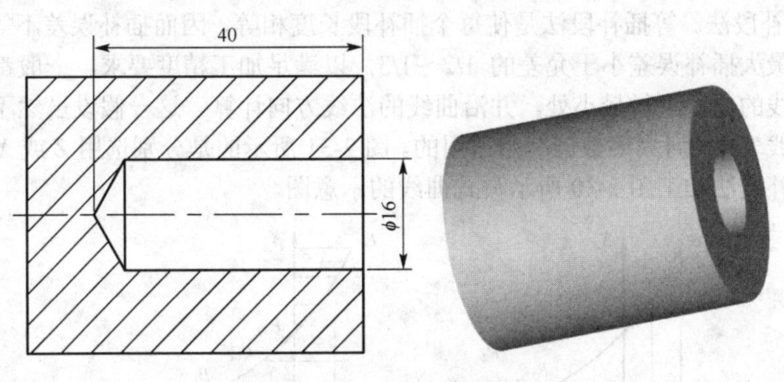


图 2-29　含孔轴类零件

# 2.4　含公式曲线类零件数控车削加工

## 2.4.1　含公式曲线类零件曲线段车削加工编程模板

**(1) 函数**

设 $D$ 是给定的一个数集，若有两个变量 $X$ 和 $Y$，当变量 $X$ 在 $D$ 中取某个特定值时，变量 $Y$ 依确定的关系 $f$ 也有一个确定的值，则称 $Y$ 是 $X$ 的函数，$f$ 称为 $D$ 上的一个函数关系，记为 $Y=f\ (X)$，$X$ 称为自变量，$Y$ 称为因变量。当 $X$ 取遍 $D$ 中各数，对应的 $Y$ 构成一数集 $R$，$D$ 称为定义域或自变数域，$R$ 称为值域或因变数域。

由于数控车床使用 $XZ$ 坐标系，则用 $Z$、$X$ 分别代替 $X$、$Y$，即数控车削加工公式曲线中曲线方程是变量 $X$ 与 $Z$ 的关系。例如图 2-30 所示曲线的函数为 $X=f\ (Z)$，$Z$ 为自变量，$X$ 为因变量，若设起点 $A$ 在 $Z$ 轴上的坐标值为 $Z_a$（自变量起点），终点 $B$ 在 $Z$ 轴上的坐标值为 $Z_b$（自变量终点），则 $D=Z_a$，$Z_b$ 为定义域，$X$ 是 $Z$ 的函数，当 $Z$ 取遍 $D$ 中各数，对应的 $X$ 构成的数集 $R$ 为值域。当然也可以将 $X=f\ (Z)$ 进行函数变换得到表达式 $Z=f\ (X)$，即 $X$ 为自变量，$Z$ 为因变量，$Z$ 是 $X$ 的函数。

**(2) 数控编程中公式曲线的数学处理**

公式曲线包括除圆以外的各种可以用方程描述的圆锥二次曲线（如抛物线、椭圆、双曲线）、阿基米德螺线、对数螺旋线及各种参数方程、极坐标方程所描述的平面曲线与列表曲线等。数控机床在加工上述各种曲线平面轮廓时，一般都不能直接进行编程，而必须经过数学处理以后，以直线或圆弧逼近的方法来实现。但这一工作一般都比较复杂，有时靠手工处理已经不大可能，必须借助计算机进行辅助处理，最好是采用计算机自动编程高级语言来编制加工程序。

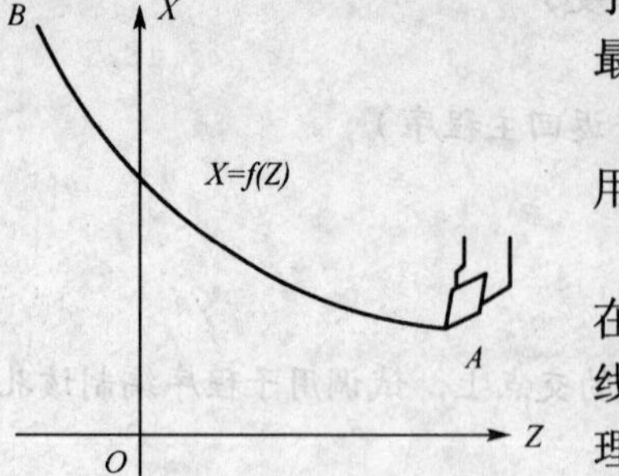

图 2-30　公式曲线段车削加工

处理用数学方程描述的平面非圆曲线轮廓图形，常采用相互连接的直线逼近或圆弧逼近方法。

① 直线逼近法　一般来说，由于直线法的插补节点均在曲线轮廓上，容易计算，编程也简便一些，所以常用直线法来逼近非圆曲线，其缺点是插补误差较大，但只要处理得当还是可以满足加工需要的，关键在于插补段长度及插补误差控制。由于各种曲线上各点的曲率不同，如果要使各插补段长度均相等，则各段插补的误差大小不同；反之，如要使各段插补误差相同，则各插补段长度不等。

a. 等插补段法。等插补段法是使每个插补段长度相等，因而插补误差不等。编程时必须使产生的最大插补误差小于允差的 1/2～1/3，以满足加工精度要求。一般都假设最大误差产生在曲线的曲率半径最小处，并沿曲线的法线方向计算。这一假设虽然不够严格，但数控加工实践表明，对大多数情况是适用的。图 2-31 所示的是分别选用 $Z$ 或 $X$ 坐标为自变量进行等插补段法加工图 2-30 所示公式曲线的示意图。

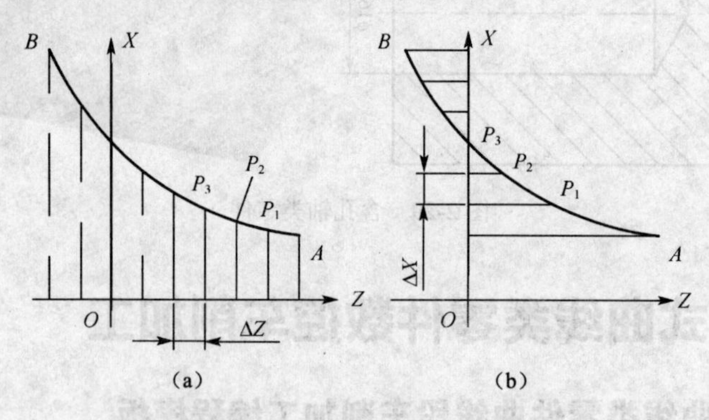

图 2-31　等插补段法加工曲线

b. 等插补误差法。等插补误差法是使各插补段的误差相等，并小于或等于允许的插补误差，这种确定插补段长度的方法称为“等插补误差法”。显然，按此法确定的各插补段长度是不等的，因此也称为“变步长法”。这种方法的优点是插补段数目比上述的“等插补段法”少。这对于一些大型和形状复杂的非圆曲线零件有较大意义。对于曲率变化较大的曲线，用此法求得的节点数最少，但计算稍繁琐。

② 圆弧逼近法　曲线的圆弧逼近有曲率圆法、三点圆法和相切圆法等方法。三点圆法是通过已知的三个节点求圆，并作为一个圆弧加工程序段。相切圆法是通过已知的四个节点分别作两个相切的圆，编出两个圆弧的加工程序段。这两种方法都必须先用直线逼近方法求出各节点再求出各圆半径，计算较繁琐。

**（3）编制含公式曲线零件曲线段加工参数程序的基本步骤**

应用参数编程对可以用函数公式描述的工件轮廓或曲面进行数控加工，是现代数控系统一个重要的新功能和方法，但是使用参数编程用于数控加工含公式曲线零件轮廓时，需要具有一定的数学和高级语言基础，要快速、熟练、准确地掌握较为困难。

事实上，数控加工公式曲线段的参数程序编制具有一定的规律性，表 2-5 所示为编制含公式曲线零件曲线段加工参数程序变量处理。

**表 2-5　编制含公式曲线零件曲线段加工参数程序变量处理**

| 步骤 | 步骤内容 | 变量表示 | | R 参数表示 |
|---|---|---|---|---|
| 第 1 步 | 选择自变量（$X$、$Z$ 二选一） | $X$ | $Z$ | R$i$ |
| 第 2 步 | 确定自变量的定义域 | $X=X_a,X_b$ | $Z=Z_a,Z_b$ | — |
| 第 3 步 | 用自变量表示因变量的表达式 | $Z=f(X)$ | $X=f(Z)$ | $Rj=f(Ri)$ |

① 选择自变量

a. 公式曲线中的 $X$ 和 $Z$ 坐标任意一个都可以被定义为自变量。

b. 一般选择变化范围大的一个作为自变量。数控车削加工时通常将 $Z$ 坐标选定为自变量。

c. 根据表达式方便情况来确定 $x$ 或 $z$ 作为自变量。如某公式曲线表达式为

$$z = 0.005x^3$$

将 $X$ 坐标定义为自变量比较适当，如果将 $Z$ 坐标定义为自变量，则因变量 $x$ 的表达式为

$$x = \sqrt[3]{z/0.005}$$

其中含有三次开方函数在参数程序中不方便表达。

d. R 参数的定义完全可根据个人习惯设定。例如，为了方便可将和 $X$ 坐标相关的变量设为 R1、R11、R12 等，将和 $Z$ 坐标相关的变量设为 R2、R21、R22 等。

② 确定自变量的起止点坐标值（即自变量的定义域）　自变量的起止点坐标值是相对于公式曲线自身坐标系的坐标值（如椭圆自身坐标原点为椭圆中心，抛物线自身坐标原点为其顶点）。其中起点坐标为自变量的初始值，终点坐标为自变量的终止值。

③ 确定因变量相对于自变量的表达式　进行函数变换，确定因变量相对于自变量的表达式。如图 2-32 所示椭圆曲线段，$S$ 点为曲线段加工起始点，$T$ 点为终止点。若选定椭圆线段的 $Z$ 坐标为自变量，起点 $S$ 的 $Z$ 坐标为 Z8，终点 $T$ 的 $Z$ 坐标为 Z-8，则自变量的初始值为 8，终止值为–8，将椭圆方程

$$\frac{x^2}{5^2}+\frac{z^2}{10^2}=1$$

进行函数变换得到用自变量表示因变量的表达式

$$x = 5\times\sqrt{1-\frac{z^2}{10^2}}$$

若用参数 R23 代表 $X$，R25 表示 $Z$，则变量处理结果见表 2-6。

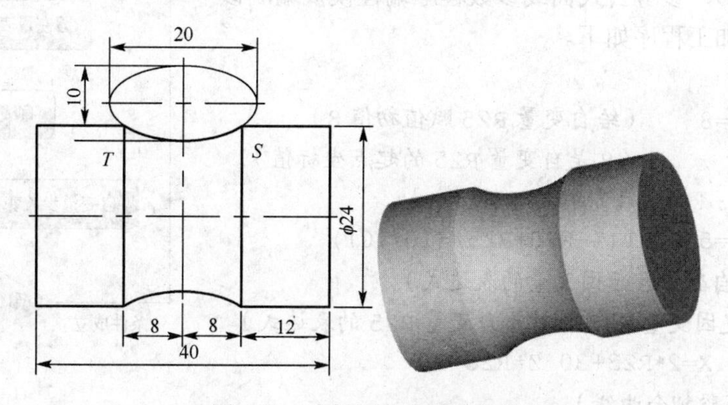


图 2-32　含椭圆曲线的零件图

表 2-6　含椭圆曲线零件加工参数程序变量处理

| 步骤 | 步骤内容 | 变量表示 | R 参数表示 |
|---|---|---|---|
| 第 1 步 | 选择自变量 | $Z$ | R25 |
| 第 2 步 | 确定自变量的定义域 | $Z=Z_1$，$Z_2=Z=8$，−8 | — |
| 第 3 步 | 用自变量表示因变量的表达式 | $x=5\times\sqrt{1-\frac{z^2}{10^2}}$ | R23=5*SQRT(1−R25*R25/(10*10)) |

④ 公式曲线参数程序编程模板　在公式曲线轮廓的精加工参数程序编制时，可按表 2-7 所示进行编程，表中的 6 个步骤在实际工作中可当成编程模板套用。公式曲线加工程序流程如图 2-33 所示。

表 2-7　公式曲线参数程序编程模板

| 步骤 | 程　序 | 说　明 |
|---|---|---|
| | …… | |
| 第 1 步 | N10　R*i*=a | （给自变量 R*i* 赋值初值 *a*）<br>（*a* 是自变量 R*i* 的起点坐标值） |
| 第 2 步 | N20　AAA: | （跳转标记符）<br>（*b* 是自变量 R*i* 的终点坐标值，？为条件运算符） |
| 第 3 步 | N30　R*j*=*f*（R*i*） | （用自变量表示因变量的表达式）<br>（确定因变量 R*j* 相对于自变量 R*i* 的表达式） |
| 第 4 步 | N40　G01 X=2*Rx+g Z=Rz+I | （直线段拟合曲线）<br>（注意坐标转换，Rx、Rz 分别是在 *X*、*Z* 轴上的 R 参数）<br>（*g* 为曲线本身坐标原点在工件坐标系下的 *X* 坐标值）<br>（*i* 为曲线本身坐标原点在工件坐标系下的 *Z* 坐标值）<br>（数控车采用直径值编程，因此 Rx 的值应乘以 2） |
| 第 5 步 | N50　R*i*=R*i*± *Δ* | （自变量递变一个步长 *Δ*）<br>（递增即 *a*>*b* 取+，递减即 *a*<*b* 取-） |
| 第 6 步 | N60　IF R*i*?b GOTOB AAA | （条件判断，如果满足条件，程序跳转到“AAA”程序段开始执行）<br>（*b* 是自变量 R*i* 的终点坐标值，？为条件运算符） |
| | …… | |

**【例 2-13】** 数控车削加工如图 2-32 所示椭圆曲线段，加工刀具刀位点在起始点，要求完成该曲线段的数控车削精加工部分程序的编程。

解：设工件坐标原点在工件右端面与轴线的交点上，则椭圆中心（椭圆自身坐标原点）在工件坐标系中的坐标值为（30，−20），参考公式曲线参数程序编程模板编制该椭圆曲线部分加工程序如下。

```
……
N10  R25=8      （给自变量 R25 赋值初值 8）
               （8 是自变量 R25 的起点坐标值）
N20  AAA:       （跳转标记符）
N30  R23=5*SQRT(1-R25*R25/(10*10))
     （用自变量表示因变量的表达式）
     （确定因变量 R23 相对于自变量 R25 的表达式）
N40  G01 X=2*R23+30 Z=R25-20
     （直线段拟合曲线）
（注意坐标转换，R23、R25 分别是 X、Z 轴上的 R 参数）
```

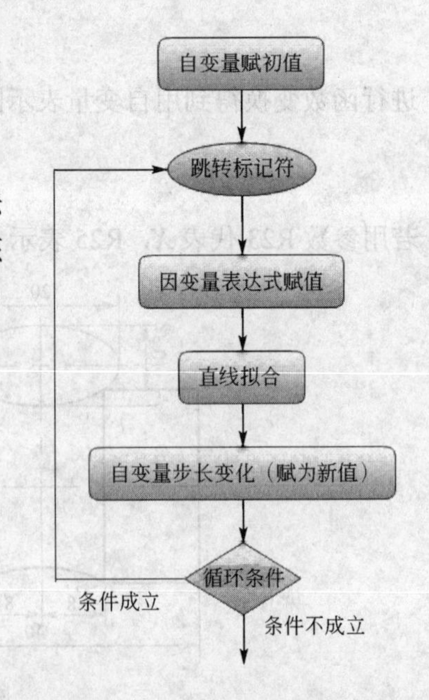

图 2-33　公式曲线加工程序流程图

```
                                  （30 为曲线本身坐标原点在工件坐标系下的 X 坐标值）
                                  （-20 为曲线本身坐标原点在工件坐标系下的 Z 坐标值）
N50  R25=R25-0.1                  （自变量递减一个步长 0.1）
                                  （终点值小于起点值取-）
N60  IF R25>=-8 GOTOB AAA         （条件判断，如果满足条件，程序跳转到“AAA”程序段）
                                  （-8 是自变量 R25 的终点坐标值，GE 为条件运算符≥）
N70  ……
```

**思考练习**

1. 设某函数为 $x=5z^2+10$（$10.5 \leqslant z \leqslant 24$），请完成填空：

（1）$X$ 是 $Z$ 的______。

（2）自变量为______。

（3）因变量是______。

（4）自变量起点值为______。

（5）自变量终点值是______。

（6）加工该曲线段的部分程序如下：

```
R1=______
R2=______
R3=______
R26=R1
AAA:
  R26=R26+R3
  R24=__________
  G01 X=2*R24 Z=R26
IF R26<R2 GOTOB AAA
```

2. 若例题中自变量起点和终点的大小关系为 $Z_a<Z_b$（即加工刀具从左向右进给），上述程序还对吗？如果不对应该在哪些地方做修改？下面是一个自动判断自变量起点终点大小后选择执行的程序，请仔细阅读后掌握程序执行流程。

```
R1=Za                             （自变量起点 R1 赋初值）
R2=Zb                             （自变量终点 R2 赋初值）
R3=ΔZ                             （坐标增量 R3 赋初值）
R26=R1                            （自变量 R26 赋初值）
IF R1>=R2 GOTOF AAA               （判断自变量起点终点大小后选择执行）
  MAR01:                          （跳转标记符）
    R26=R26-R3                    （R26 减增量）
    R24=f（R26）                  （计算因变量 R24 的值）
    G01 X=2*R24 Z=R26             （直线插补逼近曲线）
  IF R26>R2 GOTOB MAR01           （当 R26 大于 R2 时执行循环）
GOTOF BBB                         （无条件跳转）
AAA:                              （跳转标记符）
```

```
  MAR02:                        (跳转标记符)
    R26=R26+R3                  (R26 加增量)
    R24=f(R26)                  (计算因变量 R24 的值)
    G01 X=2*R24 Z=R26           (直线插补逼近曲线)
  IF R26<R2 GOTOB MAR02         (当 R26 小于 R2 时执行循环)
BBB:                            (跳转标记符)
```

## 2.4.2 工件原点在椭圆中心的正椭圆类零件车削加工

**(1) 椭圆方程**

在数控车床坐标系(*XOZ* 坐标平面)中，设 $a$ 为椭圆在 $Z$ 轴上的截距(椭圆长半轴长)，$b$ 为椭圆在 $X$ 轴上的截距（短半轴长），椭圆轨迹上的点 $P$ 坐标为（$x$，$z$），则椭圆方程、图形与椭圆中心坐标关系如表 2-8 所示。

表 2-8 椭圆方程、图形与椭圆中心坐标

| 椭圆方程 | 椭圆图形 | 椭圆中心坐标 |
|---|---|---|
| $\frac{x^2}{b^2}+\frac{z^2}{a^2}=1$ （标准方程）<br>或 $\begin{cases}x=b\sin t\\ z=a\cos t\end{cases}$ （参数方程） | 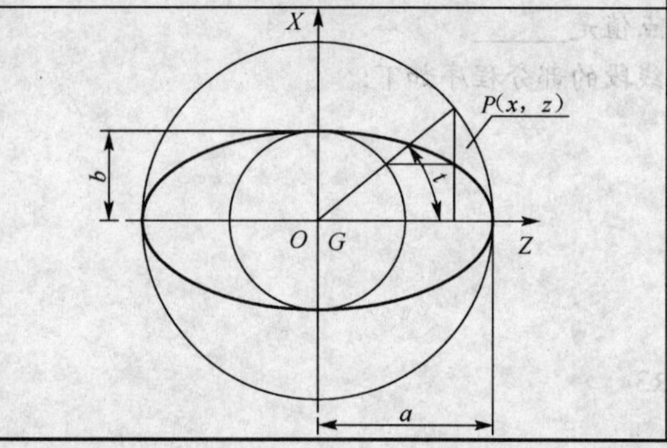 X<br>P(x, z)<br>b<br>t<br>O G<br>Z<br>a | 中心 $G$（0，0） |

注意：椭圆标准方程为

$$\frac{x^2}{a^2}+\frac{y^2}{b^2}=1$$

但由于数控车床使用 *XZ* 坐标系，用 $Z$、$X$ 分别代替 $X$、$Y$ 得到数控车床坐标系下的椭圆标准方程为

$$\frac{x^2}{b^2}+\frac{z^2}{a^2}=1$$

不作特殊说明，本书相关章节均进行了相应处理。

椭圆参数方程中 $t$ 为离心角，是与 $P$ 点对应的同心圆（半径分别为 $a$ 和 $b$）半径与 $Z$ 轴正方向的夹角。

**(2) 编程方法**

椭圆的数控车削加工编程方法可根据方程类型分为两种：按标准方程编程和按参数方程编程。采用标准方程编程时，如图 2-34（a）、（b）所示，可以 $Z$ 或 $X$ 为自变量分别计算出 $P_0$、$P_1$、$P_2$ 各点的坐标值，然后逐点插补完成椭圆曲线的加工。采用参数方程编程时，如图 2-34（c）所示，以 $t$ 为自变量分别计算 $P_0$、$P_1$、$P_2$ 各点的坐标值，然后逐点插补完成椭圆曲线的加工。

【例 2-14】数控车削加工如图 2-35 所示含椭圆曲线零件，试编制精加工该零件椭圆曲线部分的程序。

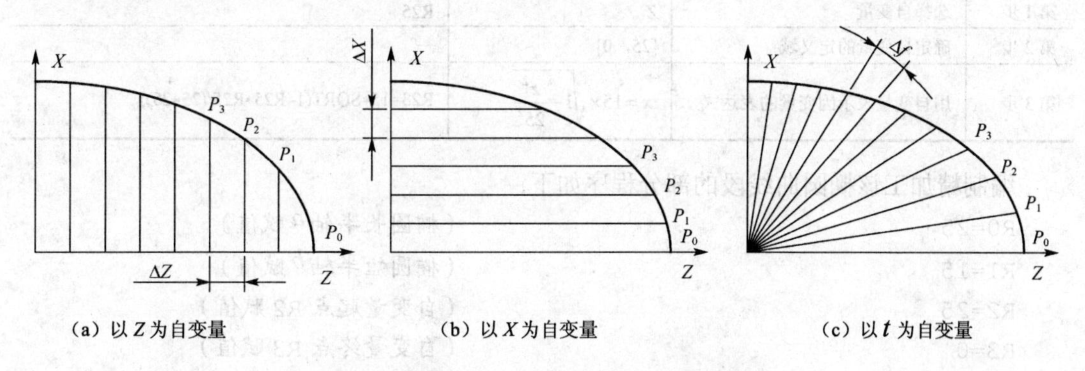


图 2-34　不同加工方法的自变量选择示意图

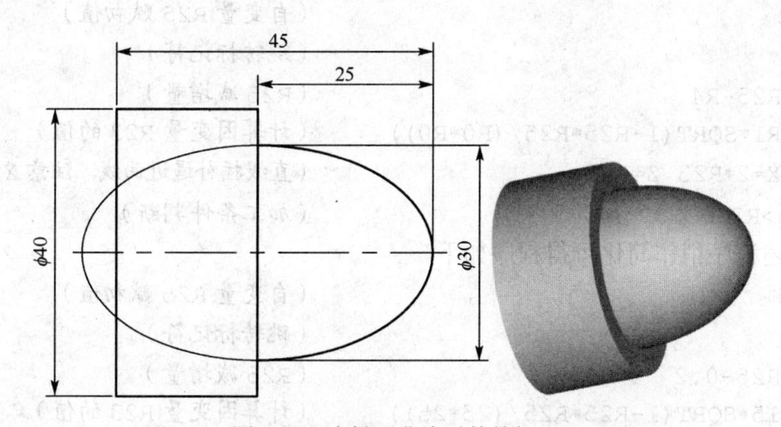


图 2-35　含椭圆曲线零件的加工

解：该零件中椭圆曲线段如图 2-36 所示，长半轴 $a$ 长 25mm，短半轴 $b$ 长 15mm，设工件坐标原点在椭圆中心，刀具刀位点在椭圆曲线加工起点，下面分别采用标准方程和参数方程编程。

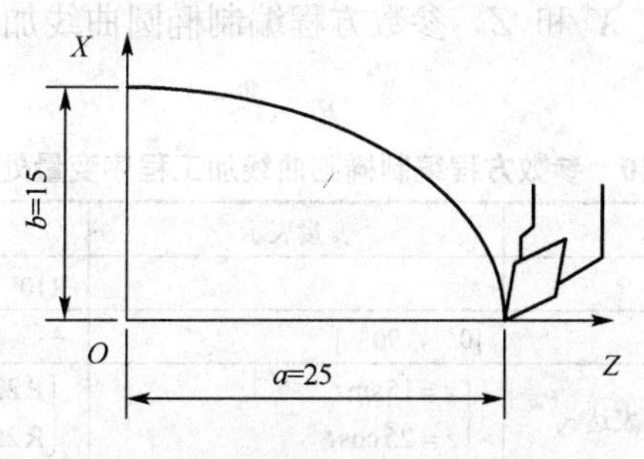


图 2-36　椭圆曲线段车削加工

① 按标准方程编程　如图 2-36 所示，椭圆曲线用标准方程表示为 $\frac{x^2}{15^2}+\frac{z^2}{25^2}=1$，若选择 $Z$ 作为自变量则函数变换后的表达式为

$$x=15\times\sqrt{1-\frac{z^2}{25^2}}$$

标准方程编制椭圆曲线加工程序变量处理如表 2-9 所示。

**表 2-9　标准方程编制椭圆曲线加工程序变量处理表**

| 步骤 | 步骤内容 | 变量表示 | R 参数表示 |
|---|---|---|---|
| 第 1 步 | 选择自变量 | $Z$ | R25 |
| 第 2 步 | 确定自变量的定义域 | [25，0] | — |
| 第 3 步 | 用自变量表示因变量的表达式 | $x=15\times\sqrt{1-\frac{z^2}{25^2}}$ | R23=15*SQRT(1–R25*R25/(25*25)) |

编制精加工该椭圆曲线段的部分程序如下：

```
R0=25                              （椭圆长半轴a赋值）
R1=15                              （椭圆短半轴b赋值）
R2=25                              （自变量起点 R2 赋值）
R3=0                               （自变量终点 R3 赋值）
R4=0.2                             （坐标增量 R4 赋值）
R25=R2                             （自变量 R25 赋初值）
AAA:                               （跳转标记符）
  R25=R25-R4                       （R25 减增量）
  R23=R1*SQRT(1-R25*R25/(R0*R0))   （计算因变量 R23 的值）
  G01 X=2*R23 Z=R25                （直线插补逼近曲线，注意X应为直径值）
IF R25>R3 GOTOB AAA                （加工条件判断）
```

若将上述程序稍作简化可得程序如下。

```
R25=25                             （自变量 R25 赋初值）
AAA:                               （跳转标记符）
  R25=R25-0.2                      （R25 减增量）
  R23=15*SQRT(1-R25*R25/(25*25))   （计算因变量 R23 的值）
  G01 X=2*R23 Z=R25                （直线插补逼近曲线，注意X应为直径值）
IF R25>0 GOTOB AAA                 （加工条件判断）
```

② 按参数方程编程　图 2-36 所示椭圆曲线用参数方程表示为$\begin{cases}x=15\sin t\\ z=25\cos t\end{cases}$，选择离心角$t$为自变量，则因变量为 $X$ 和 $Z$。参数方程编制椭圆曲线加工程序变量处理如表 2-10 所示。

**表 2-10　参数方程编制椭圆曲线加工程序变量处理表**

| 步骤 | 步骤内容 | 变量表示 | R 参数表示 |
|---|---|---|---|
| 第 1 步 | 选择自变量 | $t$ | R10 |
| 第 2 步 | 确定自变量的定义域 | [0°，90°] | — |
| 第 3 步 | 用自变量表示因变量的表达式 | $\begin{cases}x=15\sin t\\ z=25\cos t\end{cases}$ | R23＝15*SIN(R10)<br>R25＝25*COS(R10) |

采用参数方程编制该椭圆曲线段精加工部分程序如下：

```
R10=0                   （离心角t赋初值）
AAA:                    （跳转标记符）
  R23=15*SIN(R10)       （计算X坐标值）
  R25=25*COS(R10)       （计算Z坐标值）
  G01 X=2*R23 Z=R25     （直线插补逼近曲线，注意X应为直径值）
```

```
  R10=R10+0.2                    （角度递增）
IF R10<=90 GOTOB AAA             （加工条件判断）
```

**【例 2-15】** 数控车削加工如图 2-37 所示含椭圆曲线段零件，试编制精加工该零件椭圆曲线部分的程序。

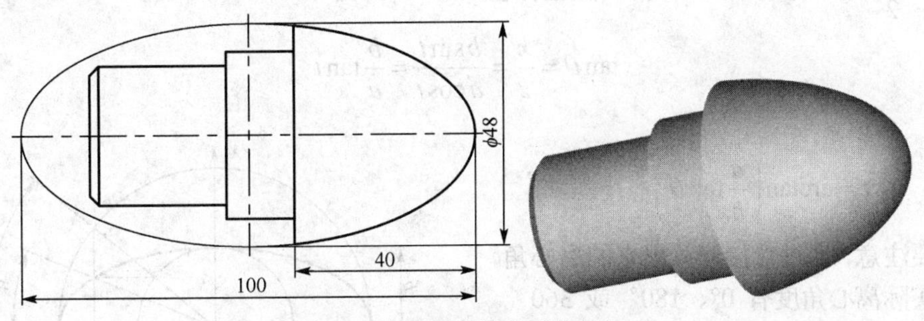


图 2-37　含椭圆曲线段零件的加工

解：由图可得该椭圆曲线长半轴 $a=50\text{mm}$，短半轴 $b=24\text{mm}$，设工件坐标原点在椭圆中心，采用标准方程编程，选择 $Z$ 坐标为自变量，则其定义域为[50，10]，编制加工程序如下。

```
CX2070.MPF
R0=50                                    （长半轴a赋值）
R1=24                                    （短半轴b赋值）
T01 M03 S1000 F300                       （加工参数设定）
G00 X100 Z100                            （快进到起刀点）
G00 G42 X0 Z52 D01                       （刀具移动到切削起点）
R10=50                                   （Z坐标赋初值）
AAA:                                     （跳转标记符）
  R11=R1*SQRT(1-R10*R10/(R0*R0))         （计算X坐标值）
  G01 X=2*R11 Z=R10                      （直线插补逼近曲线，注意X应为直径值）
  R10=R10-0.1                            （Z坐标递减）
IF R10>=0 GOTOB AAA                      （曲线加工条件判断）
G00 G40 X60                              （退刀）
X100 Z100                                （返回起刀点）
M30                                      （程序结束）
```

**【例 2-16】** 数控车削加工如图 2-38 所示含椭圆曲线零件，试采用参数方程编制加工该零件椭圆曲线部分的程序。

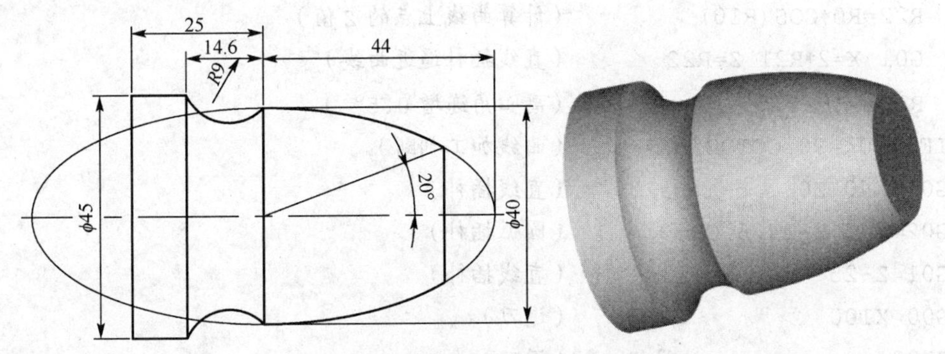


图 2-38　含椭圆曲线零件的加工

解：如图 2-39 所示，椭圆上 $P$ 点的圆心角为 $\theta$，离心角为 $t$。椭圆上任一点 $P$ 与椭圆中心的连线与水平向右轴线（$Z$ 向正半轴）的夹角称为圆心角，$P$ 点对应的同心圆（半径分别为 $a$ 和 $b$）的半径与 $Z$ 轴正方向的夹角称为离心角。

离心角 $t$ 的值应按照椭圆的参数方程来确定，因为它并不总是等于椭圆圆心角 $\theta$ 的值，仅当 $\theta=\frac{K\pi}{2}$ 时，才有 $t=\theta$。设 $P$ 点坐标值（$x$，$z$），由

$$\tan\theta=\frac{x}{z}=\frac{b\sin t}{a\cos t}=\frac{b}{a}\tan t$$

可得

$$t=\arctan\left(\frac{a}{b}\tan\theta\right)$$

另外需要注意，通过直接计算出来的离心角数值与实际离心角度有 0°、180° 或 360° 的差值需要考虑。

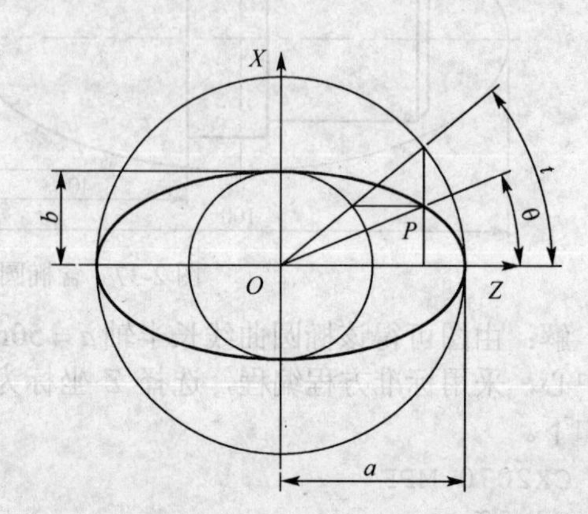


图 2-39　椭圆曲线上 $P$ 点的圆心角 $\theta$ 与离心角 $t$ 关系

由图 2-38 所得，椭圆长半轴 $a=44\text{mm}$，短半轴 $b=20\text{mm}$，圆心角的起始值为 20°，终止值为 90°。设工件坐标原点在椭圆中心，采用参数方程编程，以离心角 $t$ 为自变量，编制加工程序如下。

```
CX2071.MPF
R0=44                          （椭圆长半轴赋值）
R1=20                          （椭圆短半轴赋值）
R2=20                          （圆心角起始值赋值）
R10=ATAN2(R0*TAN(R2)/R1)       （计算切削起点离心角的值）
R11=R1*SIN(R10)                （计算切削起点X值）
R12=R0*COS(R10)                （计算切削起点Z值）
T01 M03 S1000 F200             （加工参数设定）
G00 X100 Z100                  （刀具快进到起刀点）
G00 X=2*R11 Z=R12+2            （刀具定位）
G01 Z=R12                      （直线插补到切削起点）
AAA:                           （跳转标记符）
  R21=R1*SIN(R10)              （计算曲线上点的X值）
  R22=R0*COS(R10)              （计算曲线上点的Z值）
  G01 X=2*R21 Z=R22            （直线插补逼近曲线）
  R10=R10+0.5                  （离心角递增0.5°）
IF R10<=90 GOTOB AAA           （曲线加工判断）
G01 X40 Z0                     （直线插补）
G02 X45 Z-14.6 CR=9            （圆弧插补）
G01 Z-25                       （直线插补）
G00 X100                       （退刀）
Z100                           （返回）
M30                            （程序结束）
```

## 思考练习

1. 数控车削加工如图 2-40 所示含椭圆曲线的轴类零件，试编制其加工程序。

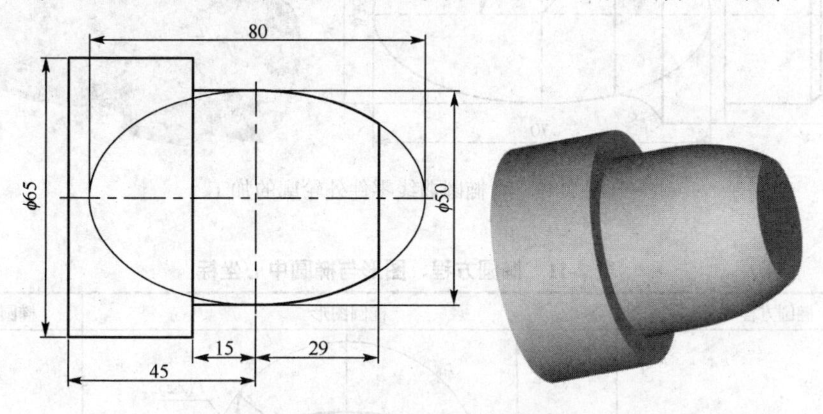


图 2-40　含椭圆曲线的轴类零件

2. 如图 2-41 所示零件外轮廓为一段椭圆曲线，试编制数控车削加工该零件外轮廓的程序。

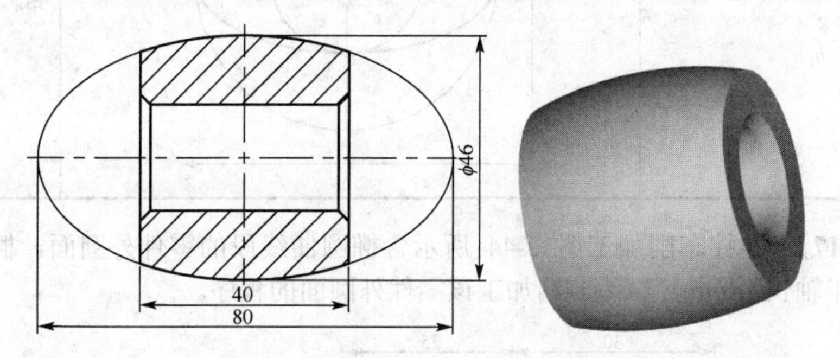


图 2-41　含椭圆曲线零件外轮廓加工

3. 试求图 2-42 中椭圆曲线上 $P_1$、$P_2$、$P_3$ 和 $P_4$ 各点的离心角 $t$ 的值。

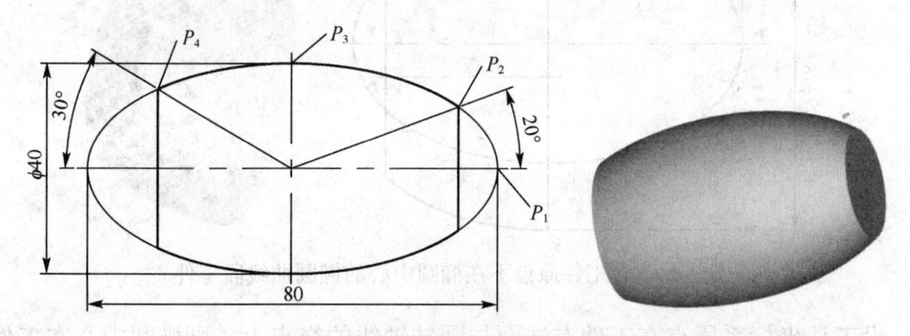


图 2-42　求椭圆曲线上点的离心角

4. 数控车削加工如图 2-43 所示含椭圆曲线零件的外轮廓，试编制其加工程序。

### 2.4.3　工件原点不在椭圆中心的正椭圆类零件车削加工

在数控车床坐标系（$XOZ$ 坐标平面）中，设 $a$ 为椭圆在 $Z$ 轴上的截距（椭圆长半轴长），$b$ 为椭圆在 $X$ 轴上的截距（短半轴长），椭圆轨迹上的点 $P$ 坐标为（$x$，$z$），椭圆中心在工件坐标系中的坐标值为（$g$，$h$），则椭圆方程、图形与椭圆中心坐标关系如表 2-11 所示。

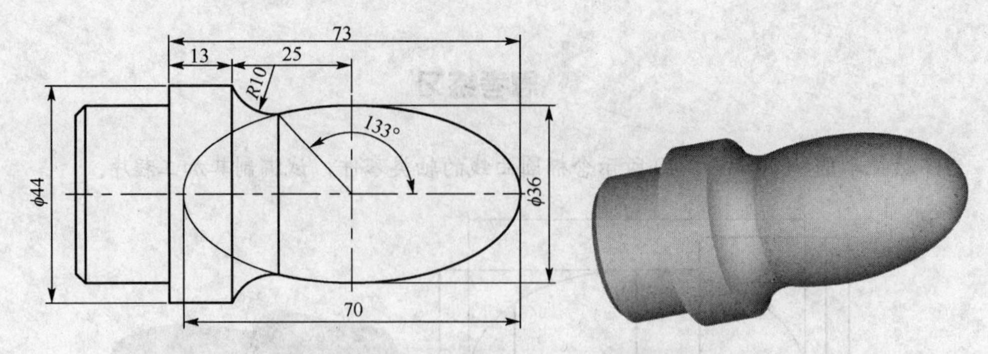


图 2-43　含椭圆曲线零件外轮廓的加工

**表 2-11　椭圆方程、图形与椭圆中心坐标**

| 椭圆方程 | 椭圆图形 | 椭圆中心坐标 |
| --- | --- | --- |
| $\dfrac{(x-g)^2}{b^2}+\dfrac{(z-h)^2}{a^2}=1$<br>或 $\begin{cases} x = b\sin t + g \\ z = a\cos t + h \end{cases}$ | X, P(x,z), b, t, g, G, a, O, h, Z | 中心 G（g，h） |

【例 2-17】　数控车削加工图 2-44 所示含椭圆曲线段的零件外圆面，椭圆长半轴长 30mm，短半轴长 18mm，试编制精加工该零件外圆面的程序。

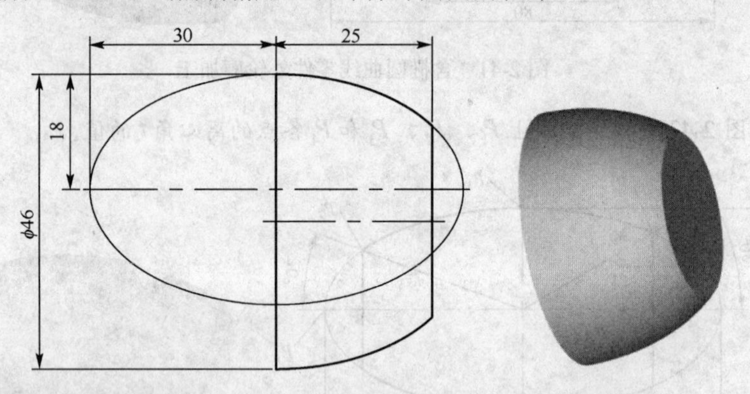


图 2-44　含工件原点不在椭圆中心的椭圆曲线段零件

解：设工件坐标系原点在工件右端面与回转轴线的交点上，则椭圆中心在工件坐标系中的坐标值为（5，–25），设加工刀具刀位点在椭圆曲线加工起点位置，该椭圆曲线段的加工示意图如图 2-45 所示。

椭圆曲线用标准方程形式表示为

$$\frac{(x-5)^2}{18^2}+\frac{(z+25)^2}{30^2}=1$$

若选择 Z 坐标为自变量，则用自变量表示因变量 X 的表达式为

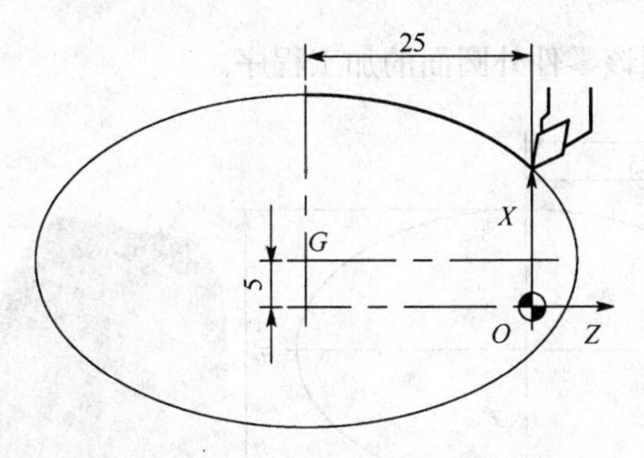


图 2-45　工件原点不在椭圆中心的椭圆曲线段加工示意图

$$x=18\times\sqrt{1-\frac{(z+25)^2}{30^2}}+5$$

在工件坐标系下直接编制椭圆曲线加工程序变量处理见表 2-12，编制精加工该椭圆曲线段的部分程序如下。

**表 2-12　在工件坐标系下直接编制椭圆曲线加工程序变量处理**

| 步骤 | 步骤内容 | 变量表示 | R 参数表示 |
|---|---|---|---|
| 第 1 步 | 选择自变量 | $Z$ | R10 |
| 第 2 步 | 确定自变量的定义域 | [0，–25] | — |
| 第 3 步 | 用自变量表示因变量的表达式 | $x=18\times\sqrt{1-\frac{(z+25)^2}{30^2}}+5$ | R11=18*SQRT(1–((R10+25)*(R10+25))/(30*30))+5 |

```
R10=0                                               （Z 坐标赋初值）
AAA:                                                （跳转标记符）
  R11=18*SQRT(1-((R10+25)*(R10+25))/(30*30))+5     （计算 X 坐标值）
  G01 X=2*R11 Z=R10                                 （直线插补逼近椭圆曲线）
  R10=R10-0.2                                       （Z 坐标递减）
IF R10>=-25 GOTOB AAA                               （加工条件判断）
```

下面是另一种思路编制的该椭圆曲线段精加工部分程序。

```
R0=30                        （椭圆长半轴赋值）
R1=18                        （椭圆短半轴赋值）
R2=25                        （起始点在椭圆自身坐标系下的 Z 坐标赋值）
R3=0                         （终止点在椭圆自身坐标系下的 Z 坐标赋值）
R4=10                        （椭圆中心在工件坐标系下的 X 坐标值赋值，直径值）
R5=-25                       （椭圆中心在工件坐标系下的 Z 坐标值赋值）
R10=R2                       （Z 坐标赋初值）
AAA:                         （跳转标记符）
  R11=R1*SQRT(1-R10*R10/(R0*R0))（计算在椭圆自身坐标系下的 X 坐标值）
  G01 X=2*R11+R4 Z=R10+R5   （直线插补逼近椭圆曲线）
                             （注意 X、Z 坐标分别叠加了椭圆中心在工件坐标系下的
                             X、Z 坐标值）
  R10=R10-0.2                （Z 坐标递减）
IF R10>=R3 GOTOB AAA         （加工条件判断）
```

**【例 2-18】** 如图 2-46 所示轴类零件，零件外轮廓含一段椭圆曲线，椭圆长半轴长 25mm，

短半轴长 15mm，试编制该零件外圆面的加工程序。

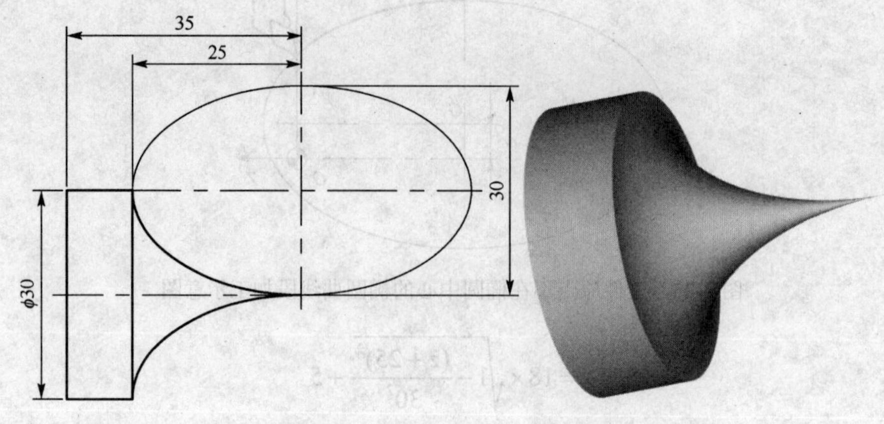


图 2-46　含椭圆曲线的轴类零件

解：设工件原点在工件右端面与工件回转中心的交点上，则椭圆中心在工件坐标系下的坐标值为（30，0）。采用参数方程编制其加工程序如下。

```
CX2080.MPF
R0=25                         (椭圆长半轴长赋值)
R1=15                         (椭圆短半轴长赋值)
T01 M03 S1000 F200            (加工参数设定)
G00 X100 Z100                 (快进到起刀点)
G00 X0 Z2                     (快速接近工件)
G01 Z0                        (直线插补到切削起点)
R10=270                       (离心角赋初值)
AAA:                          (跳转标记符)
  R11=R1*SIN(R10)             (计算 X 坐标值)
  R12=R0*COS(R10)             (计算 Z 坐标值)
  G01 X=2*R11+30 Z=R12        (直线插补逼近椭圆曲线)
  R10=R10-0.2                 (离心角递减)
IF R10>=180 GOTOB AAA         (加工条件判断)
G01 X30 Z-25                  (直线插补)
Z-35                          (直线插补)
G00 X100                      (退刀)
Z100                          (返回)
M30                           (程序结束)
```

## 思考练习

1. 数控车削加工如图 2-47 所示含椭圆曲线零件外圆面，试编制其加工程序。

2. 如图 2-48 所示外轮廓含二分之一椭圆曲线的轴类零件，试采用参数方程编制其外圆面加工程序。

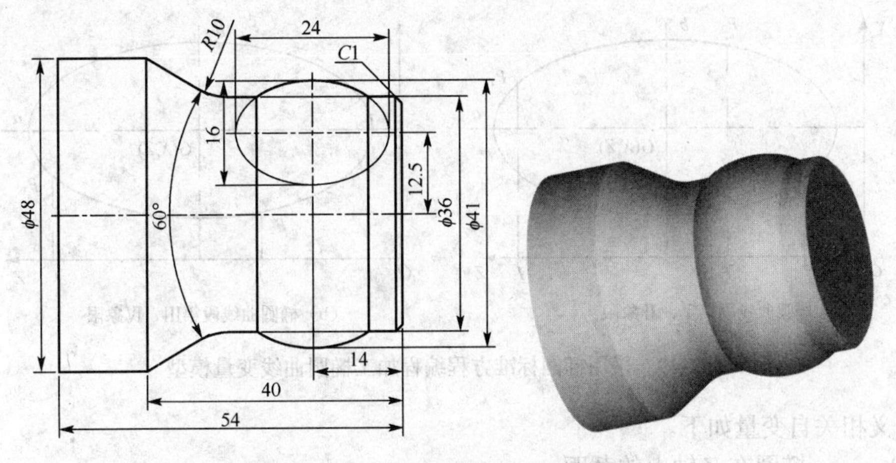


图 2-47　含椭圆曲线零件外圆面加工

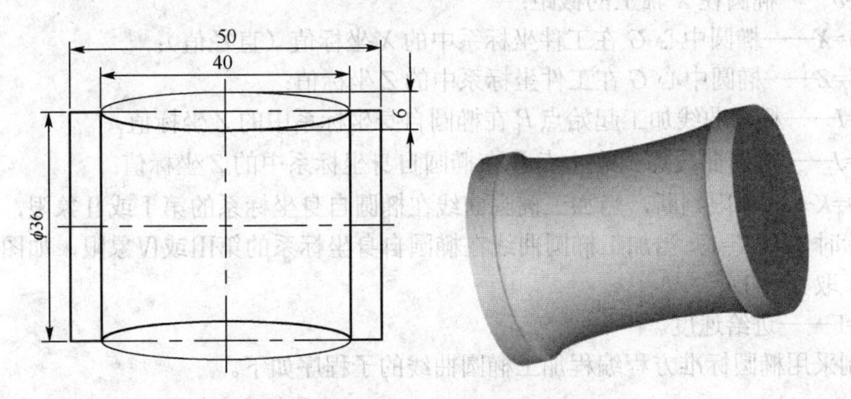


图 2-48　含二分之一椭圆曲线轴类零件加工

## 2.4.4　正椭圆类零件调用子程序车削加工

【例 2-19】 编写正椭圆类零件加工子程序，实现在主程序中对 R 参数赋值并调用子程序即可数控车削加工任意正椭圆曲线段。

解：选用标准方程编程，以 $Z$ 或 $X$ 为自变量进行分段逐步插补加工椭圆曲线均可。若以 $Z$ 坐标为自变量，则 $X$ 坐标为因变量，那么可将椭圆标准方程

$$\frac{x^2}{b^2}+\frac{z^2}{a^2}=1$$

转换成用 $Z$ 表示 $X$ 的方程为

$$x=\pm b\sqrt{1-\frac{z^2}{a^2}}$$

当加工椭圆曲线段的起始点 $P_1$ 和终止点 $P_2$ 在椭圆自身坐标系中第Ⅰ、Ⅱ象限之内时为

$$x=b\sqrt{1-\frac{z^2}{a^2}}$$

而在第Ⅲ、Ⅳ象限之内时为

$$x=-b\sqrt{1-\frac{z^2}{a^2}}$$

采用椭圆标准方程编程加工椭圆曲线变量模型如图 2-49 所示。

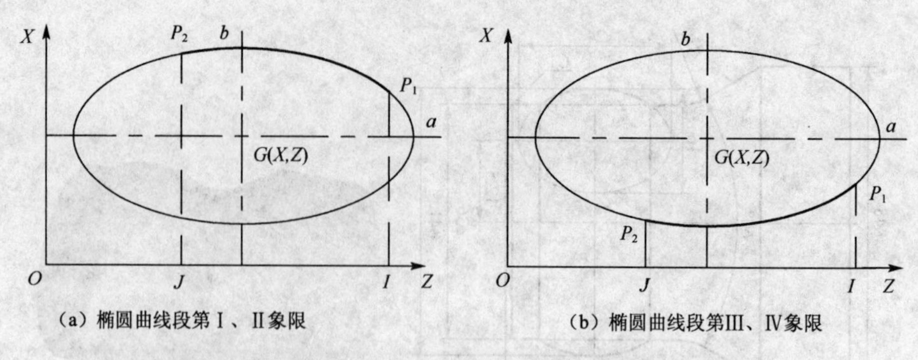


（a）椭圆曲线段第Ⅰ、Ⅱ象限　　（b）椭圆曲线段第Ⅲ、Ⅳ象限

图 2-49　采用椭圆标准方程编程加工椭圆曲线变量模型

定义相关自变量如下。

R0=*a*——椭圆在 *Z* 轴上的截距；

R1=*b*——椭圆在 *X* 轴上的截距；

R23=*X*——椭圆中心 *G* 在工件坐标系中的 *X* 坐标值（直径值）；

R25=*Z*——椭圆中心 *G* 在工件坐标系中的 *Z* 坐标值；

R8=*I*——椭圆曲线加工起始点 $P_1$ 在椭圆自身坐标系中的 *Z* 坐标值；

R9=*J*——椭圆曲线加工终止点 $P_2$ 在椭圆自身坐标系中的 *Z* 坐标值；

R10=*K*——象限判断，当加工椭圆曲线在椭圆自身坐标系的第Ⅰ或Ⅱ象限，如图 2-49（a）所示时，取 *K*=1；当加工椭圆曲线在椭圆自身坐标系的第Ⅲ或Ⅳ象限，如图 2-49（b）所示时，取 *K*= –1；

R5=F——进给速度。

编制采用椭圆标准方程编程加工椭圆曲线的子程序如下。

```
L2090.SPF                                  (子程序名)
AAA:                                       (跳转标记符)
  R30=R1*SQRT(1-R8*R8/(R0*R0))*R10         (计算 X 坐标值)
  G01 X=2*R30+R23 Z=R8+R25 F=R5            (直线插补逼近椭圆曲线)
  R8=R8-0.2                                (Z 坐标递减)
IF R8>=R9 GOTOB AAA                        (加工条件判断)
M17                                        (子程序结束并返回主程序)
```

**【例 2-20】** 数控车削加工如图 2-50 所示含椭圆曲线的轴类零件，椭圆 *Z* 向长半轴长 30mm，*X* 向短半轴长 15mm，试调用子程序编制精加工该零件椭圆曲线段的程序。

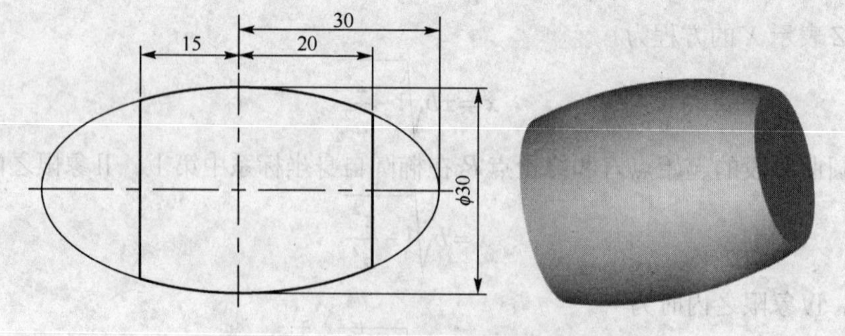


图 2-50　含椭圆曲线的轴类零件加工

解：由图可得，椭圆在 *Z*、*X* 轴上的截距分别为“30”、“15”，设工件坐标原点在椭圆中心，则椭圆中心在工件坐标系下的坐标值为（0，0），曲线加工起始点的 *Z* 坐标值为“20”，

终止点的 $Z$ 坐标值为“–15”，加工曲线段在第Ⅰ和第Ⅱ象限内 $K$ 取正值，调用子程序精加工该曲线的部分程序段如下。

```
R0=30          （椭圆在Z轴上的截距赋值）
R1=15          （椭圆在X轴上的截距赋值）
R23=0          （椭圆中心G在工件坐标系中的X坐标赋值）
R25=0          （椭圆中心G在工件坐标系中的Z坐标赋值）
R8=20          （椭圆曲线加工起始点P1在椭圆自身坐标系中的Z坐标赋值）
R9=-15         （椭圆曲线加工终止点P2在椭圆自身坐标系中的Z坐标赋值）
R10=1          （象限判断赋值）
R5=80          （进给速度赋值）
L2090          （调用子程序加工椭圆曲线段）
```

## 思考练习

1. 如图 2-51 所示含椭圆曲线段轴类零件，试编制调用子程序完成该零件加工的程序。

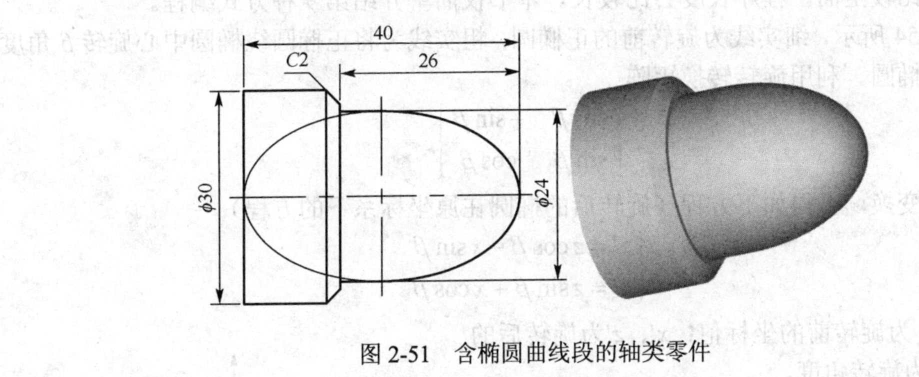


图 2-51　含椭圆曲线段的轴类零件

2. 试编制一个采用标准方程，以 $X$ 坐标为自变量，$Z$ 坐标为因变量加工椭圆曲线段的子程序，并调用子程序加工如图 2-52 所示含椭圆曲线段零件。

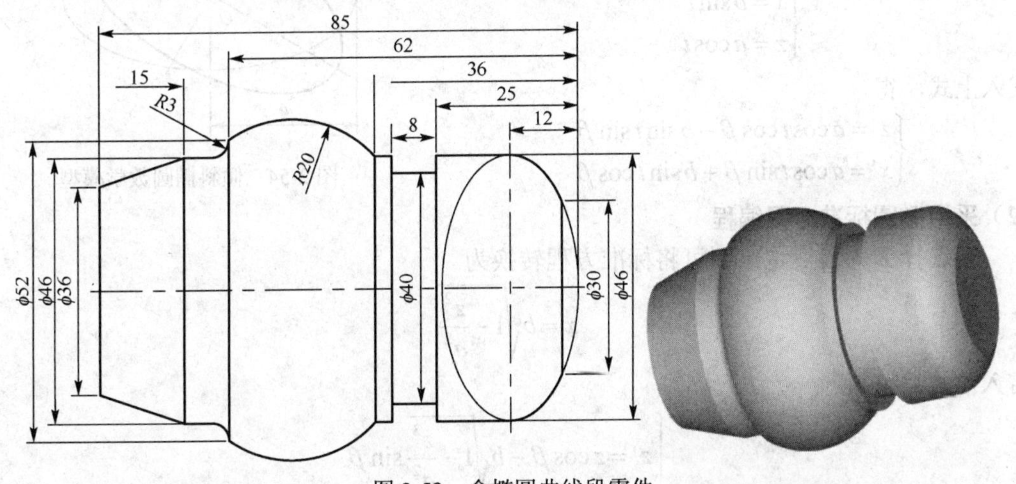


图 2-52　含椭圆曲线段零件

3. 试选用椭圆参数方程编制一个子程序用于加工任意正椭圆曲线段，并调用子程序完成如图 2-53 所示轴类零件椭圆曲线段的精加工。

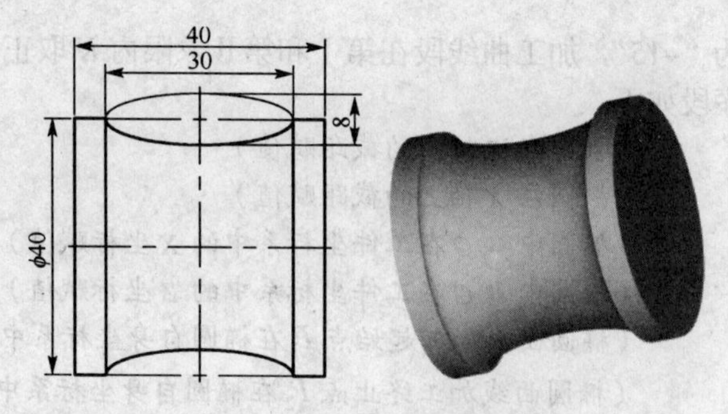

图 2-53 轴类零件椭圆曲线段的精加工

## 2.4.5 倾斜椭圆类零件车削加工

倾斜椭圆类零件的数控车削加工有两种解决思路：一是利用高等数学中的坐标变换公式进行坐标变换，这种方式理解难度大，公式复杂，但编程简单，程序长度比较短；二是把椭圆分段，利用图形中复杂的三角几何关系进行坐标变换，程序理解的难度相对低，但应用的指令比较全面，程序长度会比较长。本书仅简单介绍第一种方式编程。

如图 2-54 所示，细实线为旋转前的正椭圆，粗实线为将正椭圆绕椭圆中心旋转 $\beta$ 角度之后的倾斜椭圆。利用旋转转换矩阵

$$\begin{bmatrix}\cos\beta & -\sin\beta \\ \sin\beta & \cos\beta\end{bmatrix}$$

对曲线方程变换，可得如下方程（旋转后的椭圆在原坐标系下的方程）

$$\begin{cases}z'=z\cos\beta-x\sin\beta \\ x'=z\sin\beta+x\cos\beta\end{cases}$$

其中，$x$、$z$ 为旋转前的坐标值；$x'$、$z'$为旋转后的坐标值；$\beta$ 为旋转角度。

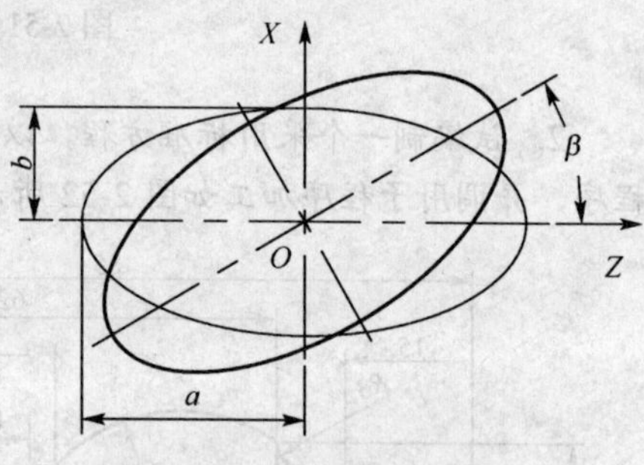

图 2-54 倾斜椭圆数学模型

**（1）采用椭圆参数方程编程**

以离心角为自变量，将椭圆参数方程

$$\begin{cases}x=b\sin t \\ z=a\cos t\end{cases}$$

代入上式，得

$$\begin{cases}z'=a\cos t\cos\beta-b\sin t\sin\beta \\ x'=a\cos t\sin\beta+b\sin t\cos\beta\end{cases}$$

**（2）采用椭圆标准方程编程**

若选择 $Z$ 为自变量，则可将标准方程转换为

$$x=b\sqrt{1-\frac{z^2}{a^2}}$$

带入前式，可得

$$\begin{cases}z'=z\cos\beta-b\sqrt{1-\dfrac{z^2}{a^2}}\sin\beta \\ x'=z\sin\beta+b\sqrt{1-\dfrac{z^2}{a^2}}\cos\beta\end{cases}$$

**【例 2-21】** 数控车削加工如图 2-55 所示含倾斜椭圆曲线段的零件外圆面，试编制其精

加工程序。

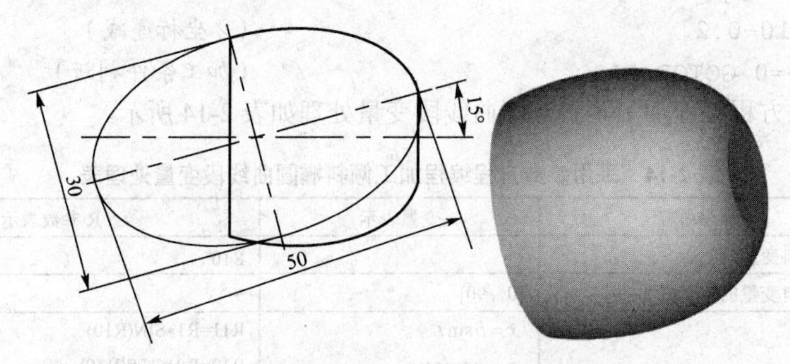


图 2-55　含倾斜椭圆曲线段零件外圆面的加工

解：设工件坐标系原点在椭圆中心，刀具刀位点在曲线加工起点，该倾斜椭圆曲线段的加工示意图如图 2-56 所示。采用标准方程编程加工倾斜椭圆曲线段变量处理如表 2-13 所示。

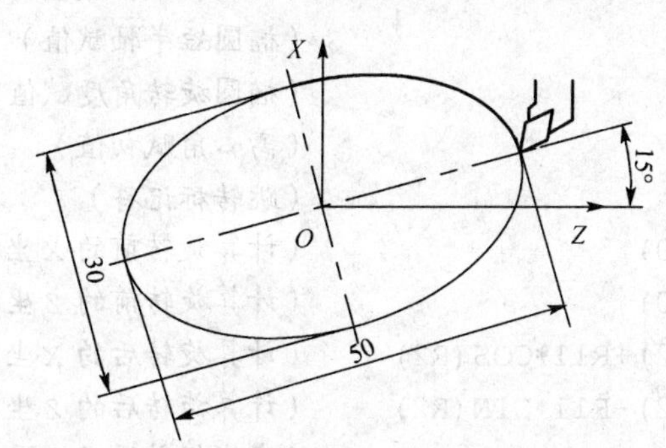


图 2-56　倾斜椭圆曲线段加工示意图

表 2-13　采用标准方程编程加工倾斜椭圆曲线段变量处理表

| 步骤 | 步骤内容 | 变量表示 | R 参数表示 |
| --- | --- | --- | --- |
| 第 1 步 | 选择自变量 | $Z$ | R10 |
| 第 2 步 | 确定自变量的定义域 | [25，0] | — |
| 第 3 步 | 用自变量表示因变量的表达式 | $x=b\sqrt{1-\frac{z^2}{a^2}}$<br>$x'=z\sin\beta+x\cos\beta$<br>$z'=z\cos\beta-x\sin\beta$ | R11=R1*SQRT(1-R10*R10/(R0*R0))<br>R12=R10*SIN(R2)+R11*COS(R2)<br>R13=R10*COS(R2)-R11*SIN(R2) |

采用椭圆标准方程编制加工该倾斜椭圆曲线段的部分程序如下。

```
R0=25                                  (椭圆长半轴赋值)
R1=15                                  (椭圆短半轴赋值)
R2=15                                  (椭圆旋转角度赋值)
R10=25                                 (Z坐标赋初值)
AAA:                                   (跳转标记符)
  R11=R1*SQRT(1-R10*R10/(R0*R0))       (计算旋转前的X坐标值)
  R12=R10*SIN(R2)+R11*COS(R2)          (计算旋转后的X坐标值)
  R13=R10*COS(R2)-R11*SIN(R2)          (计算旋转后的Z坐标值)
```

```
  G01 X=R12*2 Z=R13                    (直线插补逼近椭圆曲线)
  R10=R10-0.2                          (Z 坐标递减)
IF R10>=0 GOTOB AAA                    (加工条件判断)
```

采用参数方程编程加工倾斜椭圆曲线段变量处理如表 2-14 所示。

**表 2-14　采用参数方程编程加工倾斜椭圆曲线段变量处理表**

| 步骤 | 步骤内容 | 变量表示 | R 参数表示 |
|---|---|---|---|
| 第 1 步 | 选择自变量 | $t$ | R10 |
| 第 2 步 | 确定自变量的定义域 | [0，90] | — |
| 第 3 步 | 用自变量表示因变量的表达式 | $x = b\sin t$<br>$z = a\cos t$<br>$x' = z\sin\beta + x\cos\beta$<br>$z' = z\cos\beta - x\sin\beta$ | R11=R1*SIN(R10)<br>R12=R0*COS(R10)<br>R13=R12*SIN(R2)+R11*COS(R2)<br>R14=R12*COS(R2)-R11*SIN(R2) |

采用椭圆参数方程编制加工该倾斜椭圆曲线段的部分程序如下。

```
R0=25                                  (椭圆长半轴赋值)
R1=15                                  (椭圆短半轴赋值)
R2=15                                  (椭圆旋转角度赋值)
R10=0                                  (离心角赋初值)
AAA:                                   (跳转标记符)
  R11=R1*SIN(R10)                      (计算旋转前的 X 坐标值)
  R12=R0*COS(R10)                      (计算旋转前的 Z 坐标值)
  R13=R12*SIN(R2)+R11*COS(R2)          (计算旋转后的 X 坐标值)
  R14=R12*COS(R2)-R11*SIN(R2)          (计算旋转后的 Z 坐标值)
  G01 X=R13*2 Z=R14                    (直线插补逼近椭圆曲线)
  R10=R10+0.2                          (离心角递增)
IF R10<=90 GOTOB AAA                   (加工条件判断)
```

## 思考练习

1. 数控车削加工如图 2-57 所示含倾斜椭圆曲线的轴类零件，请编制其外圆面的加工程序。

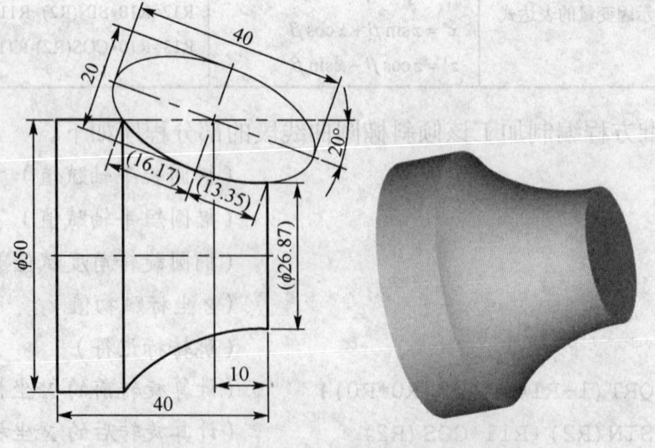


图 2-57　含倾斜椭圆曲线的轴类零件

2. 如图 2-58 所示轴类零件，零件外轮廓含两段倾斜椭圆曲线，试编制其外圆面加工程序。

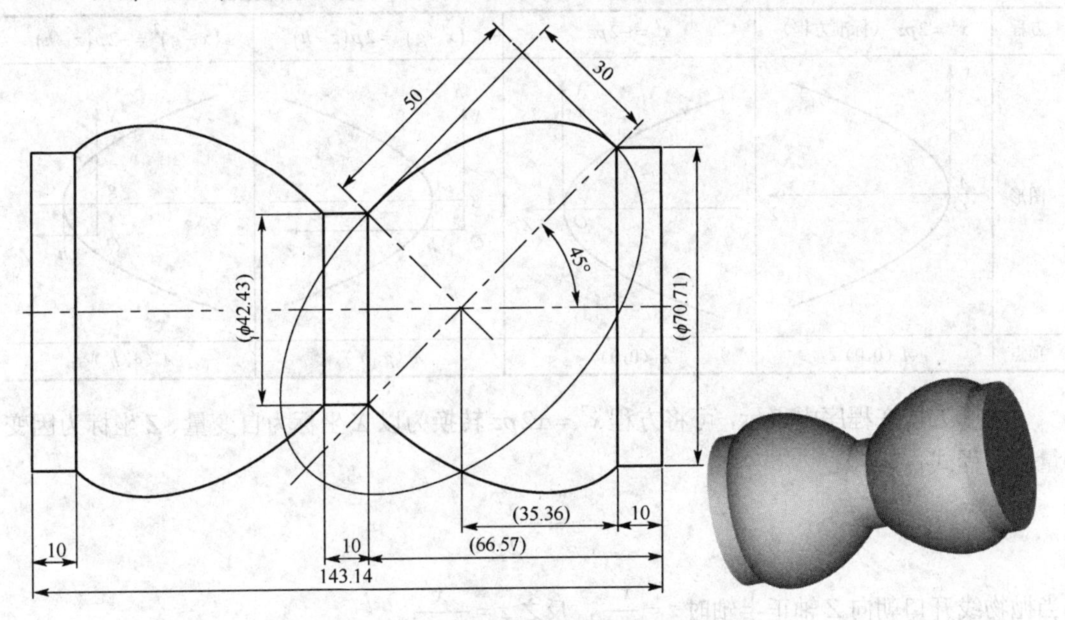


图 2-58 含两段倾斜椭圆曲线的轴类零件

3. 数控车削加工如图 2-59 所示零件外圆面，试编制其加工程序。

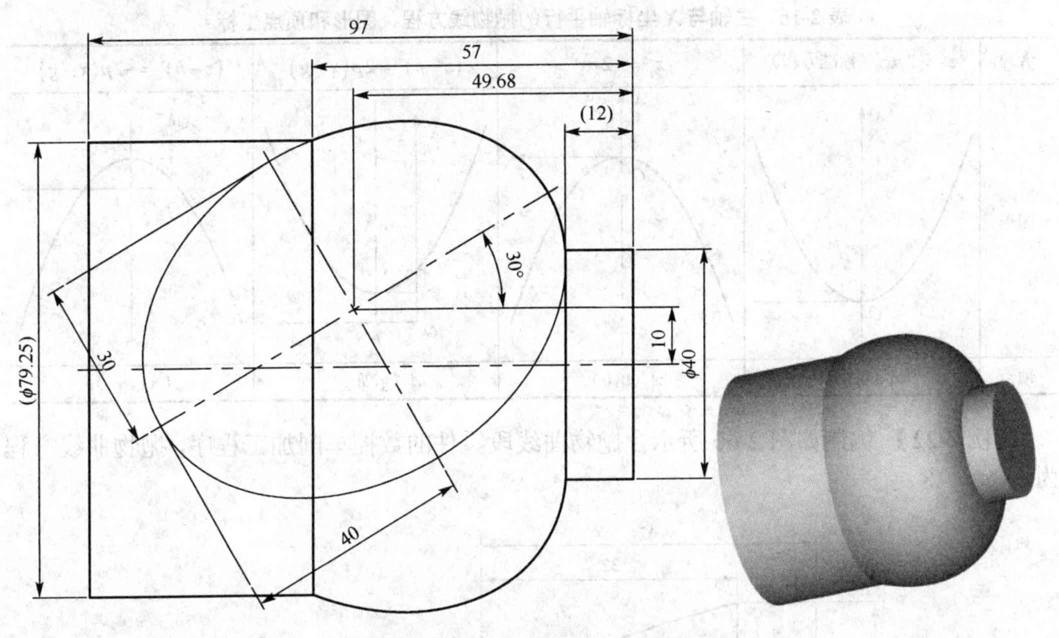


图 2-59 含倾斜椭圆曲线段零件

4. 旋转转换矩阵是否同样适用于其他倾斜曲线的加工编程？

5. 在椭圆曲线编程章节中涉及的角度都有哪些？试简单比较它们的区别。

## 2.4.6 抛物线类零件车削加工

主轴与 $Z$ 坐标轴平行的抛物线的方程、图形和顶点坐标如表 2-15 所示，方程中 $P$ 为抛物线焦点参数。

表 2-15　主轴与 $Z$ 坐标轴平行的抛物线方程、图形和顶点坐标

| 方程 | $x^2=2pz$（标准方程） | $x^2=-2pz$ | $(x-g)^2=2p(z-h)$ | $(x-g)^2=-2p(z-h)$ |
| --- | --- | --- | --- | --- |
| 图形 | X, A, O, Z | X, A, O, Z | X, A, g, O, h, Z | X, g, A, O, h, Z |
| 顶点 | $A$（0,0） | $A$（0,0） | $A$（$g$, $h$） | $A$（$g$, $h$） |

为了方便在程序中表示，可将方程 $x^2=\pm 2pz$ 转换为以 $X$ 坐标为自变量、$Z$ 坐标为因变量的方程式，即

$$z=\pm\frac{x^2}{2p}$$

当抛物线开口朝向 $Z$ 轴正半轴时 $z=\dfrac{x^2}{2p}$，反之 $z=-\dfrac{x^2}{2p}$。

主轴与 $X$ 坐标轴平行的抛物线方程、图形和顶点坐标如表 2-16 所示。

表 2-16　主轴与 $X$ 坐标轴平行的抛物线方程、图形和顶点坐标

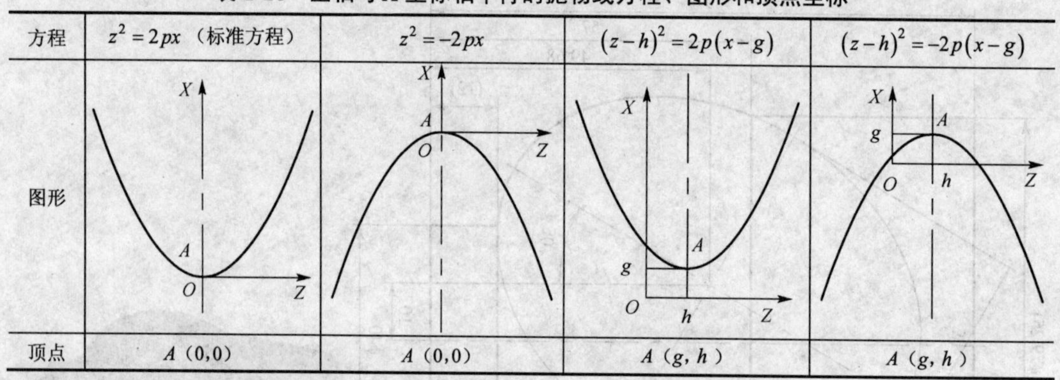

| 方程 | $z^2=2px$（标准方程） | $z^2=-2px$ | $(z-h)^2=2p(x-g)$ | $(z-h)^2=-2p(x-g)$ |
| --- | --- | --- | --- | --- |
| 图形 | X, A, O, Z | X, A, O, Z | X, A, g, O, h, Z | X, A, g, O, h, Z |
| 顶点 | $A$（0,0） | $A$（0,0） | $A$（$g$, $h$） | $A$（$g$, $h$） |

【例 2-22】编制如图 2-60 所示含抛物曲线段零件的数控车削加工程序，抛物曲线方程为 $z=-x^2/8$。

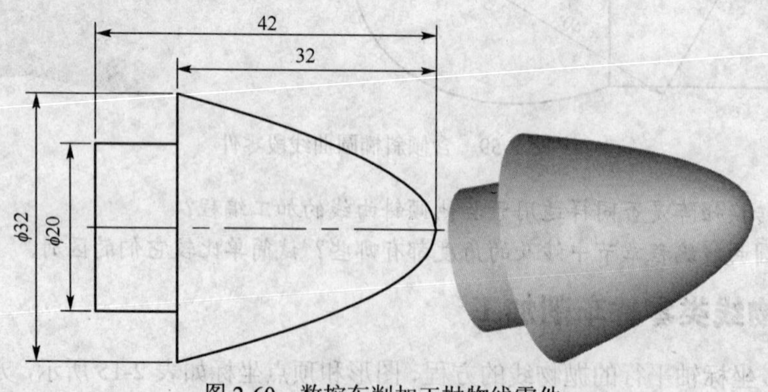


图 2-60　数控车削加工抛物线零件

解：若选择 $X$ 为自变量编程加工该零件中抛物线段，其定义域区间为[0，16]，则编程

变量处理如表 2-17 所示。

**表 2-17　以 $X$ 为自变量编程加工抛物线段变量处理**

| 步骤 | 步骤内容 | 变量表示 | R 参数表示 |
|---|---|---|---|
| 第 1 步 | 选择自变量 | $X$ | R10 |
| 第 2 步 | 确定自变量的定义域 | [0，16] | — |
| 第 3 步 | 用自变量表示因变量的表达式 | $z=-x^2/8$ | R11=–R10*R10/8 |

设工件坐标原点在抛物线顶点，编制抛物线段加工部分程序如下。

```
R10=0                        （X 坐标赋初值）
AAA:                         （跳转标记符）
  R11=-R10*R10/8             （计算 Z 坐标值）
  G01 X=2*R10 Z=R11          （直线插补逼近抛物曲线）
  R10=R10+0.05               （X 坐标递增）
IF R10<=16 GOTOB AAA         （加工条件判断）
```

若选择 $Z$ 为自变量编程加工该零件中抛物线段，其定义域区间为[0，–32]，则编程变量处理如表 2-18 所示。

**表 2-18　以 $Z$ 为自变量编程加工抛物线段变量处理**

| 步骤 | 步骤内容 | 变量表示 | R 参数表示 |
|---|---|---|---|
| 第 1 步 | 选择自变量 | $Z$ | R10 |
| 第 2 步 | 确定自变量的定义域 | [0，–32] | — |
| 第 3 步 | 用自变量表示因变量的表达式 | $x=\sqrt{-8z}$ | R11=SQRT(–8*R10) |

设工件坐标原点在抛物线顶点，编制该零件加工程序如下。

```
CX2110.MPF
M03 S1000 T01 F150           （加工参数设定）
G00 X100 Z100                （快进到起刀点）
G00 X0 Z2                    （刀具定位）
G01 Z0                       （直线插补到切削起点）
R10=0                        （Z 坐标赋初值）
AAA:                         （跳转标记符）
  R11=SQRT(-8*R10)           （计算 X 坐标值）
  G01 X=2*R11 Z=R10          （直线插补逼近抛物曲线）
  R10=R10-0.2                （Z 坐标递减）
IF R10>=-32 GOTOB AAA        （加工条件判断）
G00 X40                      （退刀）
G00 X100 Z100                （返回起刀点）
M30                          （程序结束）
```

## 思考练习

1. 在数控车床上加工如图 2-61 所示含抛物线段的轴类零件，抛物线的开口距离 40mm，抛物线方程为 $x^2=-10z$，试编制该零件的数控加工程序。

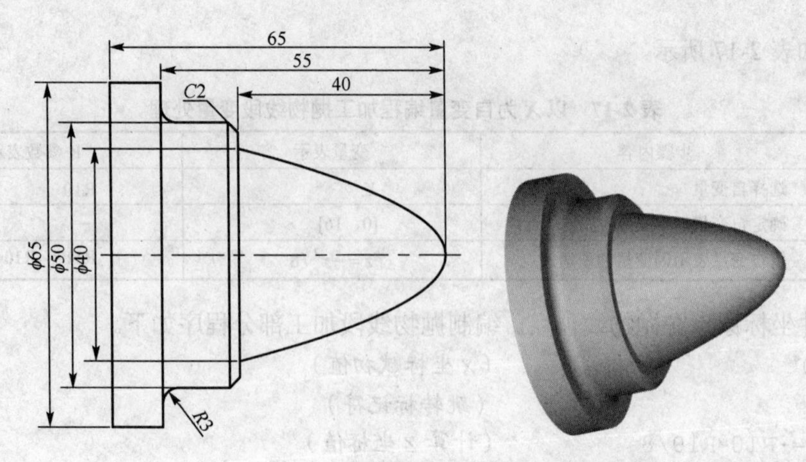


图 2-61　含抛物线段的轴类零件

2. 试编制数控车削加工如图 2-62 所示含抛物线段零件的程序，抛物线方程为 $z=-x^2/2$。

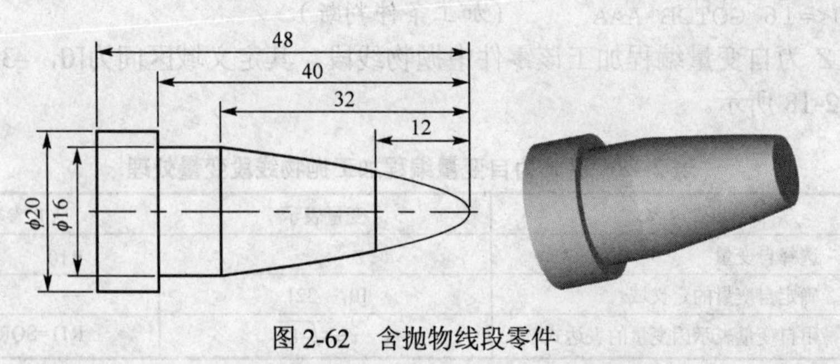


图 2-62　含抛物线段零件

3. 如图 2-63 所示零件外轮廓包含一段抛物曲线，抛物线方程为 $z^2=-20x$，试编制该零件外轮廓的加工程序。

提示：由图可得零件中包含主轴与 $X$ 坐标轴平行抛物线段，本题编程思路有两种，一是直接运用主轴与 $X$ 坐标轴平行的抛物线方程编程；二是运用主轴与 $Z$ 坐标轴平行抛物线的方程结合旋转转换矩阵编程。

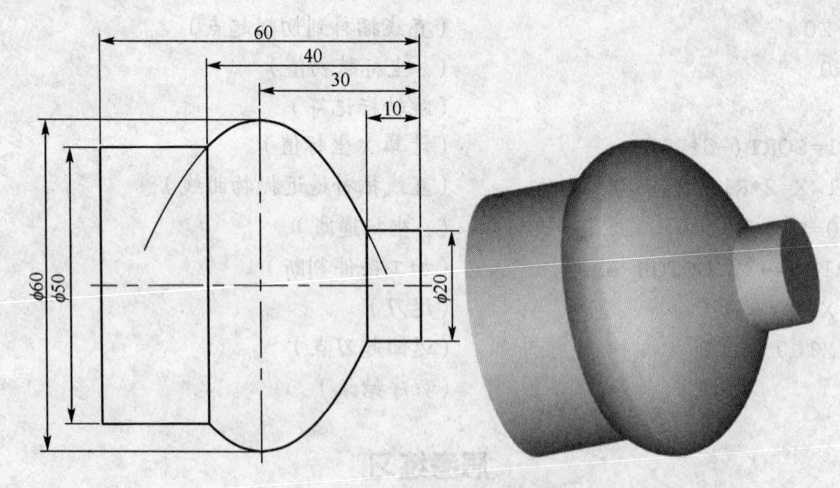


图 2-63　含抛物曲线零件

## 2.4.7　双曲线类零件车削加工

双曲线方程、图形与中心坐标见表 2-19，方程中的 $a$ 为双曲线实半轴长，$b$ 为虚半轴长。

**表 2-19　双曲线方程、图形与中心坐标**

| 方程 | $\frac{z^2}{a^2}-\frac{x^2}{b^2}=1$（标准方程） | $-\frac{z^2}{a^2}+\frac{x^2}{b^2}=1$ | $\frac{(z-h)^2}{a^2}-\frac{(x-g)^2}{b^2}=1$ |
| --- | --- | --- | --- |
| 图形 | X, b, a, O, G, Z | X, b, a, O, G, Z | X, b, a, g, G(g,h), O, h, Z |
| 中心 | G（0,0） | G（0,0） | G（g, h） |

【例 2-23】 数控车削加工如图 2-64 所示含双曲线段的轴类零件外圆面，试编制其加工程序。

解：双曲线段加工示意图如图 2-65 所示，双曲线段的实半轴长 13mm，虚半轴长 10mm，选择 $Z$ 坐标作为自变量，$X$ 作为 $Z$ 的函数，将双曲线方程

$$-\frac{z^2}{13^2}+\frac{x^2}{10^2}=1$$

改写为

$$x=\pm 10\times\sqrt{1+\frac{z^2}{13^2}}$$

由于加工线段开口朝向 $X$ 轴正半轴，所以该段双曲线的 $X$ 值为

$$x=10\times\sqrt{1+\frac{z^2}{13^2}}$$

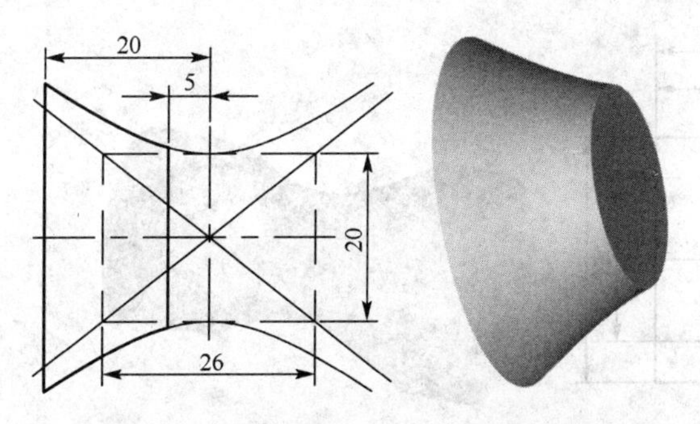

图 2-64　数控车削加工含双曲线段零件

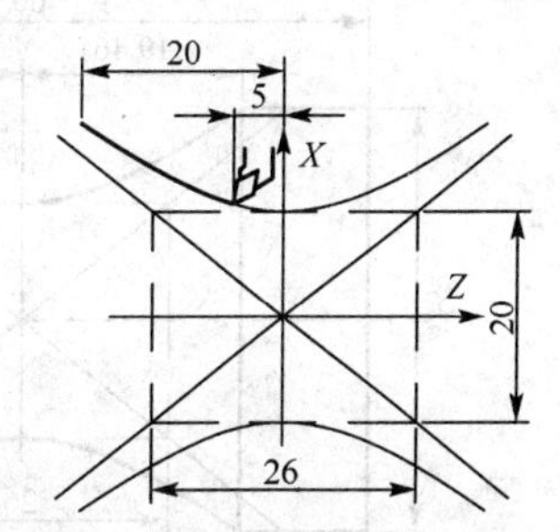

图 2-65　双曲线段加工示意图

数控车削加工双曲线段编程变量处理如表 2-20 所示。

**表 2-20　数控车削加工双曲线段编程变量处理**

| 步骤 | 步骤内容 | 变量表示 | R 参数表示 |
| --- | --- | --- | --- |
| 第 1 步 | 选择自变量 | Z | R10 |
| 第 2 步 | 确定自变量的定义域 | [−5，−20] | — |
| 第 3 步 | 用自变量表示因变量的表达式 | $x=10\times\sqrt{1+\frac{z^2}{13^2}}$ | R11=10*SQRT(1+R10*R10/(13*13)) |

编制加工部分程序如下。

```
R10=-5                                    (Z坐标赋初值)
AAA:                                      (跳转标记符)
  R11=10*SQRT(1+R10*R10/(13*13))          (计算X坐标值)
  G01 X=2*R11 Z=R10                       (直线插补逼近双曲线)
  R10=R10-0.2                             (Z坐标递减)
IF R10>=-20 GOTOB AAA                     (循环条件判断)
```

## 思考练习

1. 如图2-66所示含双曲线段轴类零件，双曲线方程为

$$\frac{z^2}{4^2}-\frac{x^2}{5^2}=1$$

试编制其外圆面加工程序。

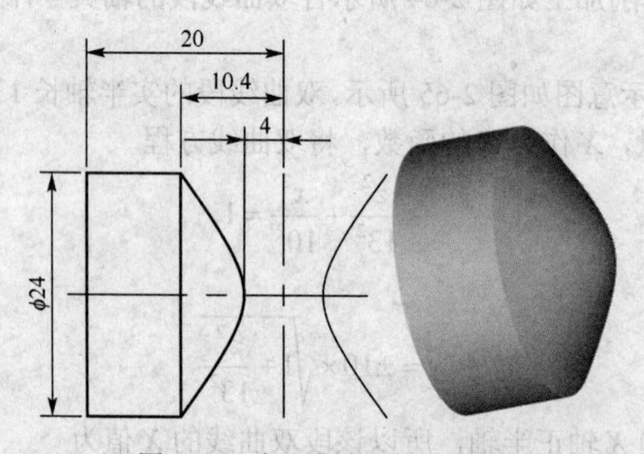


图2-66　含双曲线段轴类零件

2. 数控车削加工如图2-67所示含双曲线段零件，试编制其外圆面加工程序。

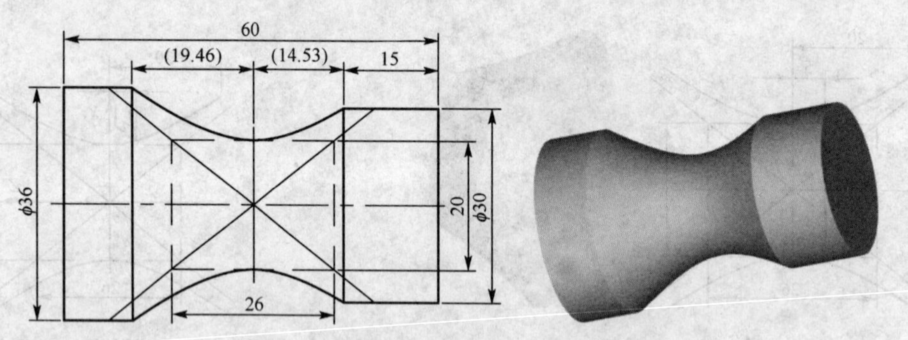


图2-67　含双曲线段零件

3. 如图2-68所示含双曲线段轴类零件，试编制数控车削加工该零件外轮廓的程序。

### 2.4.8　正弦曲线类零件车削加工

如图2-69所示，正弦曲线的峰值（极值）为$A$，则该曲线方程为

$$x=A\sin\theta$$

其中$x$为半径值。设曲线上任一点$P$的$Z$坐标值为$Z_p$，对应的角度为$\theta_p$，由于曲线一个周期（360°）对应在$Z$坐标轴上的长度为$L$，则有

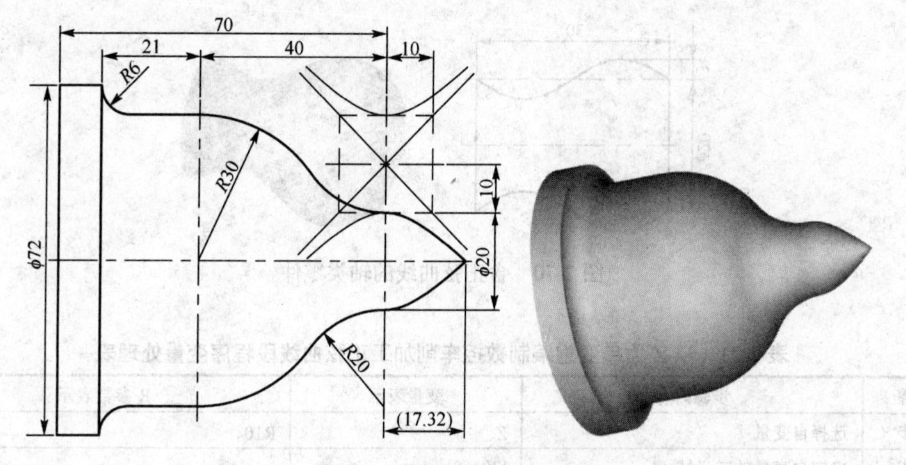


图 2-68　含双曲线轴类零件

$$\frac{z_p}{L}=\frac{\theta_p}{360}$$

那么 $P$ 点在曲线方程中对应的角度

$$\theta_p=\frac{z_p\times 360}{L}$$

如图 2-69 所示，正弦曲线上任一点 $P$ 以 $Z$ 坐标为自变量表示其 $X$ 坐标值（半径值）的方程为

$$\begin{cases}\theta_p=\dfrac{z_p\times 360}{L}\\ x_p=A\sin\theta_p\end{cases}$$

若以角度 $\theta$ 为自变量，则正弦曲线上任一点 $P$ 的 $X$ 和 $Z$ 坐标值（$X$ 坐标值为半径值）方程为

$$\begin{cases}x_p=A\sin\theta\\ z_p=\dfrac{L\theta}{360}\end{cases}$$

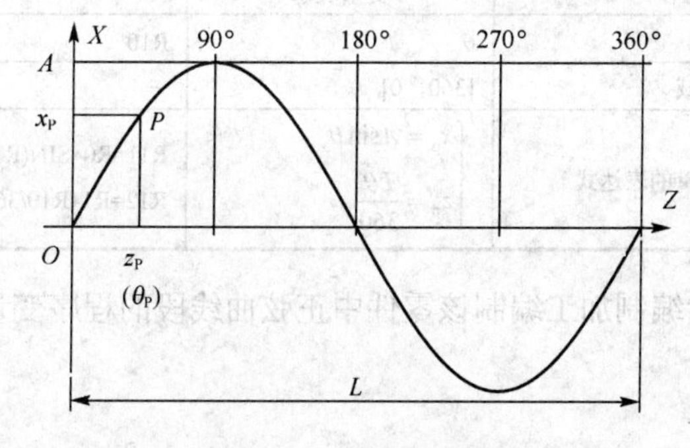


图 2-69　正弦曲线图

**【例 2-24】** 如图 2-70 所示含正弦曲线段的轴类零件，试编制数控车削加工该零件外圆面的程序。

解：如图 2-70 所示，正弦曲线极值为 3mm，一个周期对应的 $Z$ 轴长度为 30mm，设工件坐标原点在工件右端面与轴线的交点上，则正弦曲线自身坐标原点在工件坐标系中的坐标值为（20，–30）。

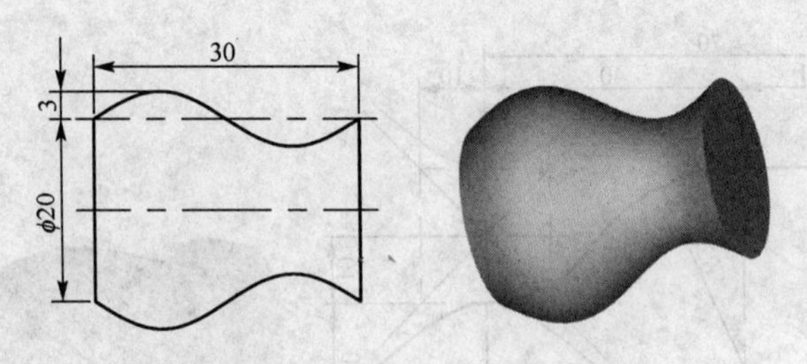


图 2-70　含正弦曲线的轴类零件

**表 2-21　以 $Z$ 为自变量编制数控车削加工正弦曲线段程序变量处理表**

| 步骤 | 步骤内容 | 变量表示 | R 参数表示 |
| --- | --- | --- | --- |
| 第 1 步 | 选择自变量 | $Z$ | R10 |
| 第 2 步 | 确定自变量的定义域 | [30，0] | — |
| 第 3 步 | 用自变量表示因变量的表达式 | $\begin{cases}\theta=\dfrac{z\times 360}{L}\\ x=A\sin\theta\end{cases}$ | R11=R10*360/R1<br>R12=R0*SIN(R11) |

以 $Z$ 为自变量编制该零件中正弦曲线段数控车削加工程序变量处理见表 2-21，编制精加工部分程序如下。

```
R0=3                          （正弦曲线极值赋值）
R1=30                         （正弦曲线一个周期对应的Z坐标长度赋值）
R10=30                        （Z坐标赋初值）
AAA:                          （跳转标记符）
  R11=R10*360/R1              （计算θ值）
  R12=R0*SIN(R11)             （计算X坐标值）
  G01 X=2*R12+20 Z=R10-30     （直线插补逼近正弦曲线）
  R10=R10-0.2                 （Z坐标递减）
IF R10>=0 GOTOB AAA           （循环条件判断）
```

**表 2-22　以角度 $\theta$ 为自变量编制数控车削加工正弦曲线段程序变量处理表**

| 步骤 | 步骤内容 | 变量表示 | R 参数表示 |
| --- | --- | --- | --- |
| 第 1 步 | 选择自变量 | $\theta$ | R10 |
| 第 2 步 | 确定自变量的定义域 | [360，0] | — |
| 第 3 步 | 用自变量表示因变量的表达式 | $\begin{cases}x_p=A\sin\theta\\ z_p=\dfrac{L\theta}{360}\end{cases}$ | R11=R0*SIN(R10)<br>R12=R1*R10/360 |

以角度 $\theta$ 为自变量编制加工编制该零件中正弦曲线段的程序变量处理见表 2-22，加工程序如下。

```
CX2130.MPF
R0=3                          （正弦曲线极值赋值）
R1=30                         （正弦曲线一个周期对应的Z坐标长度赋值）
T01 M03 S1000 F150            （加工参数设定）
G00 X100 Z100                 （刀具快进到起刀点）
G00 X20 Z2                    （刀具定位）
G01 Z0                        （直线插补到切削起点）
```

```
R10=360                          （角度θ赋初值）
AAA:                             （跳转标记符）
  R11=R0*SIN(R10)                （计算X坐标值）
  R12=R1*R10/360                 （计算Z坐标值）
  G01 X=2*R11+20 Z=R12-30        （直线插补逼近正弦曲线）
  R10=R10-0.2                    （角度θ递减）
IF R10>=0 GOTOB AAA              （循环条件判断）
G00 X32                          （退刀）
G00 X100 Z100                    （返回起刀点）
M30                              （程序结束）
```

## 思考练习

1. 如图 2-71 所示轴类零件外圆面为一段 1/2 周期的正弦曲线，试编制该零件加工程序。

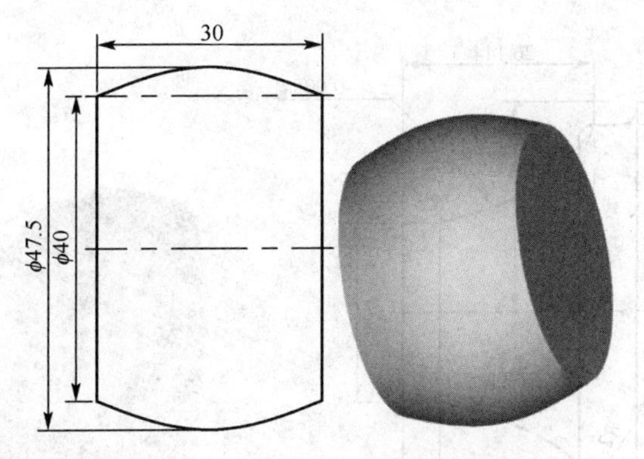


图 2-71　含正弦曲线段轴类零件

2. 编制参数程序完成如图 2-72 所示含余弦曲线零件的数控车削加工。

提示：余弦曲线可看作是正弦曲线在 $Z$ 向适当平移后得到的，即起点位置不同的正弦曲线。该零件曲线部分由两个周期的余弦曲线组成，一个周期对应的 $Z$ 向长度为 20mm，曲线极值为 3mm。

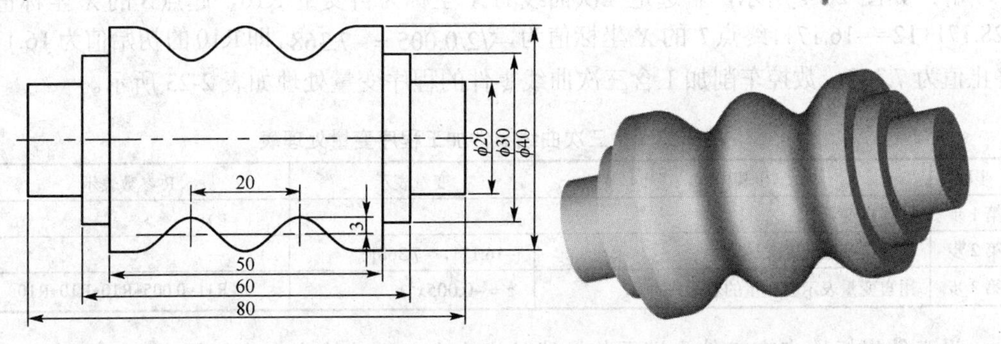


图 2-72　含余弦曲线零件

3. 如图 2-73 所示为一正弦螺纹式轧辊零件，螺纹的牙型轮廓为正弦曲线，曲线方程为 $x = 3.5\sin\theta$，螺距为 12mm（即一个周期的正弦曲线对应 $Z$ 轴上的长度为 12mm），试编制其加工程序。

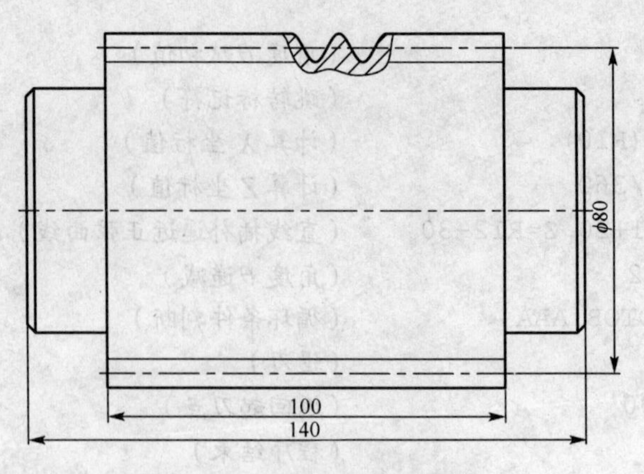


图 2-73　正弦螺纹式轧辊零件

## 2.4.9　其他公式曲线类零件车削加工

【例 2-25】图 2-74 所示含三次方曲线段轴类零件，试编制数控车削加工该零件外圆面的程序。

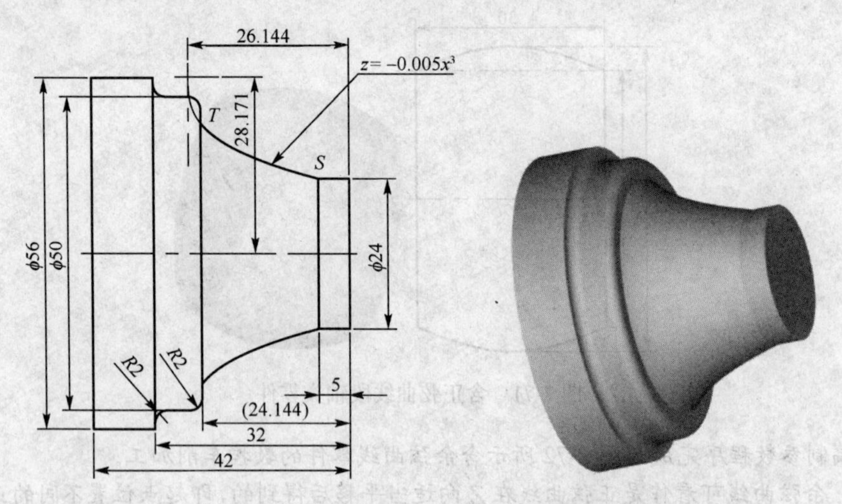


图 2-74　含三次方曲线段轴类零件

解：如图 2-74 所示，若选定三次曲线的 $X$ 坐标为自变量 R10，起点 $S$ 的 $X$ 坐标值为 $-28.171+12=-16.171$，终点 $T$ 的 $X$ 坐标值为 $-\sqrt[3]{2/0.005}=-7.368$，即 R10 的初始值为 16.171，终止值为 7.368。数控车削加工含三次曲线零件的程序变量处理如表 2-23 所示。

表 2-23　含三次曲线零件加工程序变量处理表

| 步骤 | 步骤内容 | 变量表示 | R 参数表示 |
|---|---|---|---|
| 第 1 步 | 选择自变量 | $X$ | R10 |
| 第 2 步 | 确定自变量的定义域 | [−16.171，−7.368] | — |
| 第 3 步 | 用自变量表示因变量的表达式 | $z=-0.005x^3$ | R11=0.005*R10*R10*R10 |

设工件坐标原点在工件右端面与轴线的交点上，则曲线自身坐标原点在工件坐标系中的坐标值为（56.342，−26.144），编制该零件外轮廓数控加工程序如下。

```
CX2140.MPF
T01 M03 S1200 F150                (加工参数设定)
G00 X100 Z100                     (刀具快进到起刀点)
```

```
G00 X24 Z2                              （刀具定位）
G01 Z-5                                 （直线插补）
R10=-16.171                             （X坐标赋值）
AAA:                                    （跳转标记符）
  R11=-0.005*R10*R10*R10                （计算Z坐标值）
  G01 X=R10*2+56.342 Z=R11-26.144       （直线插补逼近三次曲线）
  R10=R10+0.2                           （X坐标递增）
IF R10<=-7.368 GOTOB AAA                （加工条件判断）
G01 X41.606 Z-24.144                    （直线插补）
X46                                     （直线插补）
G03 X50 Z-26.144 CR=2                   （圆弧插补）
G01 Z-30                                （直线插补）
G02 X54 Z-32 CR=2                       （圆弧插补）
G01 X56                                 （直线插补）
Z-42                                    （直线插补）
G00 X60                                 （退刀）
G00 X100 Z100                           （返回起刀点）
M30                                     （程序结束）
```

## 思考练习

1. 如图 2-75 所示零件外圆面为一正切曲线段，曲线方程为

$$\begin{cases} x = -3t \\ z = 2\tan(57.2957t) \end{cases}$$

试为下面已编制好的精加工部分参数程序的每一个程序段填写注释。

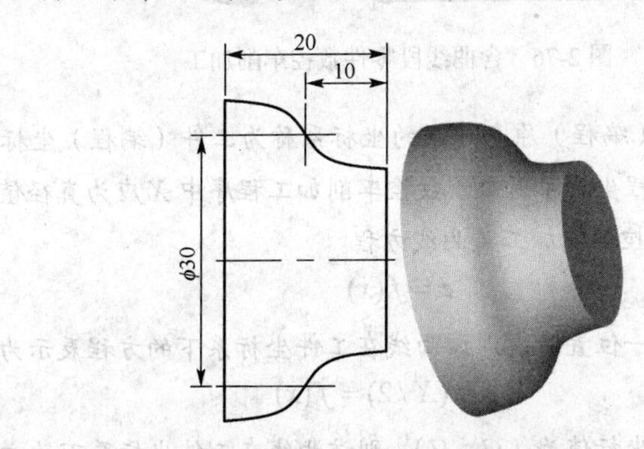


图 2-75　含正切曲线段零件

提示：设工件坐标系原点在工件右端面与轴线的交点上，则正切曲线的原点在工件坐标系中的坐标值为（30，–10）。曲线右端起点在正切曲线本身坐标系中的 $Z$ 坐标值为 10，则由

$$z = 2\tan(57.2957t) = 10$$

解得该起点的参数 $t$ =1.3734，相应的终点的参数 $t$ =–1.3734。精加工部分程序如下。

```
R1=1.3734                    (                    )
AAA:                         (                    )
```

```
  R2=-3*R1                               (                    )
  R3=2*TAN(57.2957*R1)                   (                    )
  G01 X=2*R2+30 Z=R3-10                  (                    )
  R1=R1-0.01                             (                    )
IF R1>=-1.3734 GOTOB AAA                 (                    )
```

下面是将上述程序作了适当修改后的程序。

```
R0=ATAN2(10/2)/57.2957                   (                    )
R1=R0                                    (                    )
AAA:                                     (                    )
  R2=-3*R1                               (                    )
  R3=2*TAN(57.2957*R1)                   (                    )
  G01 X=2*R2+30 Z=R3-10                  (                    )
  R1=R1-0.01                             (                    )
IF R1>=-R0 GOTOB AAA                     (                    )
```

2. 数控车削加工如图2-76所示的玩具喇叭凸模，该零件含一段曲线，曲线方程为

$$x=36/z+3$$

曲线方程中$X$值为半径值，曲线方程原点为$O$点。

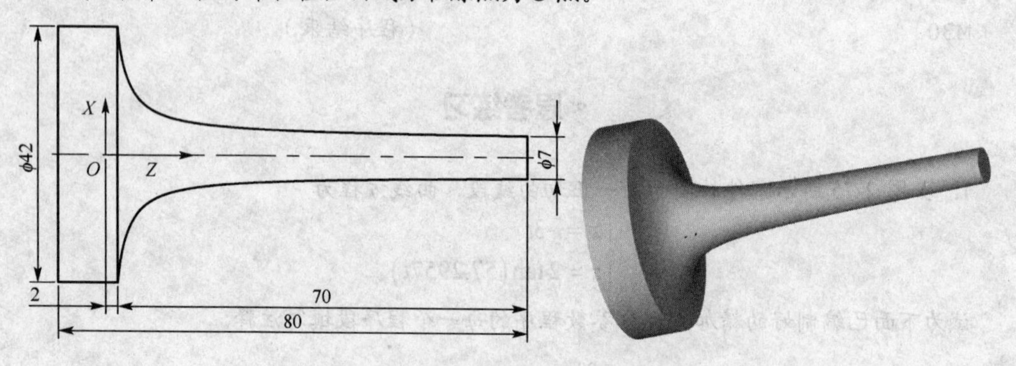


图2-76　含曲线段零件数控车削加工

3. 完成填空：在工件（编程）原点建立的坐标系称为工件（编程）坐标系，在曲线方程原点建立的坐标系可称为方程坐标系。由于数控车削加工程序中$X$应为直径值，但对应曲线方程中$X$值是半径值，所以数控车削加工某曲线方程

$$z=f(x)$$

若工件原点与方程原点在同一位置时，则该曲线在工件坐标系下的方程表示为

$$Z=f(X/2)=f(x)$$

若方程原点在工件坐标系下坐标值为（$G$，$H$），则该曲线在工件坐标系下的方程表示为

$$(Z-H)=f(X/2-G)=f(x-G/2)$$

即

$$Z=f(X/2-G)+H=f(x-G/2)+H$$

换言之，若曲线上一点 $P$ 在方程坐标系下坐标值为（10，15），则在工件原点与方程原点在同一点的工件坐标系下该点的坐标值应为（10×2，15）即（____，____），若方程原点在工件坐标系下坐标值为（3，14），则该点在该工件坐标系下的坐标值为（10×2+3，15+14）即（____，____）。

## 2.4.10 圆弧插补逼近公式曲线

除了采用直线插补逼近公式曲线之外，还可以采用圆弧插补逼近公式曲线。本章前面部分各公式曲线均采用直线插补逼近法编程，本节以椭圆曲线为例来介绍圆弧插补逼近公式曲线。

采用圆弧插补逼近相对于直线插补逼近椭圆曲线得到的表面加工质量更佳。采用圆弧插补逼近椭圆曲线的难点在于计算曲线上任一点的曲率半径 $R$ 值。

设曲线的参数方程为

$$\begin{cases} x = \varphi(t) \\ y = \psi(t) \end{cases}$$

则曲线上任一点的曲率公式为

$$K(t) = \frac{\left|\varphi'(t)\psi''(t) - \varphi''(t)\psi'(t)\right|}{\left[\varphi'^2(t) + \psi'^2(t)\right]^{\frac{3}{2}}}$$

曲率半径 $R$ 与曲率 $K$ 互为倒数，即 $R = \dfrac{1}{K}$。

由椭圆参数方程

$$\begin{cases} x = b\sin t \\ z = a\cos t \end{cases}$$

求得的椭圆曲线上离心角为 $t$ 的点的曲率半径为

$$R = \frac{\left[(a\sin t)^2 + (b\cos t)^2\right]\sqrt{(a\sin t)^2 + (b\cos t)^2}}{ab}$$

**【例 2-26】** 如图 2-77 所示，椭圆曲线终点 $P$ 对应的圆心角 $\theta$=144.43°，试采用圆弧插补逼近法编制该零件椭圆曲线段的加工程序。

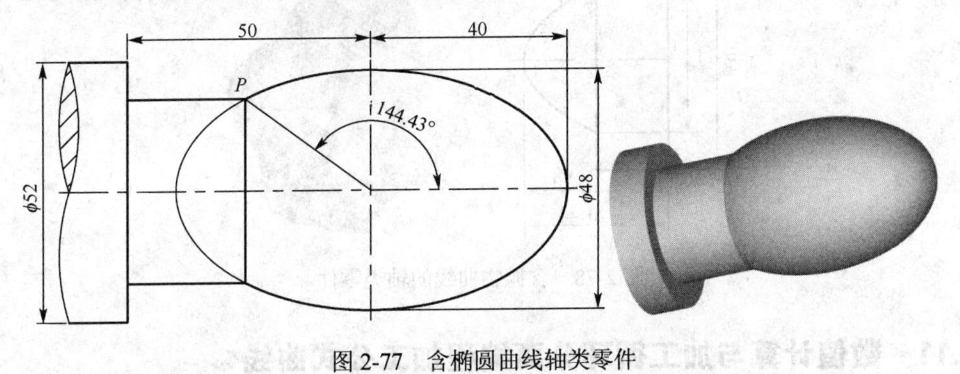


图 2-77　含椭圆曲线轴类零件

解：椭圆曲线终点 $P$ 对应的圆心角 $\theta$=144.43°，则该点的离心角 $t$ 值为

$$t = \arctan\left(\frac{a}{b}\tan\theta\right) = \arctan\left(\frac{40}{24}\times\tan 144.43°\right) = \arctan\left(-\frac{40}{20}\times\tan 35.57°\right)$$

$$= 180° - \arctan\left(\frac{40}{24}\times\tan 35.57°\right) \approx 130°$$

采用圆弧插补逼近椭圆曲线编制加工该零件的程序如下。

```
CX2150.MPF
M03 S1000 T01 F120                  （加工参数设定）
```

```
G00 X100 Z100                                  (刀具定位)
X0 Z2                                          (快进到切削起点)
G01 Z0                                         (直线插补)
R10=10                                         (离心角t赋初值)
AAA:                                           (跳转标记符)
  R1=24*SIN(R10)                               (计算下一点的X坐标值)
  R2=40*COS(R10)                               (计算下一点的Z坐标值)
  R3=24*COS(R10-5)                             (计算中间点的bcost的值)
  R4=40*SIN(R10-5)                             (计算中间点的asint的值)
  R5=(R3*R3+R4*R4)*SQRT(R3*R3+R4*R4)/960       (计算中间点的曲率半径R值)
  R10=R10+10                                   (离心角t递增10°)
  G03 X=R1*2 Z=R2-40 CR=R5                     (圆弧插补逼近椭圆曲线)
IF R10<=130 GOTOB AAA                          (当R10小于等于130°时执行循环)
G01 Z-90                                       (直线插补)
X52                                            (直线插补加工台阶面)
G00 X100 Z50                                   (返回起刀点)
M30                                            (程序结束)
```

**思考练习**

数控车削加工如图2-78所示轴类零件，零件表面含一段$z=-0.1x^2$的抛物曲线，试编制采用圆弧插补逼近法加工该曲线程序。

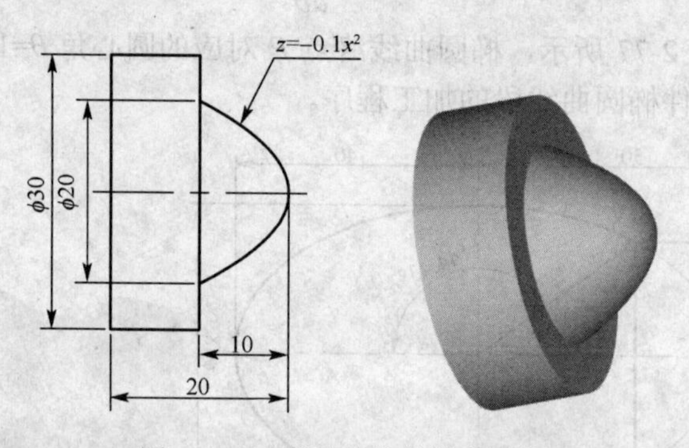


图2-78　含抛物曲线的轴类零件

## 2.4.11　数值计算与加工循环分离编程加工公式曲线

参数编程是一种更接近高级语言的指令形式，具有顺序、分支选择、循环的流程结构，另外还有进行多种数学运算的能力。因此如何合理安排程序结构，使程序更易读、易维护，运行效率、加工效果更好，加工方式更合理是参数程序编写时必须解决的问题。以下是一个典型的循环判断加工程序段。

```
AAA:                          (跳转标记符)
R2=……                         (坐标值计算)
R3=……                         (坐标值计算)
G01 X=R2 Y=R3                 (插补加工)
```

```
R1=R1+1                          (计数器递增)
IF R1<=3 GOTOB AAA               (加工条件判断)
```

在上面的程序中可以看到在循环内共有三个数值计算语句。数值计算会占用大量的机器时间，特别是当计算为浮点、三角函数、求根等运算时，占用机器时间更多。此时机床处于进给暂停状态。具有加工经验的人应该知道这种状态下在刀具停顿处会产生“过切”现象，从而造成工件表面出现刀痕，影响表面质量，在大余量大进给切削条件下甚至会影响尺寸精度。此时就要想办法尽量缩短机床的暂停时间。除了简化计算公式，优化加工路径等方法外，一个比较有效的方法就是设法将数值计算与加工循环分离。如可将前面的程序改为下面的形式。

```
(数值计算循环)
R1=1                             (变量计数器赋初值)
AAA:                             (跳转标记符)
  R[R1+1]=……                     (坐标值计算)
  R[R1+2]=……                     (坐标值计算)
  R1=R1+2                        (变量计数器递增)
IF R1<=3*2 GOTOB AAA             (数值计算循环条件判断)
(加工循环)
R1=1                             (变量计数器赋初值)
BBB:                             (跳转标记符)
  G01 X=R[R1+1] Y=R[R1+2]        (插补加工)
  R1=R1+2                        (变量计数器递增)
IF R1<=3 GOTOB BBB               (加工条件判断)
```

从上面的例子可以看出将原循环中的数值计算部分单独拿出作为一个循环。在机床实际执行加工 G 代码之前先将占用大量机器时间的计算工作完成。这样一来在实际的加工循环中，原来复杂的数值计算就被简单的变量下标计算替代。这类计算都为简单的整数运算，大大缩短运算时间，从而使切削的连续性大大提高。

尽管从程序表面上看，这样做似乎增加了程序的长度，增大了程序输入量。但实际上这种程序结构由于将复杂的计算与标准 G 代码分离，使程序的可读性大大提高。

程序员在编制程序时可将精力更集中地用于解决单独的运算问题或加工指令上。避免了两种性质完全不同编程工作混杂在一起造成思路上的混乱，且程序的可维护性也大大提高，修改程序可单独修改计算或加工段避免在一堆混杂的代码之间跳来跳去，减少了出错的可能性。如果程序的计算量非常大，程序非常长，使用这种结构可大大节省修改、调试的时间。程序长度的少许增加换来后继工作时间的大大缩短还是相当合算的。

当然这种结构的缺点也很明显，就是占用了更多的变量。一般数控系统由于硬件的限制，变量寄存器的数量都非常有限。对于需要大量变量的加工为例，上面的结构显然会产生变量可用数目不足的问题。这种情况下，可将加工问题进行合理分解，利用循环嵌套多段数值计算和加工循环的方法来重复利用变量寄存器。程序结构如下（用伪代码表示）。

```
[加工结束跳转标记符]
  (阶段数值计算循环)
  [阶段数值计算跳转标记符]
  [R[变量标号计算]=数值计算]
  ……(更多数值计算)
  [变量计数器=变量计数器+赋值变量的个数]
```

[IF，变量计数器<最大可用变量标号]

(阶段加工循环)

[加工循环跳转标记符]

[加工循环]

[IF，阶段加工循环条件]

[加工结束条件进行增量计算]

[IF，加工结束条件]

可以看到，简单地在循环后面加是否结束加工的判断就可以反复地利用同一个区段的变量与加工循环配合最终完成加工任务。利用这种结构就可重复利用变量寄存器，大大扩展可编程的空间。这种方法的难点并不在于编程，而在于操作者如何对加工轨迹进行合理分解，从而使分段重复计算可行。

**【例 2-27】** 试采用数值计算与加工循环分离编程加工公式曲线的方法来编程实现数控车削加工如图 2-77 所示含椭圆曲线轴类零件。

解：由于程序因计算延迟导致加工过程边算边加工出现停顿现象影响加工质量的问题始终无法得到有效解决，下面程序采用了将数值计算提前，并“转储”，待算完后再加工的加工编程思路。

```
CX2160.MPF
R10=10                                          (离心角 t 赋初值)
R17=0                                           (存储地址计数器赋初值 0)
AAA:                                            (跳转标记符)
  R1=24*SIN(R10)                                (计算下一点的 X 坐标值)
  R2=40*COS(R10)                                (计算下一点的 Z 坐标值)
  R3=24*COS(R10-5)                              (计算中间点的 bcost 的值)
  R4=40*SIN(R10-5)                              (计算中间点的 asint 的值)
  R[103+R17*3]=(R3*R3+R4*R4)*SQRT(R3*R3+R4*R4)/960
                                                (计算中间点的曲率半径值并存储)
  R[R17*3+101]=2*R1                             (存储 X 坐标值)
  R[R17*3+102]=R2-40                            (存储 Z 坐标值)
  R10=R10+10                                    (离心角 t 递增 10°)
  R17=R17+1                                     (存储地址计数器递增)
IF R10<=130 GOTOB AAA                           (当 R10 小于等于 130° 时执行循环)
M03 S700 T01 F120                               (加工参数设定)
G00 X100 Z100                                   (快进到起刀点)
G00 X0 Z2                                       (快进到切削起点)
G01 Z0                                          (直线插补)
R19=0                                           (读取地址计数器置 0)
BBB:                                            (跳转标记符)
  G03 X=R[101+R19*3] Z=R[102+R19*3] CR=R[103+R19*3]
                                                (圆弧插补逼近椭圆曲线)
  R19=R19+1                                     (读取地址计数器递增)
IF R19<=R17-1 GOTOB BBB                         (当R19小于等于R17减1时执行循环)
G01 Z-90                                        (直线插补)
```

```
G01 X52                                    (直线插补)
G00 X100 Z50                               (返回起刀点)
M30                                        (程序结束)
```

## 思考练习

试采用数值计算与加工循环分离的方法编程实现数控车削加工如图2-78所示抛物曲线。

# 第3章　数控铣削加工参数编程

## 3.1　概述

**（1）数控铣削加工刀具**

常用数控铣削加工刀具主要有立铣刀、球头铣刀、牛鼻刀（R刀）、端铣刀和键槽铣刀等几种。通常情况下，选择立铣刀或球头刀已能完成绝大部分加工需求，立铣刀主要用于平面零件内外轮廓、凸台、凹槽和小平面的加工，曲面、型腔、型芯的加工主要选择球头刀。

**（2）刀具半径补偿**

数控系统提供了刀具半径补偿功能，采用刀具半径补偿指令后，编程时只需按零件轮廓编制，数控系统能自动计算刀具中心轨迹，并使刀具按此轨迹运动，使编程简化。采用半径补偿指令编制的加工程序在加工时候应在系统中设定刀具直径值（即在程序中无须体现刀具直径值）。

为了能在程序中清楚体现刀具直径，多数情况下编制参数程序时可不采用刀具半径补偿指令编程。若不采用刀具半径补偿，则需要按刀具的中心轨迹编程，此时参数程序编制时应注意刀具半径的变化对程序的影响。

**（3）铣削加工刀具轨迹形式**

铣削加工刀具轨迹形式很多，按切削加工的特点来分，可分为等高铣削、曲面铣削、曲线铣削和插式铣削等几类。

等高铣削通常称为层铣，它按等高线一层一层地加工来移除加工区域内的加工材料。等高铣削在零件加工中主要用于需要刀具受力均匀的加工条件以及直壁或者斜度不大的侧壁的加工。应用等高铣削通常可以完成数控加工中约80%的工作量，而且采用等高铣削刀轨编程加工简单易懂，加工质量较高，因此等高铣削广泛用于非曲面零件轮廓的粗、精加工和曲面零件轮廓的粗加工。

曲面铣削简称面铣，指各种按曲面进行铣削的刀轨形式，主要用于曲面精加工。曲线铣削简称线铣，可用于三维曲线的铣削，也可以将曲线投影到曲面上进行沿投影线的加工，通常应用于生成型腔的沿口和刻字等。插式铣削也称为钻铣，是一种加工效率最高的粗加工方法。

**（4）走刀方式**

针对相同的刀具轨迹形式可以选择不同的走刀方式，通常走刀方式有平行切削和环绕切削等。选择合理的走刀方式，可以在付出同样加工时间的情况下，获得更好的表面加工质量。

平行切削也称为行切法加工，是指刀具以平行走刀的方式切削工件，有单向和往复两种方式。平行切削在粗加工时有很高的效率，一般其切削的步距可以达到刀具直径的70%～90%，在精加工时可获得刀痕一致、整齐美观的加工表面，具有广泛的适应性。

环绕切削也称为环切法加工，是指以绕着轮廓的方式切削，并逐渐加大或减小轮廓，直到加工完毕。环绕切削可以减少提刀，提高铣削效率。

行切法加工在手工编程时多用于规则矩形平面、台阶面和矩形下陷加工。环切法加工主要用于轮廓的半精、精加工及粗加工，用于粗加工时其效率比行切法加工低，但可方便编程实现。

**（5）特征元**

构成复杂零件的基本组成单元称为特征元，是一系列可供参数编程实现数控加工的典型和基础的零件几何特征，常见复杂件可看成由若干特征元组合变换而成。特征元在数控参数编程与加工中的作用和地位类似于机械产品中的标准件和通用件。数控加工参数编程的任务可看成一系列数控加工特征元与特征变换的编程实现，并形成一个特征元库和多种特征变换模型，方便实际编程加工的调用。

图 3-1 所示为数控铣削加工中常见的型腔特征元，图 3-2 为常见特征变换方式示意图。

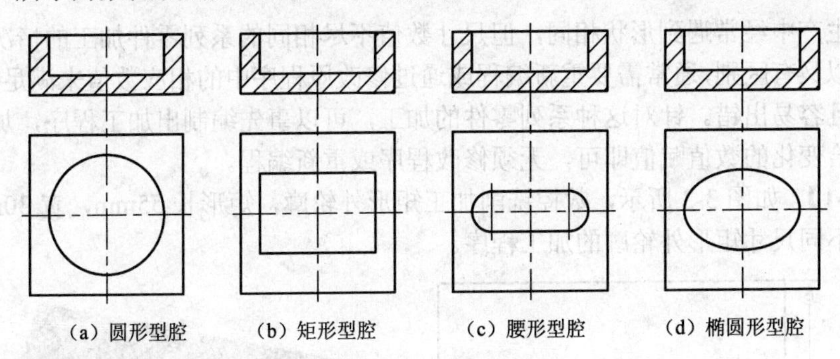


图 3-1　常见型腔特征元

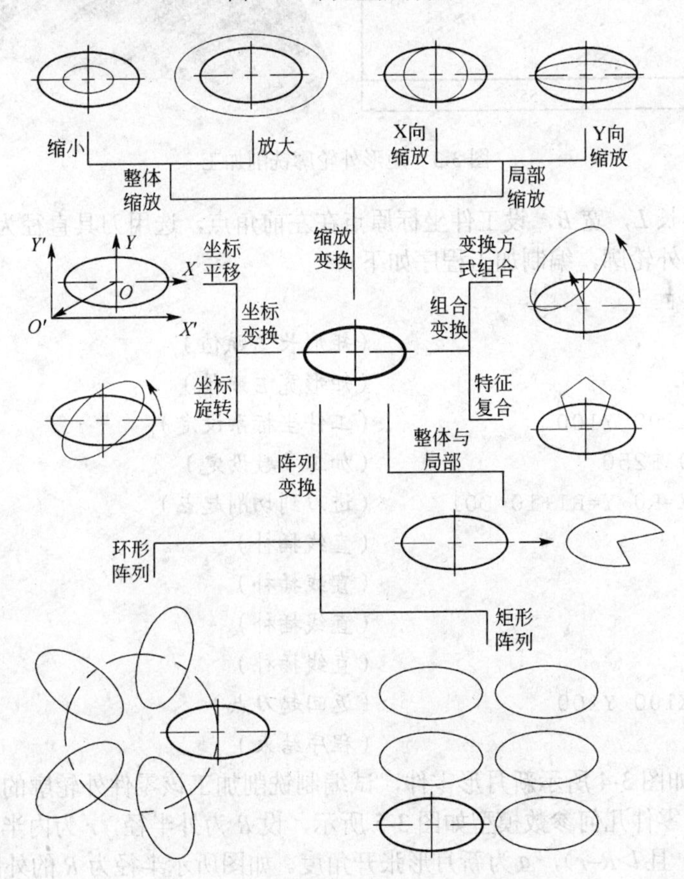


图 3-2　常见特征变换方式示意图

1. 数控铣削加工常用的刀具有哪些？

2. 常用的铣削加工刀具轨迹形式有哪些？

3. 行切法加工和环切法加工各有什么优缺点？

# 3.2 系列零件数控铣削加工

## 3.2.1 不同尺寸规格系列零件铣削加工

加工生产中经常遇到形状相同，但尺寸数值不尽相同的系列零件加工的情况，加工程序基本相似又有区别，通常需要重新编程或通过修改原程序中的相应数值来满足加工要求，效率不高且容易出错。针对这种系列零件的加工，可以事先编制出加工程序，加工时根据具体情况给变化的数值赋值即可，无须修改程序或重新编程。

【例 3-1】 如图 3-3 所示，数控铣削加工矩形外轮廓，矩形长 55mm，宽 30mm，试编制可适用不同尺寸矩形外轮廓的加工程序。

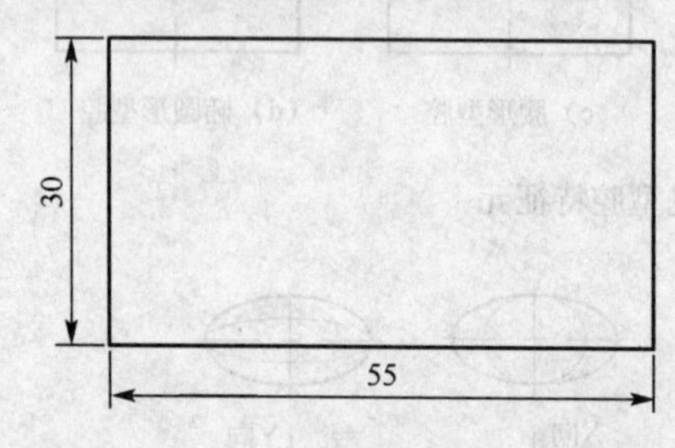

图 3-3 矩形外轮廓铣削加工

解：设矩形长 $L$，宽 $B$，设工件坐标原点在左前角点，选用刀具直径为 $\phi$12mm 的立铣刀铣削加工矩形外轮廓，编制加工程序如下。

```
CX3001.MPF
R0=55                          （矩形长 L 赋值）
R1=30                          （矩形宽 B 赋值）
G54 G00 X100 Y100              （工件坐标系设定）
M03 S1000 F250                 （加工参数设定）
G00 G41 X=R0 Y=R1+10 D01       （进刀到切削起点）
G01 Y0                         （直线插补）
X0                             （直线插补）
Y=R1                           （直线插补）
X=R0+5                         （直线插补）
G00 G40 X100 Y100              （返回起刀点）
M30                            （程序结束）
```

【例 3-2】 如图 3-4 所示新月形零件，试编制铣削加工该零件外轮廓的加工程序。

解：新月形零件几何参数模型如图 3-5 所示，设 $R$ 为外半径，$r$ 为内半径，$l$ 为圆心距（$O_1O_2$，$0<l<R+r$ 且 $l>R-r$），$\alpha$ 为新月形张开角度。如图所示半径为 $R$ 的外圆弧与半径为 $r$ 的内圆弧的交点 $A$ 和 $B$ 的计算是程序设计的难点，由于 $A$ 和 $B$ 点关于 $O_1O_2$ 对称，因此仅

需要计算 $A$ 的坐标值即可，设坐标原点在 $O_1$，则有

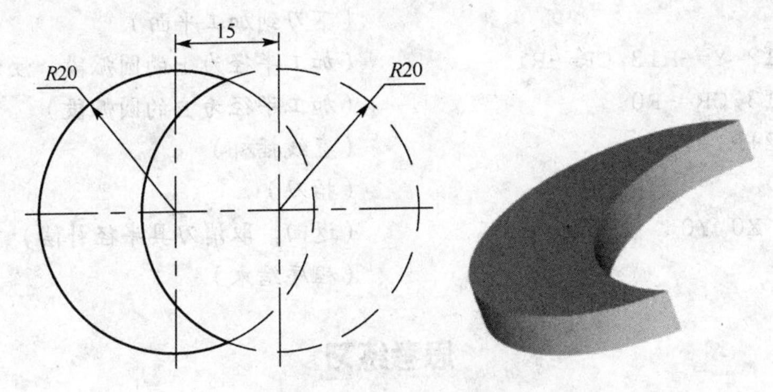


图 3-4　新月形零件

$$\begin{cases} x_A = R\cos\dfrac{\alpha}{2} \\ y_A = R\sin\dfrac{\alpha}{2} \end{cases}$$

由余弦定理可得：$\cos\dfrac{\alpha}{2}=\dfrac{R^2+l^2-r^2}{2Rl}$，则 $\sin\dfrac{\alpha}{2}=\sqrt{1-(\cos\dfrac{\alpha}{2})^2}$。

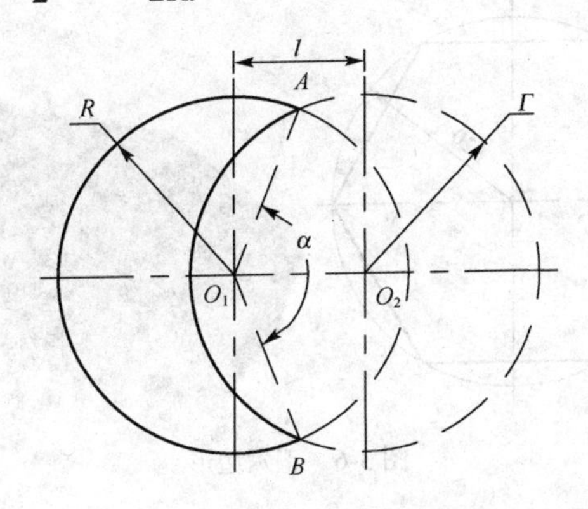


图 3-5　新月形零件几何参数模型

编制加工程序如下。

```
CX3002.MPF
R0=20                                   (外半径 R 赋值)
R1=20                                   (内半径 r 赋值)
R2=15                                   (圆心距 l 赋值)
R10=(R0*R0+R2*R2-R1*R1)/(2*R0*R2)       (计算 cos α/2 的值)
R11=SQRT(1-R10*R10)                     (计算 sin α/2 的值)
R12=R0*R10                              (计算 xA 的值)
R13=R0*R11                              (计算 yA 的值)
G54 G00 X0 Y0 Z50                       (工件坐标系设定)
M03 S800 F300                           (主轴旋转，进给速度设定)
G00 G41 X=R2+R1 D01                     (建立刀具半径补偿)
```

```
G00 Z2                        (下刀)
G01 Z-5                       (下刀到加工平面)
G03 X=R12 Y=-R13 CR=-R1       (加工半径为r的圆弧段，注意圆弧切入)
G02 Y=R13 CR=-R0              (加工半径为R的圆弧段)
G01 X=R2+R1 Y0                (直线插补)
G00 Z50                       (抬刀)
G00 G40 X0 Y0                 (返回，取消刀具半径补偿)
M30                           (程序结束)
```

## 思考练习

1. 在新月形零件中，是否外半径为 $R$ 的圆弧始终为优弧（圆心角大于 180° 的圆弧），内半径为 $r$ 的圆弧始终为劣弧（圆心角小于 180° 的圆弧）？

2. 在新月形零件中，圆心距 $l$ 的取值范围为：$0<l<R+r$，能否在程序中加入判断 $l$ 是否取值得当的语句？若能，试编程。

3. 如图 3-6 所示正六边形，其外接圆半径为 R20mm，数控铣削加工该零件外轮廓，试编制其加工程序。

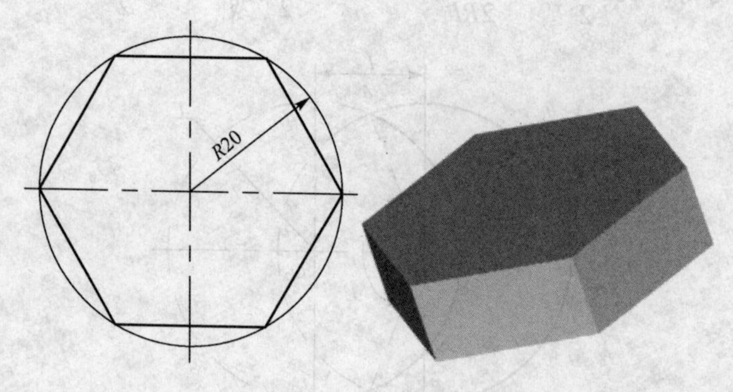


图 3-6　正六边形

提示：正多边形几何参数模型如图 3-7 所示，圆曲线本质上就是边数等于 $n$ 的正多边形，所以圆的曲线方程实际上就是正多边形节点 $P$ 的坐标方程

$$\begin{cases} x = R\cos t \\ y = R\sin t \end{cases}$$

其中 $R$ 为正多边形外接圆半径，$t$ 为动径 $OP$ 与 $X$ 坐标轴正方向的夹角。

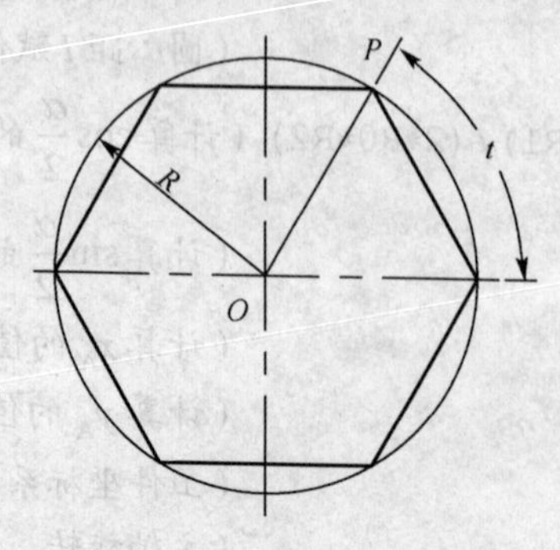


图 3-7　正多边形几何参数模型

4. 如图 3-8 所示为某菱形系列零件中的一件，两端小圆弧半径为“*R*10”，中心距 60mm，中间连接大圆弧半径为“*R*20”，试编制其外轮廓铣削加工程序。

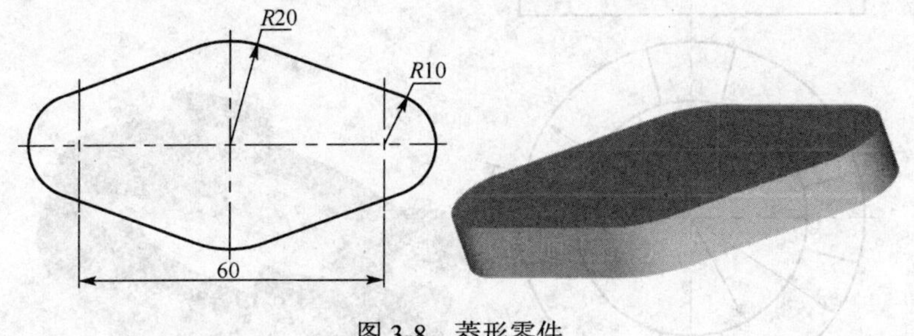


图 3-8 菱形零件

提示：设该菱形系列零件的几何参数模型如图 3-9 所示，设两端小圆弧半径为 *r*，中心距为 *L*，中间连接大圆弧半径为 *R*。

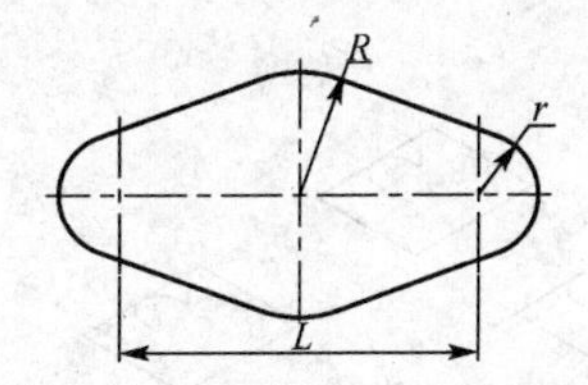


图 3-9 菱形件几何参数模型

5. 数控铣削加工如图 3-10 所示离合器零件齿形侧面，试编制其加工程序。

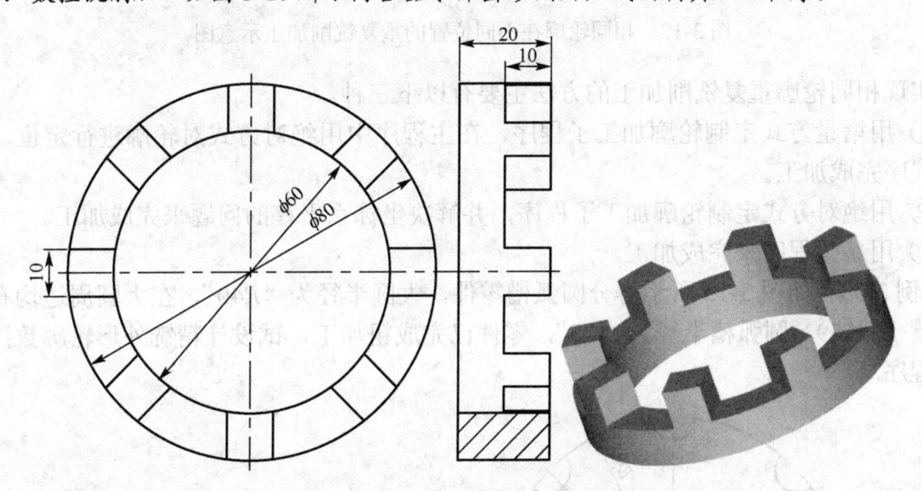


图 3-10 离合器零件齿形的加工

6. 数控铣削加工如图 3-11 所示离合器系列零件齿侧面，共 4 个齿，齿形外圆周直径为 $\phi$60mm，内圆周直径为 $\phi$40mm，齿侧面夹角为 30°，齿高 5mm，试编制适用该系列零件齿侧面的加工程序。

### 3.2.2 相同轮廓的重复铣削加工

在实际加工中，还有一类属于刀具轨迹相同但是位置参数不同的系列零件，即相同轮廓的重复加工。相同轮廓的重复加工主要有同一零件上相同轮廓在不同位置多次出现或在不同坯料上加工多个相同轮廓零件两种情况。图 3-12 所示为同一零件上相同轮廓在深度[图（a）]、矩形阵列[图（b）]和环形阵列[图（C）]三种不同位置的重复铣削加工示意图。

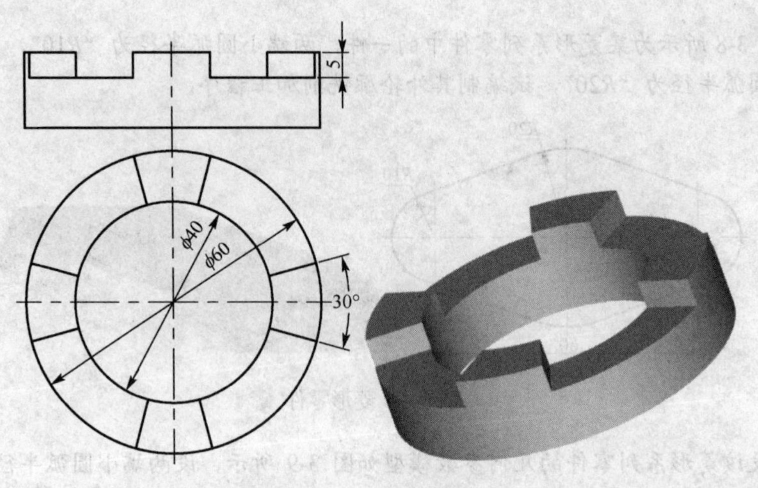


图 3-11　离合器零件

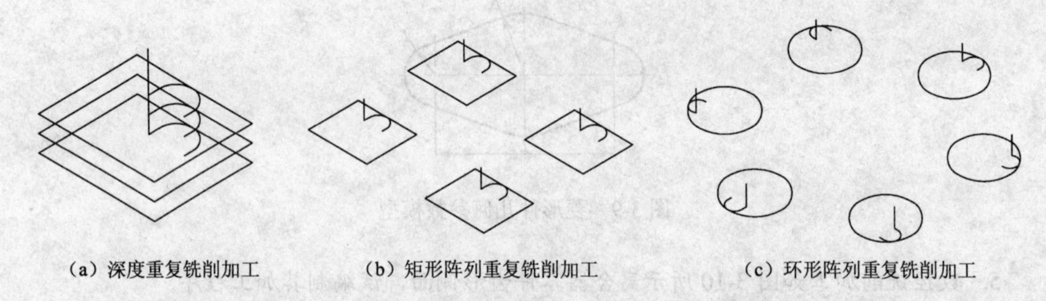

（a）深度重复铣削加工　（b）矩形阵列重复铣削加工　（c）环形阵列重复铣削加工

图 3-12　相同轮廓在不同位置的重复铣削加工示意图

实现相同轮廓重复铣削加工的方法主要有以下三种。

① 用增量方式定制轮廓加工子程序，在主程序中用绝对方式对轮廓进行定位，再调用子程序完成加工。

② 用绝对方式定制轮廓加工子程序，并解决坐标系平移的问题来完成加工。

③ 用参数程序来完成加工。

**【例 3-3】** 如图 3-13 所示等分圆弧槽零件，大圆半径为“*R*40”，在大圆周边均布 8 个圆弧槽（圆缺），圆弧槽半径为“*R*5”，零件已完成粗加工，试设计精铣外形轮廓数控铣削加工程序。

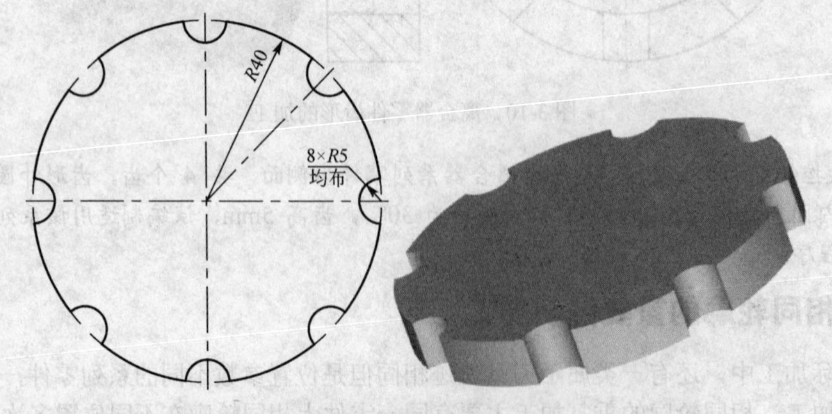


图 3-13　等分圆弧槽零件

解：等分圆弧槽零件模型如图 3-14 所示，大圆半径为 $R$，圆缺半径为 $r$，圆缺数量 $n$，

圆缺起点 $A$ 与 $X$ 正半轴的夹角为 $\alpha$，中点 $C$ 的夹角为 $\theta$，$AC$ 点的夹角为 $\beta$。下面分别采用坐标值逐点计算和坐标旋转方式两种方法编程。

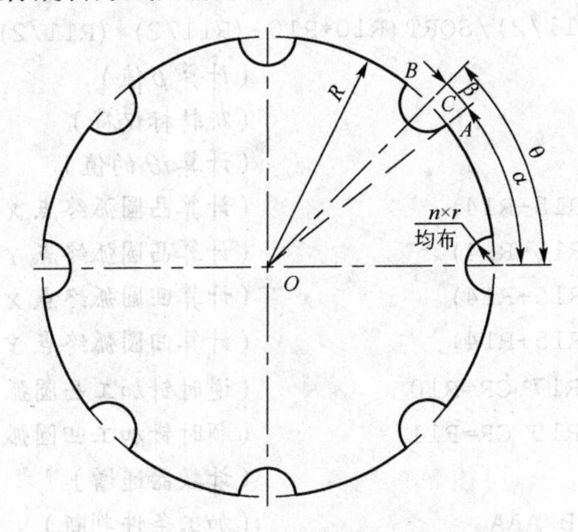


图 3-14　等分圆弧槽零件模型图

方法一：坐标值逐点计算方式编程

该零件的主要加工表面为外形轮廓的“$R40$”的 8 段凸圆弧和“$R5$”的 8 段凹圆弧，圆弧与圆弧交点及凹圆弧中心点的计算是程序设计的难点。由图 3-14 知

$$\theta = 360° / n$$

$$\alpha = \theta - \beta$$

$$\sin(\beta / 2) = (AC / 2) / AO = (r / 2) / R$$

$$\beta = 2 \times \arcsin[(r / 2) / R]$$

对应第二个圆缺角度 $\alpha_2 = 2\theta - \beta$，第三个圆缺角度 $\alpha_3 = 3\theta - \beta$，第 $i$ 个圆缺角度 $\alpha_i = i\theta - \beta$。以一段凸圆弧与其后的一段凹圆弧作为每次切削循环的加工区段，则第 $i$ 个圆缺的凸圆弧终点坐标

$$\begin{cases} x_i = R\cos\alpha_i = R\cos(i\theta - \beta) \\ y_i = R\sin\alpha_i = R\sin(i\theta - \beta) \end{cases}$$

凹圆弧终点坐标

$$\begin{cases} x_i = R\cos(i\theta + \beta) \\ y_i = R\sin(i\theta + \beta) \end{cases}$$

考虑凹圆弧的加工精度，同时保证刀具的刚度，选用 $\phi$8mm 圆柱铣刀，采用逆铣方式完成轮廓加工，加工程序如下。

```
CX3010.MPF
R10=40                          （大圆半径 R 赋值）
R11=5                           （圆缺半径 r 赋值）
R2=8                            （圆缺数量 n 赋值）
R3=5                            （铣削深度赋值）
G54 G00 X0 Y0 Z50               （工件坐标系设定）
M03 S800 F300                   （主轴转，进给速度设定）
G00 G41 X=R10 Y0 D01            （进刀至起刀点，建立刀具半径补偿）
Z=-R3                           （下刀到加工平面）
```

```
R0=1                                          （计数器赋初值1）
R12=360/R2                                    （计算θ值）
R14=2*ATAN2((R11/2)/SQRT(R10*R10-(R11/2)*(R11/2)))
                                              （计算β值）
AAA:                                          （跳转标记符）
  R15=R0*R12                                  （计算iθ的值）
  R16=R10*COS(R15-R14)                        （计算凸圆弧终点X坐标值）
  R17=R10*SIN(R15-R14)                        （计算凸圆弧终点Y坐标值）
  R18=R10*COS(R15+R14)                        （计算凹圆弧终点X坐标值）
  R19=R10*SIN(R15+R14)                        （计算凹圆弧终点Y坐标值）
  G03 X=R16 Y=R17 CR=R10                      （逆时针加工凸圆弧）
  G02 X=R18 Y=R19 CR=R11                      （顺时针加工凹圆弧）
  R0=R0+1                                     （计数器递增）
IF R0<=R2 GOTOB AAA                           （加工条件判断）
G00 Z50                                       （退刀）
G40 X0 Y0                                     （返回）
M30                                           （程序结束）
```

方法二：采用坐标旋转指令编程

为简化编程，可先将半径为 $R$ 的外圆弧加工完毕后再加工 $n$ 个半径为 $r$ 的圆缺，半径为 $R$ 的外圆弧的加工程序略。

```
CX3011.MPF
R0=40                                         （大圆半径R赋值）
R1=5                                          （圆缺半径r赋值）
R2=40                                         （大圆与圆缺的圆心距l赋值）
R3=8                                          （圆缺数量n赋值）
IF R2<=0 GOTOF AAA                            （条件判断）
IF R2>=R0+R1 GOTOF AAA                        （条件判断）
GOTOF BBB                                     （无条件跳转）
AAA:                                          （跳转标记）
M30                                           （程序结束）
BBB:                                          （跳转标记符）
R10=(R0*R0+R2*R2-R1*R1)/(2*R0*R2)             （计算cos(α/2)的值）
R11=SQRT(1-R10*R10)                           （计算sin(α/2)的值）
R12=R0*R10                                    （计算x_A的值）
R13=R0*R11                                    （计算y_A的值）
G54 G00 X0 Y0 Z50                             （工件坐标系设定）
M03 S800 F300                                 （主轴旋转，进给速度设定）
Z2                                            （下刀到安全平面）
R20=1                                         （计数器赋初值）
R21=0                                         （旋转角度赋初值）
R22=360/R3                                    （计算θ值）
```

```
CCC:                              (跳转标记符)
  G17 ROT RPL=R21                 (坐标旋转)
  G00 G41 X=R2+R1 Y0 D01          (刀具定位，建立刀具半径补偿)
  Z-5                             (下刀到加工平面)
  G02 X=R12 Y=R13 CR=-R1          (加工半径为r的圆缺，注意圆弧切入)
  G00 Z2                          (抬刀到安全平面)
  G00 G40 X0 Y0                   (返回，取消刀具半径补偿)
  ROT                             (取消坐标旋转)
  R21=R21+R22                     (旋转角度递增)
  R20=R20+1                       (计数器累加)
IF R20<=R3 GOTOB CCC              (加工圆缺个数条件判断)
G00 Z50                           (抬刀)
X0 Y0                             (返回)
M30                               (程序结束)
```

## 思考练习

1. 采用坐标旋转指令编制加工程序的方法二中，加工每一个圆缺时的刀具定位及建立和取消刀具半径补偿是在加工平面进行还是在安全平面进行的？为什么？

2. 如图 3-15 所示六等分圆弧槽零件，试编制其数控铣削加工该零件外轮廓的程序。

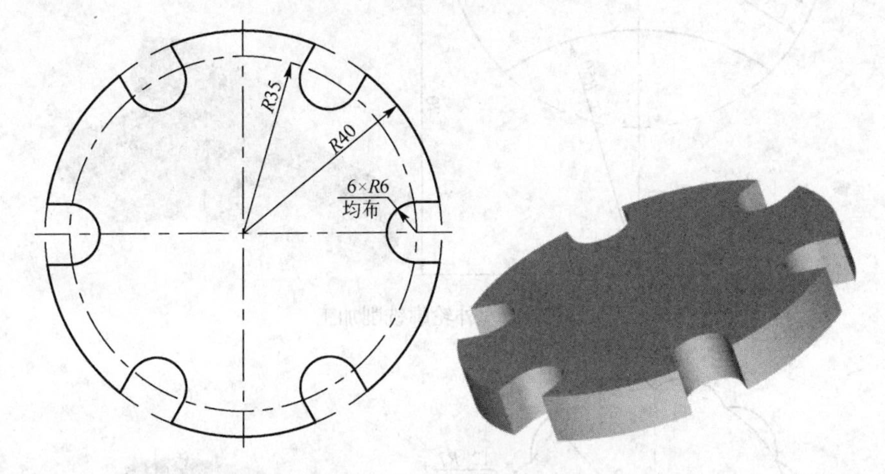


图 3-15　六等分圆弧槽零件

3. 某含圆缺零件如图 3-16 所示，其中包含 8 个圆缺，试编制适宜加工该类零件的程序完成该零件外轮廓的数控铣削加工。

4. 数控铣削加工如图 3-17 所示对称零件外轮廓，试编制该零件加工程序。

5. 如图 3-18 所示，数控铣削加工该零件内轮廓，该轮廓由 12 段“*R*7”的圆弧绕半径为“*R*22”的圆周均布，深度为 5mm，试编制其加工程序。

6. 如图 3-19 所示，数控铣削加工该花形型孔，该型孔由 4 个半径为“*R*18”的圆弧段组成，各圆弧圆心在直径为“$\phi 30$”的圆周上均匀分布，试编制适用该类型内孔的系列零件的铣削加工程序。

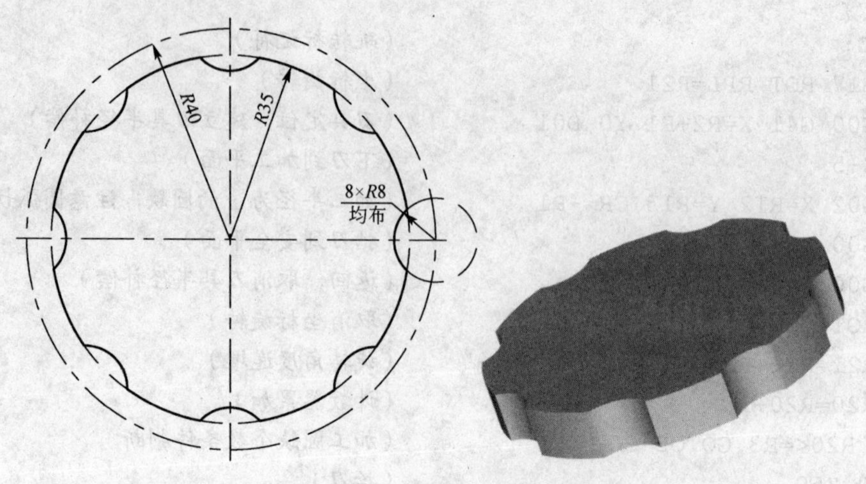


图 3-16　含圆缺零件

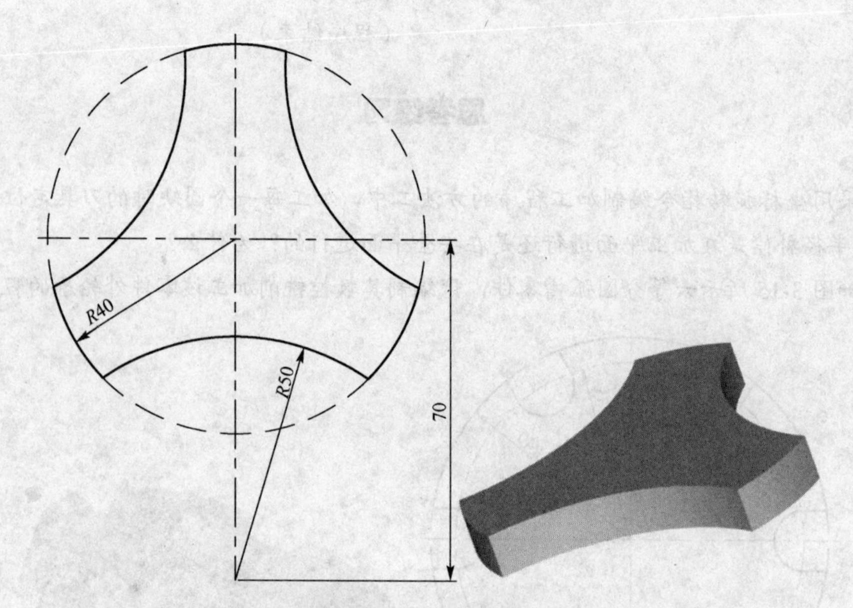


图 3-17　外轮廓铣削加工

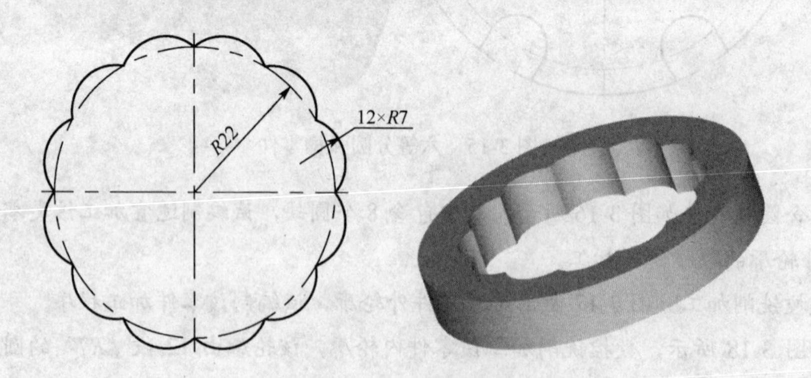


图 3-18　内轮廓铣削加工

7. 如图 3-20 所示，在 60mm × 20mm 的矩形坯料上刻标尺，分别有长 10mm 和 6mm 的两种刻线槽，间隔距离均为 3mm，各刻线槽宽 0.5mm，深 0.5mm，试编制其加工程序。

8. 如图 3-21 所示为一五环槽，试编制其铣削加工的参数程序。

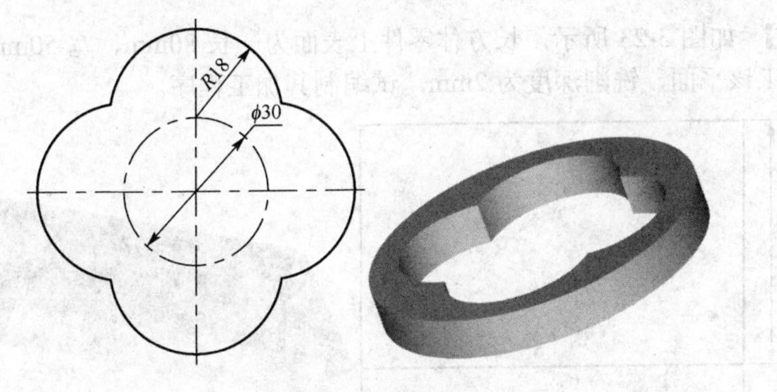


图 3-19　花形型孔

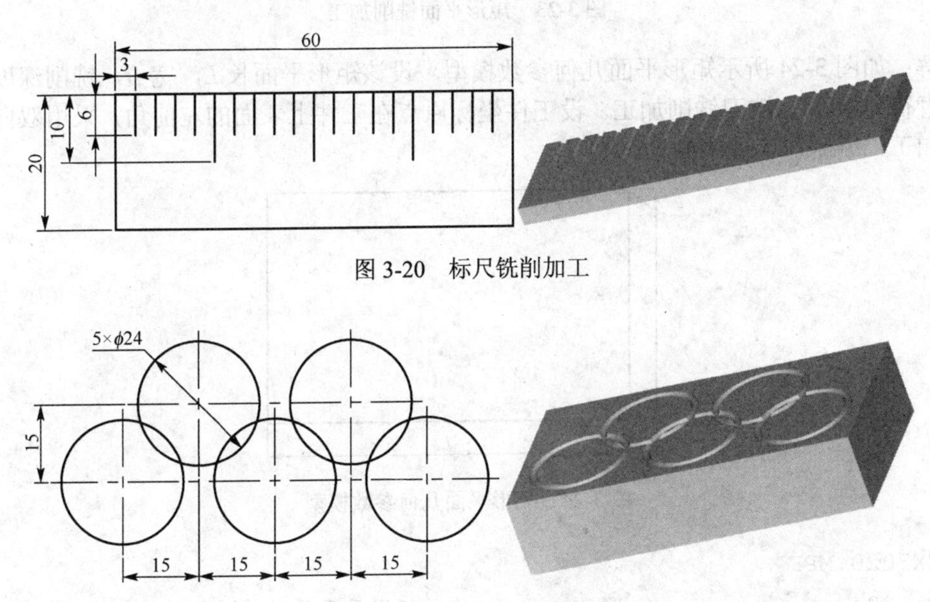


图 3-20　标尺铣削加工

图 3-21　五环槽

# 3.3　零件平面数控铣削加工

## 3.3.1　矩形平面铣削加工

矩形平面铣削加工策略如图 3-22 所示，大体分为单向平行铣削[图 3-21（a）]、双向平行铣削[图 3-21（b）]和环绕铣削[图 3-21（c）]三种，从编程难易程度及加工效率等方面综合考虑以双向平行铣削加工为佳。

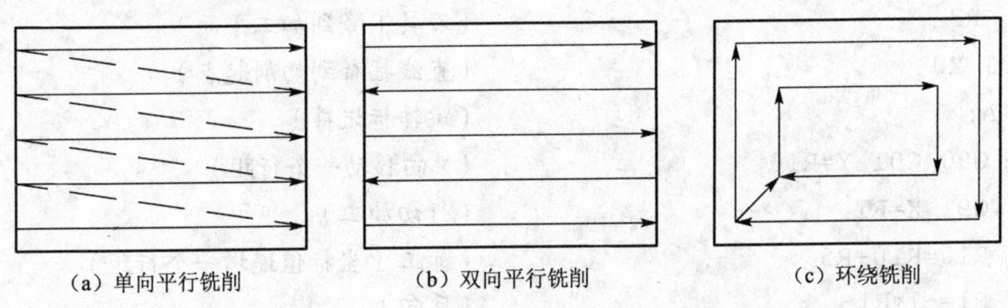

（a）单向平行铣削　　（b）双向平行铣削　　（c）环绕铣削

图 3-22　矩形平面铣削加工策略

【例 3-4】 如图 3-23 所示，长方体零件上表面为一长 80mm、宽 50mm 的矩形平面，数控铣削加工该平面，铣削深度为 2mm，试编制其加工程序。

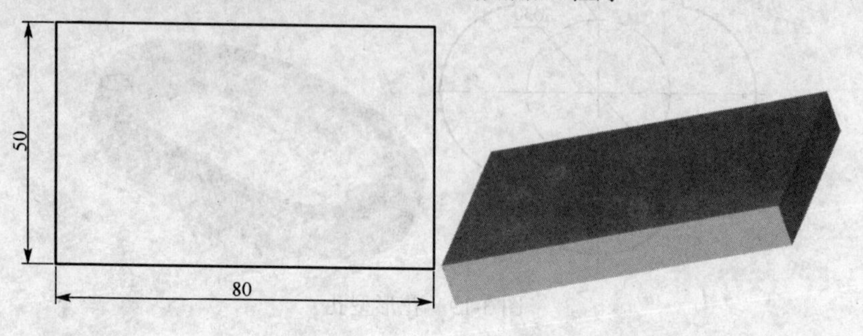


图 3-23 矩形平面铣削加工

解：如图 3-24 所示矩形平面几何参数模型，设该矩形平面长 $L$，宽 $B$，铣削深度 $H$，采用直径为 $D$ 的立铣刀铣削加工。设工件坐标原点在工件上表面的左前角，采用双向平行铣削加工，编制加工程序如下。

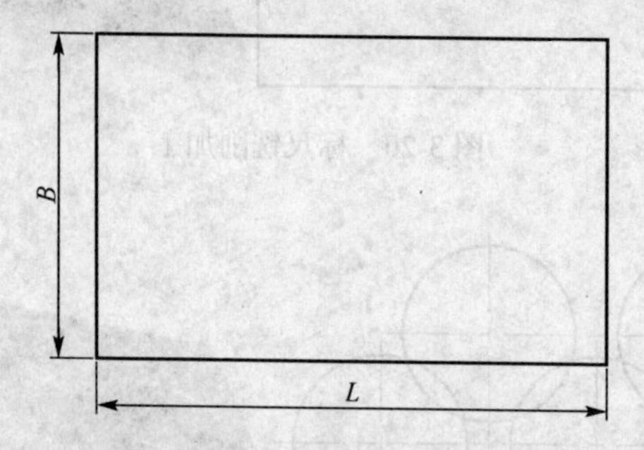


图 3-24 矩形平面几何参数模型

```
CX3020.MPF
R1=80                          (矩形平面长 L 赋值)
R2=50                          (矩形平面宽 B 赋值)
R3=2                           (铣削深度 H 赋值)
R4=12                          (立铣刀刀具直径 D 赋值)
R5=0.7*R4                      (计算行距值，行距取 0.7 倍刀具直径)
R10=0                          (加工 Y 坐标值赋值)
G54 G00 X100 Y100 Z50          (工件坐标系设定)
M03 S1000 F300                 (加工参数设定)
X-10 Y0                        (刀具定位)
Z=-R3                          (刀具下降到加工平面)
G01 X0                         (直线插补到切削起点)
AAA:                           (跳转标记符)
   G90 G01 Y=R10               (Y 向移动一个行距)
   G91 X=R1                    (行切加工)
   R10=R10+R5                  (加工 Y 坐标值递增一个行距)
   R1=-1*R1                    (反向)
IF R10<=R2-0.5*R4+R5 GOTOB AAA (加工条件判断)
```

```
G90 G00 Z50                        (抬刀)
X100 Y100                          (返回起刀点)
M30                                (程序结束)
```

1. 如图 3-25 所示，在长方体毛坯上铣削一个长 70mm、宽 30mm、深 5mm 的台阶，试编制其加工程序。

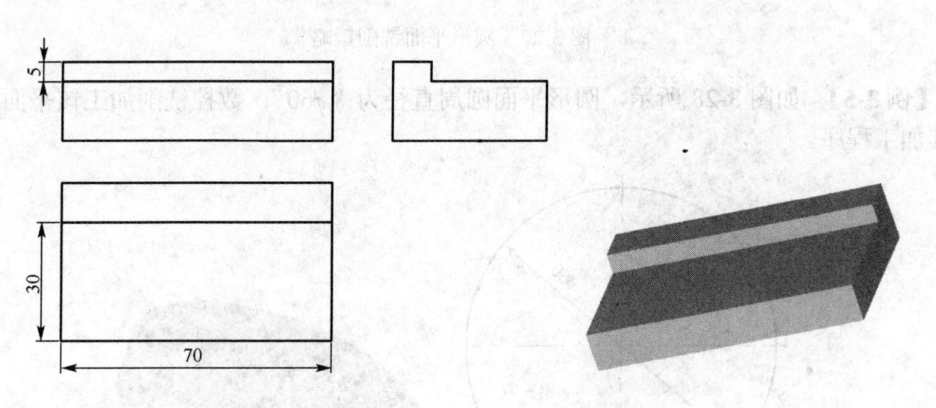


图 3-25 台阶面铣削加工

2. 如图 3-26 所示，在长方形毛坯上铣削加工出三步台阶（零件上表面亦需加工），试编制其加工程序。

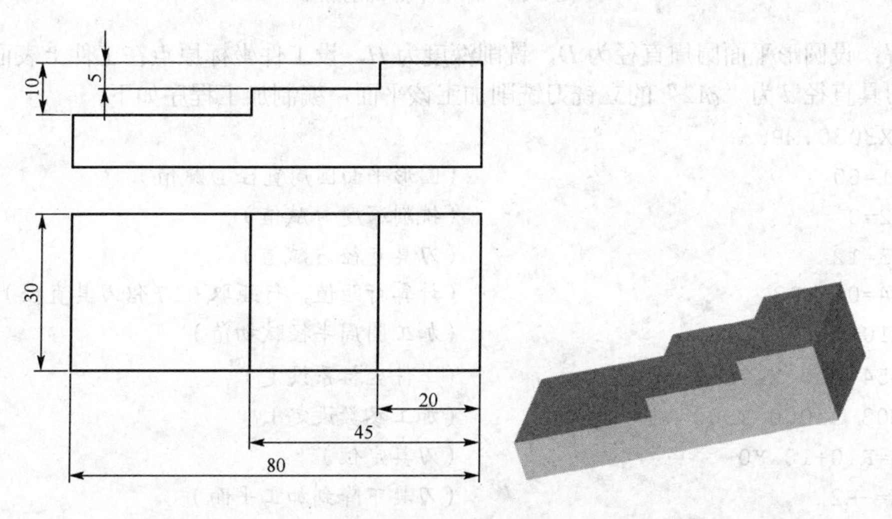


图 3-26 台阶零件

## 3.3.2 圆形平面铣削加工

数控铣削加工圆形平面的策略（方法）主要有图 3-27（a）所示双向平行铣削和图 3-27（b）所示环绕铣削两种。比较而言，环绕铣削加工方法比平行铣削加工方法更容易编程实现。

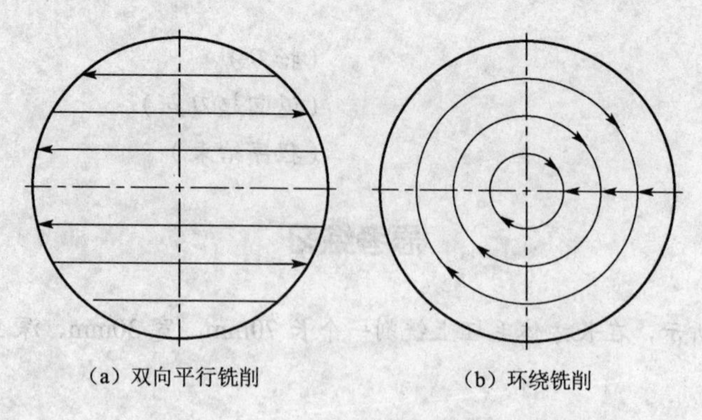

（a）双向平行铣削　　（b）环绕铣削

图 3-27　圆形平面铣削策略

**【例 3-5】** 如图 3-28 所示，圆形平面圆周直径为“$\phi$60”，数控铣削加工该平面，试编制其加工程序。

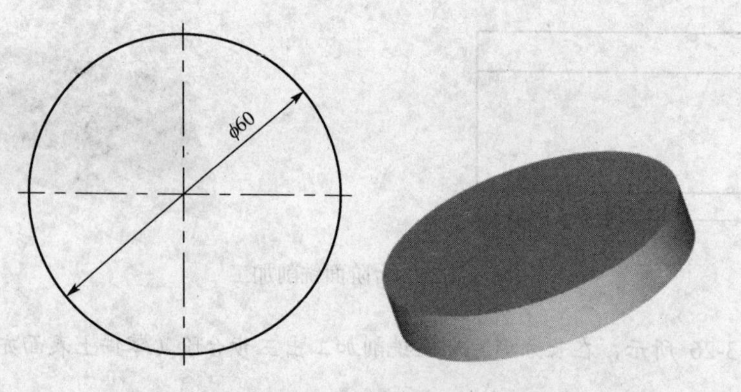


图 3-28　圆形平面铣削加工

解：设圆形平面圆周直径为 $D$，铣削深度为 $H$，设工件坐标原点在工件上表面圆心，选用刀具直径 $d$ 为“$\phi$12”的立铣刀铣削加工该平面，编制加工程序如下。

```
CX3030.MPF
R1=60                        （圆形平面圆周直径 D 赋值）
R2=0                         （铣削深度 H 赋值）
R3=12                        （刀具直径 d 赋值）
R4=0.7*R3                    （计算行距值，行距取 0.7 倍刀具直径）
R10=0.5*R1                   （加工圆周半径赋初值）
G54 G00 X100 Y100 Z50        （工件坐标系设定）
M03 S1000 F300               （加工参数设定）
X=R10+10 Y0                  （刀具定位）
Z=-R2                        （刀具下降到加工平面）
  AAA:                       （跳转标记符）
  G01 X=R10                  （定位到切削起点）
  G02 I=-R10                 （圆弧插补）
  R10=R10-R4                 （加工圆周半径递减）
  IF R10>=0.5*R3-R4          （加工条件判断）
G00 Z50                      （抬刀）
X100 Y100                    （返回起刀点）
M30                          （程序结束）
```

## 思考练习

1. 如图 3-29 所示，在圆柱体零件毛坯上铣削加工一个圆环形台阶，圆环外圆周直径为“$\phi70$”，内圆周直径为“$\phi20$”，高度 5mm，试编制其铣削加工程序。

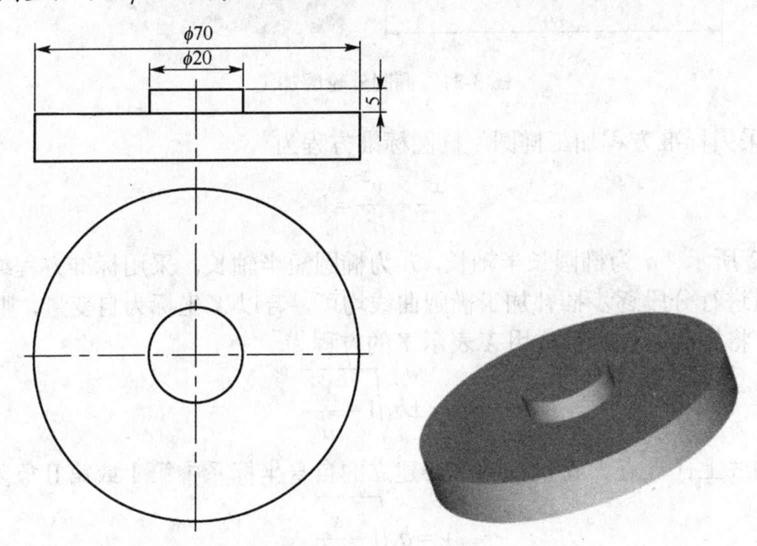


图 3-29　圆环形台阶

2. 数控铣削加工如图 3-30 所示圆环形平面，外圆周直径为“$\phi70$”，内圆周直径为“$\phi20$”，试编制其铣削加工程序。

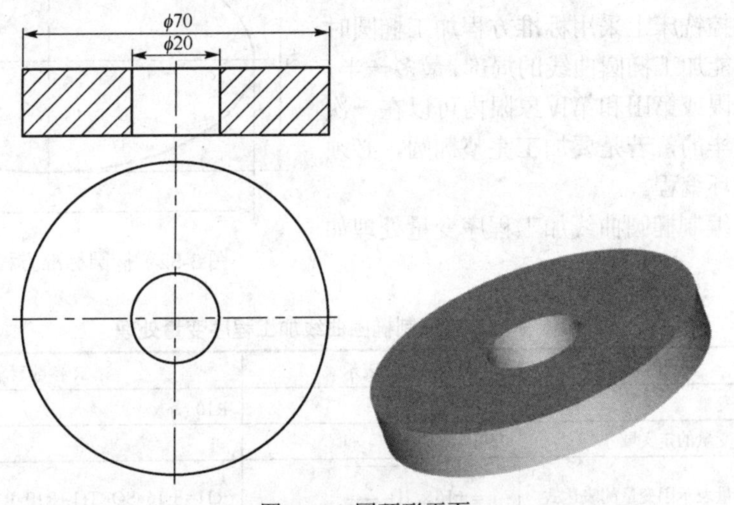


图 3-30　圆环形平面

# 3.4　含公式曲线类零件数控铣削加工

## 3.4.1　工件原点在椭圆中心的正椭圆类零件铣削加工

【例 3-6】 如图 3-31 所示椭圆，椭圆长轴长 60mm，短轴长 32mm，试编制数控铣削加工该椭圆外轮廓的程序。

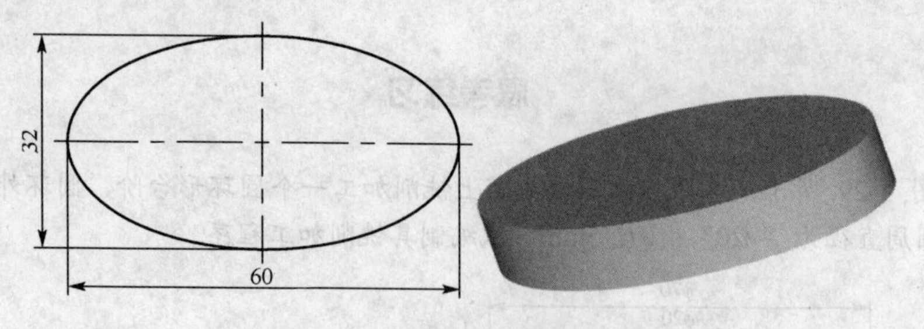


图 3-31　椭圆外轮廓加工

解：① 采用标准方程加工椭圆　椭圆标准方程为

$$\frac{x^2}{a^2}+\frac{y^2}{b^2}=1$$

如图 3-32 所示，$a$ 为椭圆长半轴长，$b$ 为椭圆短半轴长。采用标准方程编程时，以 $X$ 或 $Y$ 为自变量进行分段逐步插补加工椭圆曲线均可。若以 $X$ 坐标为自变量，则 $Y$ 坐标为因变量，那么可将标准方程转换成用 $X$ 表示 $Y$ 的方程为

$$y=\pm b\sqrt{1-\frac{X^2}{a^2}}$$

当加工椭圆曲线上任一点 $P$ 在以椭圆中心建立的自身坐标系中第Ⅰ或第Ⅱ象限时

$$y=b\sqrt{1-\frac{x^2}{a^2}}$$

而在第Ⅲ或第Ⅳ象限时

$$y=-b\sqrt{1-\frac{x^2}{a^2}}$$

因此在数控铣床上采用标准方程加工椭圆时一个循环内只能加工椭圆曲线的局部，最多一半，第Ⅰ和第Ⅱ象限或第Ⅲ和第Ⅳ象限内可以在一次循环中加工完毕的，若是要加工完整椭圆，必须至少分两次循环编程。

标准方程编制椭圆曲线加工程序变量处理如表 3-1 所示。

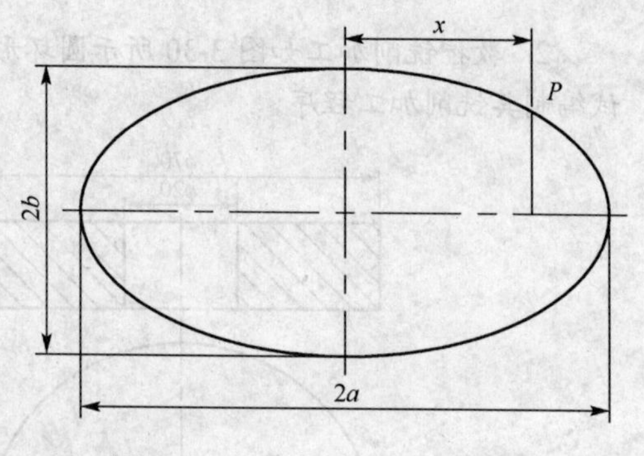


图 3-32　椭圆标准方程参数模型

**表 3-1　标准方程编制椭圆曲线加工程序变量处理**

| 步骤 | 步骤内容 | 变量表示 | R 参数表示 |
|---|---|---|---|
| 第 1 步 | 选择自变量 | $X$ | R10 |
| 第 2 步 | 确定自变量的定义域 | [30，−30] | — |
| 第 3 步 | 用自变量表示因变量的表达式 | $y=\pm16\times\sqrt{1-\frac{x^2}{30^2}}$ | R11=±16*SQRT(1-(R10*R10)/(30*30)) |

设工件坐标系原点在椭圆中心，选用直径为 $\phi$10mm 的立铣刀铣削加工该零件外轮廓，编制加工程序如下。

```
CX3040.MPF
R0=30                    （椭圆长半轴 a 赋值）
R1=16                    （椭圆短半轴 b 赋值）
R2=10                    （刀具直径 D 赋值）
```

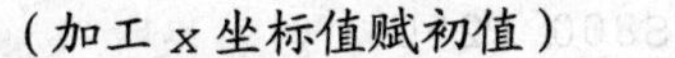

```
R10=R0                                  (加工 x 坐标值赋初值)
G54 G00 X100 Y100                       (工件坐标系设定)
M03 S800 F250                           (加工参数设定)
G00 G41 X=R0 Y=R2 D01                   (建立刀具半径补偿)
G01 Y0                                  (插补至切削起点)
   AAA:                                 (跳转标记符)
   R11=-R1*SQRT(1-R10*R10/(R0*R0))      (计算 Y 坐标值)
   G01 X=R10 Y=R11                      (直线插补逼近椭圆曲线)
   R10=R10-0.2                          (X 坐标值递减)
   IF R10>-R0 GOTOB AAA                 (Ⅲ、Ⅳ象限椭圆曲线加工循环条件判断)
     BBB:                               (跳转标记符)
     R11=R1*SQRT(1-R10*R10/(R0*R0))     (计算 Y 坐标值)
     G01 X=R10 Y=R11                    (直线插补逼近椭圆曲线)
     R10=R10+0.2                        (X 坐标值递增)
     IF R10<R0 GOTOB BBB                (Ⅰ、Ⅱ象限椭圆曲线加工循环条件判断)
G00 G40 X100 Y100                       (返回起刀点)
M30                                     (程序结束)
```

② 采用参数方程加工椭圆　椭圆参数方程为

$$\begin{cases} x = a\cos t \\ y = b\sin t \end{cases}$$

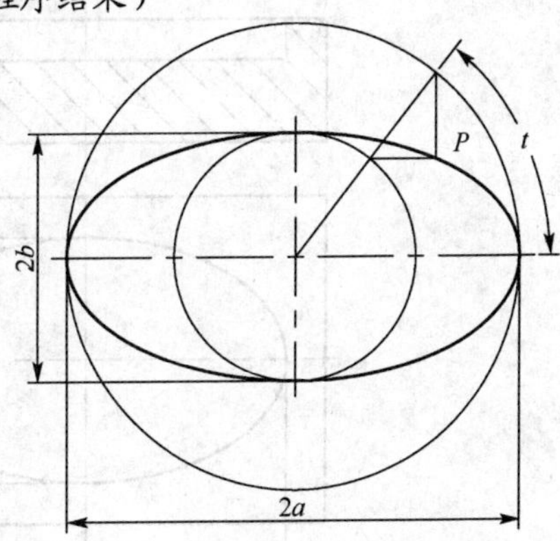

图 3-33　椭圆参数方程参数模型

如图 2-33 所示，方程中 $a$、$b$ 分别为椭圆长、短半轴长，$t$ 为离心角，是与 $P$ 点对应的同心圆（半径为 $a$，$b$）的半径与 $X$ 坐标轴正方向的夹角。

在数控铣床上通过参数方程编制程序加工椭圆可以加工任意角度，即使是完整椭圆也不需要分两次循环编程，直接通过参数方程编制程序加工即可。

参数方程编制椭圆曲线加工程序变量处理如表 3-2 所示。

**表 3-2　参数方程编制椭圆曲线加工程序变量处理**

| 步骤 | 步骤内容 | 变量表示 | R 参数表示 |
|---|---|---|---|
| 第 1 步 | 选择自变量 | $t$ | R10 |
| 第 2 步 | 确定自变量的定义域 | [0°，360°] | —— |
| 第 3 步 | 用自变量表示因变量的表达式 | $\begin{cases} x = 30\cos t \\ y = 16\sin t \end{cases}$ | #11＝30*SIN(R10)<br>#12＝16*COS(R10) |

设工件坐标系原点在椭圆中心，选用直径为 $\phi$10mm 的立铣刀铣削加工该零件外轮廓，编制加工程序如下。

```
CX3041.MPF
R0=30                                   (椭圆长半轴 a 赋值)
R1=16                                   (椭圆短半轴 b 赋值)
R2=10                                   (刀具直径 D 赋值)
R10=0                                   (离心角 t 赋初值)
G54 G00 X100 Y100                       (工件坐标系设定)
```

```
M03 S800 F250                    (加工参数设定)
G00 G42 X=R0 Y=-R2 D01           (建立刀具半径补偿)
G01 Y0                           (插补至切削起点)
  AAA:                           (跳转标记符)
  R11=R0*COS(R10)                (计算X坐标值)
  R12=R1*SIN(R10)                (计算Y坐标值)
  G01 X=R11 Y=R12                (直线插补逼近椭圆曲线)
  R10=R10+0.2                    (离心角递增)
  IF R10<=360 GOTOB AAA          (椭圆曲线加工循环条件判断)
G00 G40 X100 Y100                (返回起刀点)
M30                              (程序结束)
```

## 思考练习

1. 数控铣削加工如图3-34所示椭圆型腔，长半轴25mm，短半轴长15mm，深5mm，试编制其加工程序。

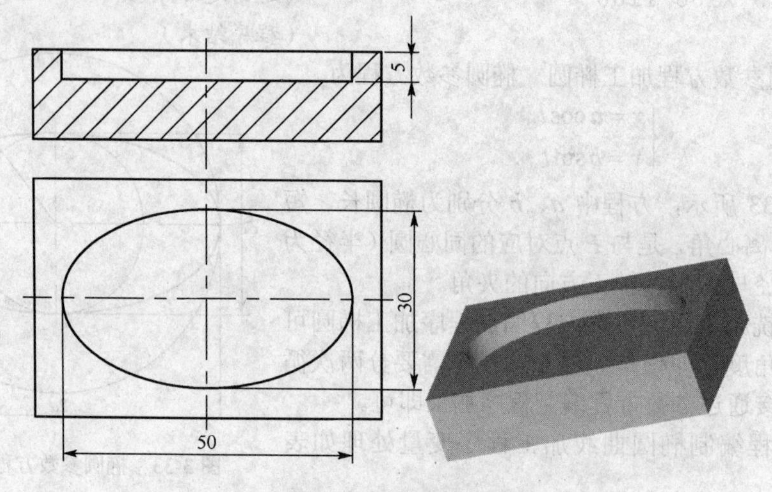


图3-34　椭圆型腔

2. 数控加工如图3-35所示椭圆凸台，椭圆长轴长60mm，短轴长40mm，高5mm，试编制该椭圆凸台外轮廓的加工程序。

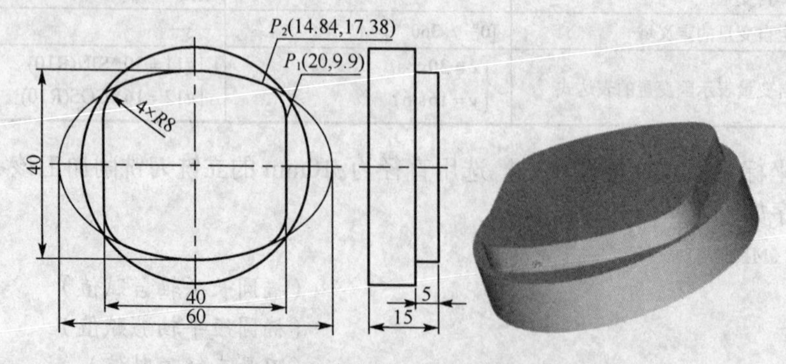


图3-35　椭圆凸台外轮廓加工

3. 数控铣削加工如图3-36所示含椭圆曲线零件的外轮廓，椭圆长轴50mm，短轴35mm，椭圆圆心角为 45°，试编制其加工程序。

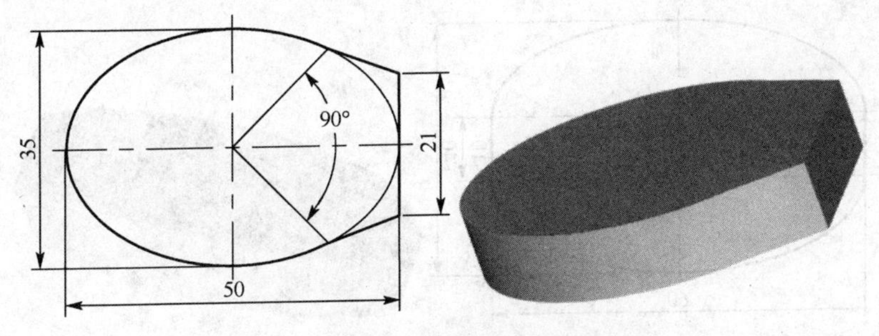


图 3-36　含椭圆曲线段零件外轮廓加工

提示：椭圆上任一点与椭圆中心的连线与水平向右轴线（$X$坐标轴）的夹角称为圆心角，与任一点对应的同心圆（半径为 $a$，$b$）的半径与 $X$ 轴正方向的夹角称为离心角。如图 3-37 所示，椭圆上 $P$ 点的椭圆圆心角为 $\theta$，离心角为 $t$。

确定离心角 $t$ 应按照椭圆的参数方程来确定，因为它们并不总是等于椭圆圆心角 $\theta$，仅当 $\theta=\dfrac{K\pi}{2}$ 时，才使 $\theta=t$。设 $P$ 点坐标值（$x$，$y$），由

$$\tan\theta=\frac{y}{x}=\frac{b\sin t}{a\cos t}=\frac{b}{a}\tan t$$

可得

$$t=\arctan\left(\frac{a}{b}\tan\theta\right)$$

另外，通过直接计算出来的数值与实际角度有 0°、180° 或 360° 的差距需要考虑。

### 3.4.2　工件原点不在椭圆中心的正椭圆类零件铣削加工

坐标轴的平移如图 3-38 所示，$P$ 点在原坐标系 $XOY$ 中的坐标值为（$x$，$y$），在新坐标系 $X'O'Y'$中的坐标值为（$x'$，$y'$），原坐标系原点 $O$ 在新坐标系中的坐标值为（$g$, $h$），则它们的关系为

$$\begin{cases}x'=x+g\\ y'=y+h\end{cases}$$

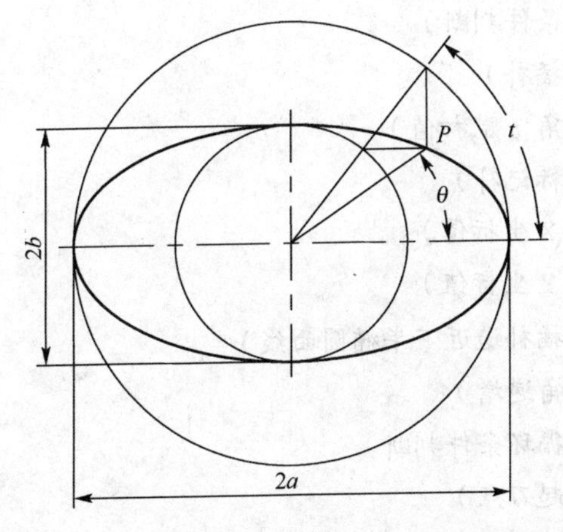


图 3-37　椭圆圆心角 $\theta$ 与离心角 $t$ 的关系示意图

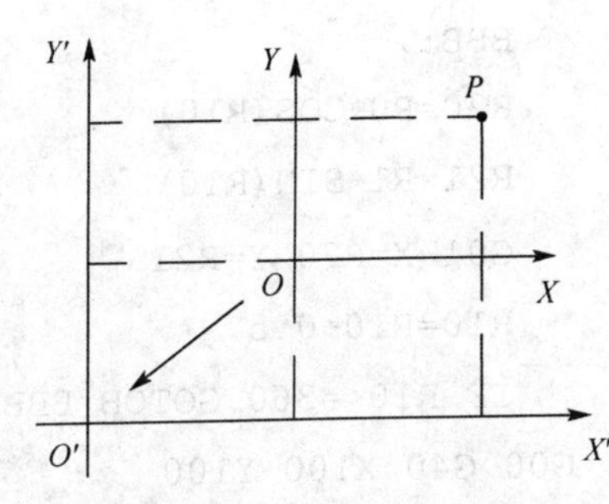


图 3-38　坐标轴平移

【例 3-7】　精铣如图 3-39 所示含两段椭圆曲线的零件外轮廓，椭圆曲线长半轴 30mm，

短半轴15mm，试编制其加工程序。

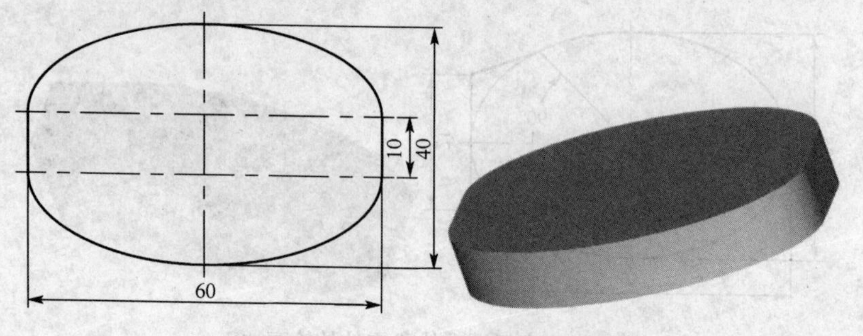


图3-39　铣削加工椭圆曲线零件外轮廓

解：设工件坐标系在下半椭圆中心，则上半椭圆中心在工件坐标系中的坐标值为（0，10），选用$\phi$10mm的立铣刀铣削加工该零件外轮廓，编制加工程序如下。

```
CX3050.MPF
R0=30                        (椭圆长半轴a赋值)
R1=15                        (椭圆短半轴b赋值)
R2=0                         (上半椭圆中心在工件坐标系中的X坐标值赋值)
R3=10                        (上半椭圆中心在工件坐标系中的Y坐标值赋值)
R10=0                        (离心角t赋初值)
G54 G00 X100 Y100            (工件坐标系设定)
M03 S1000 F300               (加工参数设定)
G00 G42 X30 Y-5 D01          (建立刀具半径补偿)
G01 Y10                      (直线插补)
  AAA:                       (跳转标记符)
  R20=R0*COS(R10)            (计算X坐标值)
  R21=R1*SIN(R10)            (计算Y坐标值)
  G01 X=R20+R2 Y=R21+R3      (直线插补逼近上半椭圆曲线)
  R10=R10+0.5                (离心角递增)
  IF R10<=180 GOTOB AAA      (加工条件判断)
G01 X-30 Y0                  (直线插补)
  R10=180                    (离心角t赋初值)
  BBB:                       (跳转标记符)
  R20=R0*COS(R10)            (计算X坐标值)
  R21=R1*SIN(R10)            (计算Y坐标值)
  G01 X=R20 Y=R21            (直线插补逼近下半椭圆曲线)
  R10=R10+0.5                (离心角递增)
  IF R10<=360 GOTOB BBB      (加工循环条件判断)
G00 G40 X100 Y100            (返回起刀点)
M30                          (程序结束)
```

## 思考练习

1. 如图 3-40 所示，该零件由两段椭圆曲线组成，椭圆长半轴 30mm，短半轴 18mm，试编制其外轮廓数控铣削加工程序。

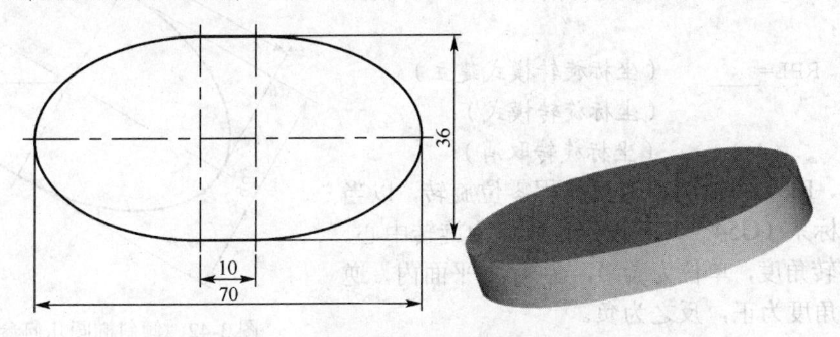


图 3-40　含椭圆曲线段零件外轮廓铣削加工

2. 如图 3-41 所示，该零件由三个椭圆凸台组成，椭圆长半轴分别为 15mm、22.5mm、30mm，短半轴分别为 10mm、15mm、20mm，试编制其外轮廓加工程序。

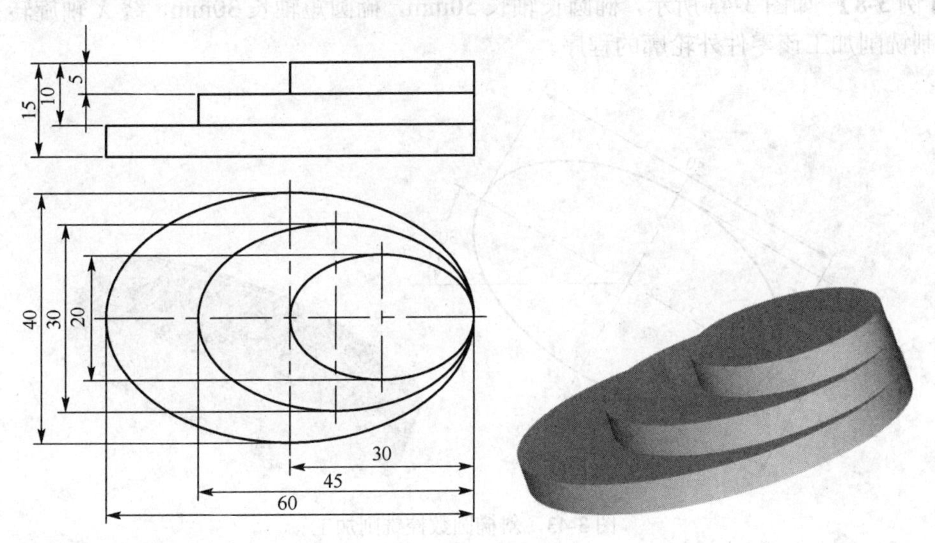


图 3-41　椭圆凸台零件

### 3.4.3　倾斜椭圆类零件铣削加工

倾斜椭圆类零件铣削加工编程可利用高等数学中的坐标变换公式进行坐标变换或者利用坐标旋转指令来实现。

**（1）坐标变换**

如图 3-42 所示，利用旋转转换矩阵

$$\begin{bmatrix} \cos\alpha & -\sin\alpha \\ \sin\alpha & \cos\alpha \end{bmatrix}$$

对曲线方程进行旋转变换可得如下方程（旋转后的曲线在原坐标系下的方程）

$$\begin{cases} x' = x\cos\alpha - y\sin\alpha \\ y' = x\sin\alpha + y\cos\alpha \end{cases}$$

其中，$x$、$y$为旋转前的坐标值，$x'$、$y'$为旋转后的坐标值，$\alpha$为曲线旋转角度。

**（2）坐标旋转指令（ROT）**

使用坐标旋转功能后，会根据旋转角度建立一个当前坐标系，新输入的尺寸均为此坐标系中的尺寸。西门子数控系统中坐标旋转指令为ROT，其指令格式为：

```
ROT  RPL=____      （坐标旋转模式建立）
......             （坐标旋转模式）
ROT                （坐标旋转取消）
```

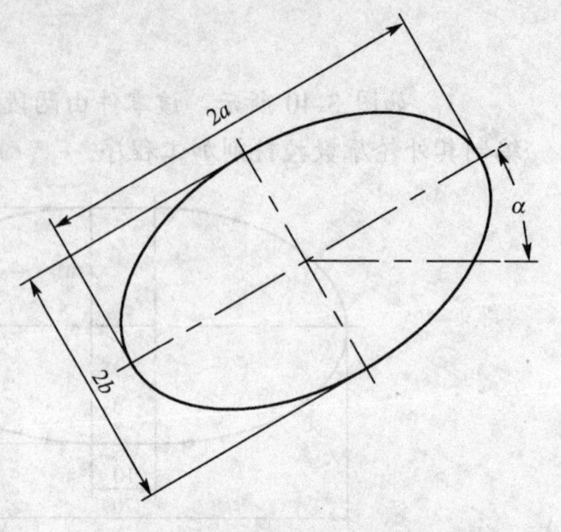


图3-42　倾斜椭圆几何参数模型

其中，ROT指令为绝对可编程零位旋转，以当前工件坐标系（G54～G59设定）原点为旋转中心。RPL为旋转角度，单位为（°），在*XOY*平面内，逆时针方向角度为正，反之为负。

需要特别注意的是：刀具半径补偿的建立和取消应该在坐标旋转模式中完成，即有刀具半径补偿时的编程顺序应为ROT→G41（G42）→G40→ROT。

**【例3-8】** 如图3-43所示，椭圆长轴长50mm，椭圆短轴长30mm，绕*X*轴旋转30°，试编制铣削加工该零件外轮廓的程序。

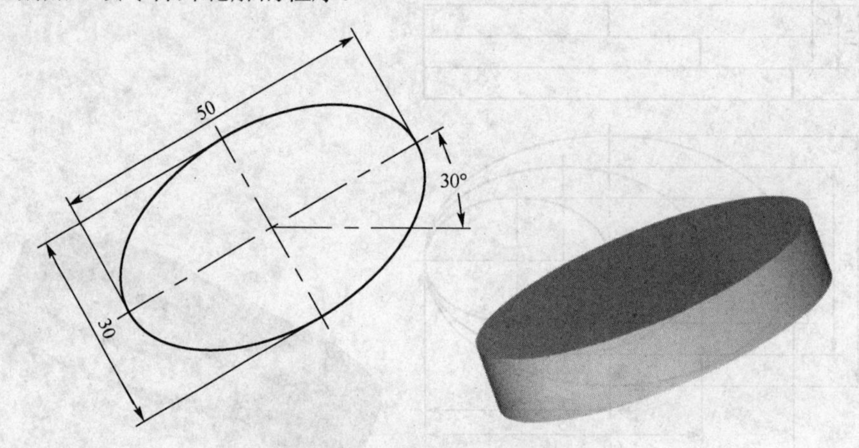


图3-43　斜椭圆数控铣削加工

解：设工件坐标系原点在椭圆中心，选用直径$\phi$10mm的立铣刀数控铣削加工该零件外轮廓，编制加工程序如下。

① 采用坐标变换公式结合椭圆参数方程编程

```
CX3060.MPF
R0=25                                      （椭圆长半轴长a赋值）
R1=15                                      （椭圆短半轴长b赋值）
R2=30                                      （旋转角度α赋值）
R10=0                                      （离心角t赋初值）
G54 G00 X100 Y100                          （工件坐标系设定）
M03 S1000 F300                             （加工参数设定）
G42 G00 X=R0*COS(R2)+5 Y=R0*SIN(R2) D01    （建立刀具半径补偿）
G01 X=R0*COS(R2)                           （插补到切削起点）
```

```
   AAA:                                    (跳转标记符)
   R20=R0*COS(R10)                         (计算X坐标值)
   R21=R1*SIN(R10)                         (计算Y坐标值)
   R30=R20*COS(R2)-R21*SIN(R2)             (计算X′坐标值)
   R31=R20*SIN(R2)+R21*COS(R2)             (计算Y′坐标值)
   G01 X=R30 Y=R31                         (直线插补逼近)
   R10=R10+0.5                             (离心角t递增)
   IF R10<=360 GOTOB AAA                   (加工条件判断)
G00 G40 X100 Y100                          (返回起刀点)
M30                                        (程序结束)
```

② 采用坐标变换公式结合椭圆标准方程编程

```
CX3061.MPF
R0=25                                      (椭圆长半轴长a赋值)
R1=15                                      (椭圆短半轴长b赋值)
R2=30                                      (旋转角度α赋值)
G54 G00 X100 Y100                          (工件坐标系设定)
M03 S1000 F300                             (加工参数设定)
G42 G00 X=R0*COS(R2)+5 Y=R0*SIN(R2) D01    (建立刀具半径补偿)
G01 X=R0*COS(R2)                           (插补到切削起点)
   R10=R0                                  (加工X坐标赋初值)
   AAA:                                    (跳转标记符)
   R11=R1*SQRT(1-R10*R10/(R0*R0))          (计算Y坐标值)
   R20=R10*COS(R2)-R11*SIN(R2)             (计算X′坐标值)
   R21=R10*SIN(R2)+R11*COS(R2)             (计算Y′坐标值)
   G01 X=R20 Y=R21                         (直线插补逼近)
   R10=R10-0.2                             (加工X坐标递减)
   IF R10>=-R0 GOTOB AAA                   (加工条件判断)
     R10=-R0                               (加工X坐标赋初值)
     BBB:                                  (跳转标记符)
     R11=-R1*SQRT(1-R10*R10/(R0*R0))       (计算Y坐标值)
     R20=R10*COS(R2)-R11*SIN(R2)           (计算X′坐标值)
     R21=R10*SIN(R2)+R11*COS(R2)           (计算Y′坐标值)
     G01 X=R20 Y=R21                       (直线插补逼近)
     R10=R10+0.2                           (加工X坐标递增)
     IF R10<=R0 GOTOB BBB                  (加工条件判断)
G00 G40 X100 Y100                          (返回起刀点)
M30                                        (程序结束)
```

③ 采用坐标旋转指令编程

```
CX3062.MPF
R0=25                                      (椭圆长半轴长a赋值)
R1=15                                      (椭圆短半轴长b赋值)
R2=30                                      (旋转角度α赋值)
R10=0                                      (离心角t赋初值)
```

```
G54 G00 X100 Y100                    (工件坐标系设定)
M03 S1000 F300                       (加工参数设定)
ROT RPL=R2                           (坐标旋转设定)
G42 G00 X=R0+5 Y0 D01                (建立刀具半径补偿)
G01 X=R0*COS(R2)                     (插补到切削起点)
  AAA:                               (跳转标记符)
  R20=R0*COS(R10)                    (计算X坐标值)
  R21=R1*SIN(R10)                    (计算Y坐标值)
  G01 X=R20 Y=R21                    (直线插补逼近)
  R10=R10+0.5                        (离心角t递增)
  IF R10<=360 GOTOB AAA              (加工条件判断)
G00 G40 X60                          (取消刀具半径补偿)
ROT                                  (取消坐标旋转)
G00 X100 Y100                        (返回起刀点)
M30                                  (程序结束)
```

思考练习

1. 如图 3-44 所示零件由 3 个椭圆曲线截成，椭圆长轴长 60mm，短轴长 40mm，数控铣削加工该零件外轮廓，试编制其加工程序。

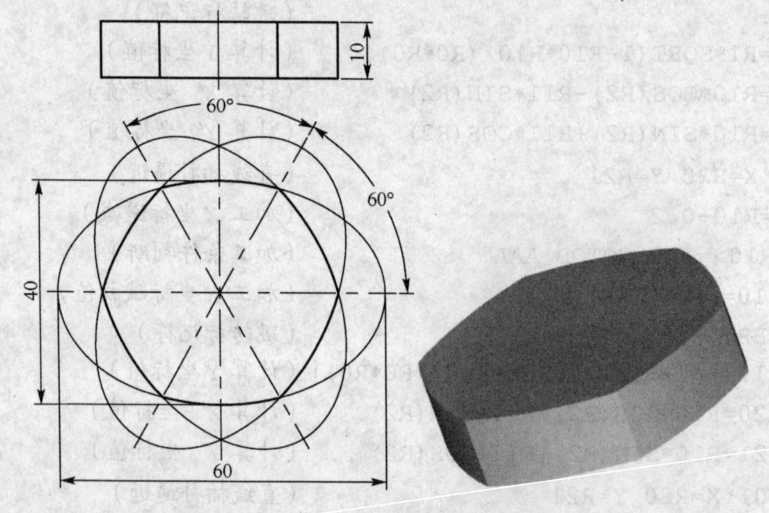


图 3-44　含椭圆曲线段零件外轮廓铣削加工

2. 如图 3-45 所示零件由 3 个椭圆曲线截成，椭圆长轴长 60mm，短轴长 40mm，数控铣削加工该零件内轮廓，试编制其加工程序。

3. 数控铣削加工如图 3-46 所示含椭圆曲线零件外轮廓，试编制其加工程序。

### 3.4.4　抛物线类零件铣削加工

抛物线方程、图形和顶点如表 3-3 所示。由于右边三个图可看成是将左图分别逆时针方向旋转 180°、90°、270° 后得到，因此可以只用标准方程 $y^2 = 2px$ 和其图形编制加工程序即可。

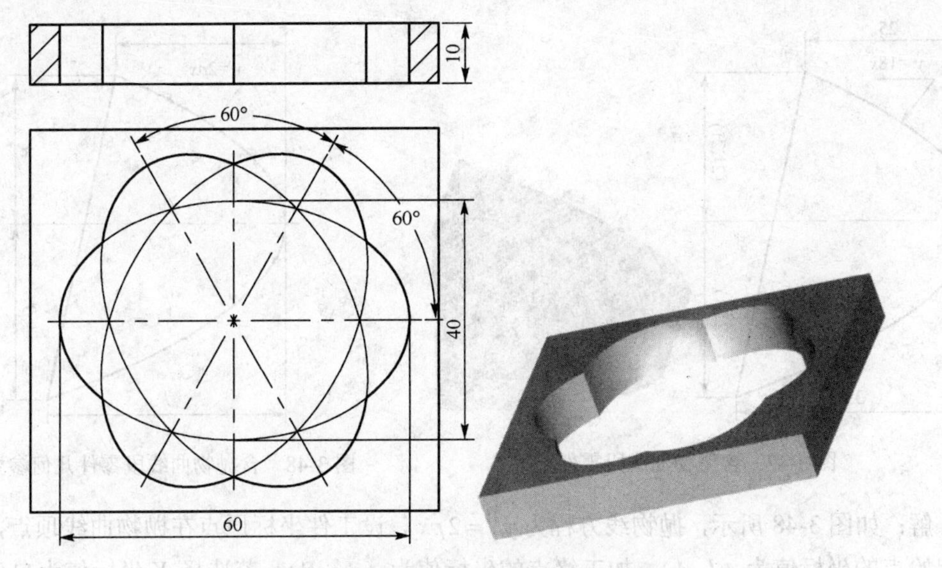


图 3-45　含椭圆曲线段零件内轮廓铣削加工

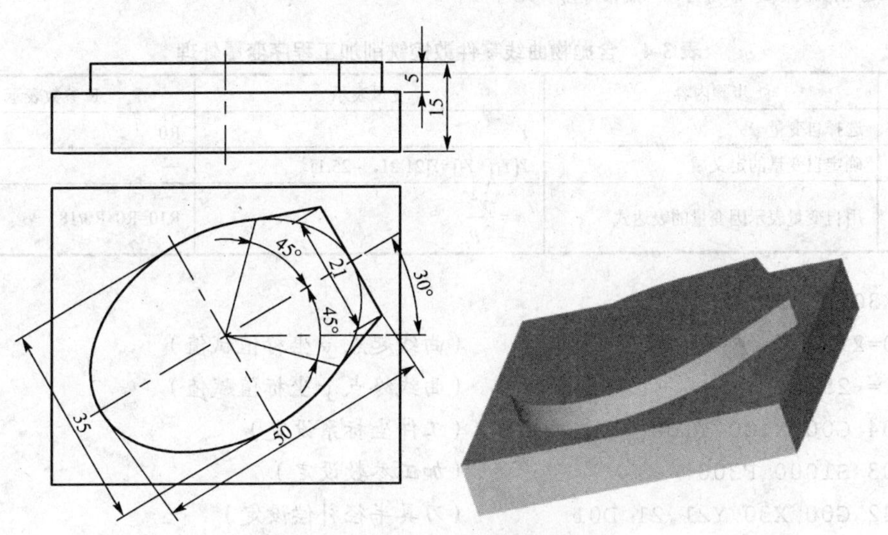


图 3-46　椭圆凸台零件外轮廓加工

**表 3-3　抛物线方程、图形和顶点**

| 方程 | $y^2=2px$（标准方程） | $y^2=-2px$ | $x^2=2py$ | $x^2=-2py$ |
|---|---|---|---|---|
| 图形 | | | | |
| 顶点 | $A$（0，0） | $A$（0，0） | $A$（0，0） | $A$（0，0） |
| 对称轴 | $X$正半轴 | $X$负半轴 | $Y$正半轴 | $Y$负半轴 |

**【例 3-9】** 如图 3-47 所示，数控铣削加工含抛物曲线段零件的外轮廓，抛物曲线方程为 $y^2=18x$，试编制其加工程序。

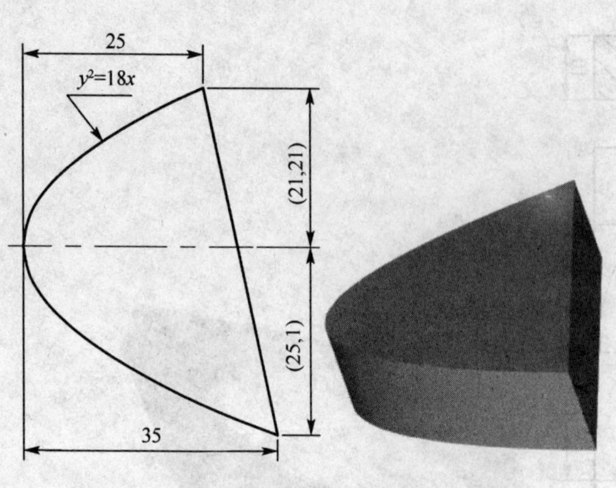


图 3-47　含抛物曲线段零件

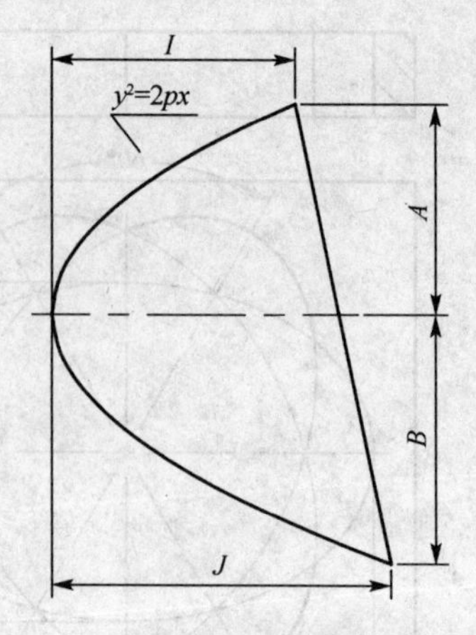


图 3-48　含抛物曲线段零件几何参数模型

解：如图 3-48 所示，抛物线方程为 $y^2=2px$，设工件坐标原点在抛物曲线顶点，则加工起始点的坐标值为（$I,A$），加工终点的坐标值为（$J,-B$），若选择 $Y$ 坐标值为自变量，则变量处理如表 3-4 所示，编制程序如下。

表 3-4　含抛物曲线零件数控铣削加工程序变量处理

| 步骤 | 步骤内容 | 变量表示 | R 参数表示 |
|---|---|---|---|
| 第 1 步 | 选择自变量 | $Y$ | R0 |
| 第 2 步 | 确定自变量的定义域 | $Y[Y_1,\ Y_2]=Y[21.21,\ -25.1]$ | — |
| 第 3 步 | 用自变量表示因变量的表达式 | $x=\dfrac{y^2}{2p}$ | R10=R0*R0/18 |

```
CX3070.MPF
R0=21.21                     （曲线起点 y 坐标值赋值）
R1=-25.1                     （曲线终点 y 坐标值赋值）
G54 G00 X100 Y100            （工件坐标系设定）
M03 S1000 F300               （加工参数设定）
G42 G00 X30 Y21.21 D01       （刀具半径补偿设定）
G01 X25                      （直线插补到切削起点）
  AAA:                       （跳转标记符）
  R10=R0*R0/18               （计算 x 坐标值）
  G01 X=R10 Y=R0             （直线插补逼近曲线）
  R0=R0-0.2                  （y 坐标值递减）
  IF R0>=R1 GOTOB AAA        （加工条件判断）
G01 X35 Y-25.1               （直线插补）
X25 Y21.21                   （直线插补）
G00 G40 X100 Y100            （返回起刀点）
M30                          （程序结束）
```

若选择 $x$ 坐标值为自变量，则变量处理如表 3-5 所示，编制程序如下。

```
CX3071.MPF
R0=25                        （曲线起点 x 坐标值赋值）
R1=35                        （曲线终点 x 坐标值赋值）
```

**表 3-5　含抛物曲线零件数控铣削加工程序变量处理**

| 步骤 | 步骤内容 | 变量表示 | R 参数表示 |
|---|---|---|---|
| 第 1 步 | 选择自变量 | $X$ | R0 |
| 第 2 步 | 确定自变量的定义域 | $X[X_1, X_2]=X[25, 0]$<br>$X[X_1, X_2]=X[0, 35]$ | — |
| 第 3 步 | 用自变量表示因变量的表达式 | $y=\pm\sqrt{2px}$ | R10=SQRT(18*R0)<br>R10=-SQRT(18*R0) |

```
G54 G00 X100 Y100              (工件坐标系设定)
M03 S800 F250                  (加工参数设定)
G42 G00 X30 Y21.21 D01         (刀具半径补偿建立)
G01 X25                        (插补到切削起点)
  AAA:                         (跳转标记符)
  R10=SQRT(18*R0)              (计算抛物曲线的 Y 坐标值)
  G01 X=R0 Y=R10               (直线插补逼近抛物曲线)
  R0=R0-0.2                    (X 坐标值递减)
  IF R0>=0 GOTOB AAA           (上半部分抛物线加工条件判断)
    BBB:                       (跳转标记符)
    R0=R0+0.2                  (x 坐标值递增)
    R10=-SQRT(18*R0)           (计算抛物曲线的 Y 坐标值)
    G01 X=R0 Y=R10             (直线插补逼近抛物曲线)
    IF R0<R1 GOTOB BBB         (下半部分抛物线加工条件判断)
G01 X35 Y-25.1                 (直线插补)
X25 Y21.21                     (直线插补)
G00 G40 X100 Y100              (刀具返回)
M30                            (程序结束)
```

## 思考练习

1. 数控铣削加工如图 3-49 所示零件中含抛物曲线段轮廓，其曲线方程为 $y^2=8x$，试编制其加工参数程序。

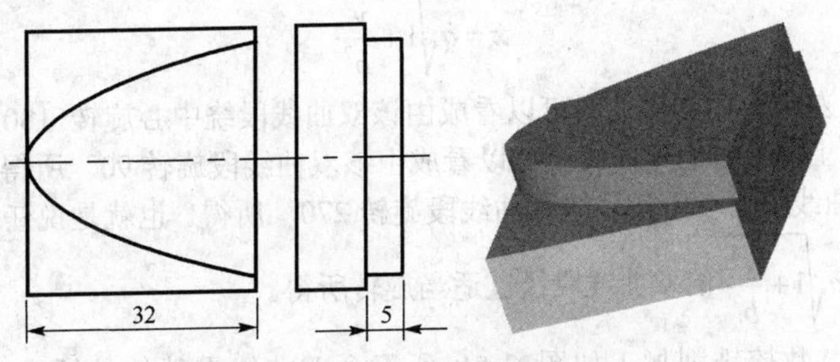


图 3-49　含抛物曲线段零件外轮廓加工

2. 如图 3-50 所示零件，该零件由两段抛物曲线组成，其曲线方程为 $y^2=10x$，试编制其外轮廓的数控铣削加工程序。

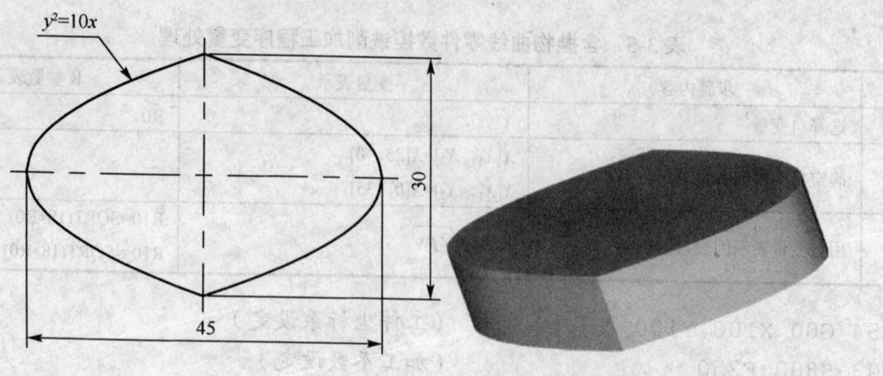


图 3-50　含抛物曲线段零件外轮廓铣削加工

### 3.4.5　双曲线类零件铣削加工

双曲线方程、图形与中心坐标如表 3-6 所示。

**表 3-6　双曲线方程、图形与中心坐标**

| 方程 | $\frac{x^2}{a^2}-\frac{y^2}{b^2}=1$（标准方程） | $-\frac{x^2}{a^2}+\frac{y^2}{b^2}=1$ |
|---|---|---|
| 图形 | Y b a O G X | Y b a O G X |
| 中心坐标 | G（0，0） | G（0，0） |
| 半轴 | 实半轴 $a$、虚半轴 $b$ | 实半轴 $b$、虚半轴 $a$ |

表 3-6 中左图第Ⅰ、Ⅳ象限（右部）内的双曲线段可表示为

$$x=a\sqrt{1+\frac{y^2}{b^2}}$$

第Ⅱ、Ⅲ象限（左部）内的双曲线可以看成由该双曲线段绕中心旋转 180° 所得；右图中第Ⅰ、Ⅱ象限（上部）内的双曲线段可以看成由该双曲线段旋转 90° 所得，第Ⅲ、Ⅳ象限（下部）内的双曲线段可以看作由该双曲线段旋转 270° 所得。也就是说任何一段双曲线段均可看作由 $x=a\sqrt{1+\frac{y^2}{b^2}}$ 的双曲线段经过适当旋转所得。

**【例 3-10】** 数控铣削加工如图 3-51 所示含双曲线零件的外轮廓，双曲线方程为 $\frac{x^2}{12^2}-\frac{y^2}{20^2}=1$，试编制精加工该零件外轮廓的程序。

解：由曲线方程可得双曲线的实半轴 $a$ 为 12，虚半轴 $b$ 为 20。双曲线段铣削加工变量处理如表 3-7 所示，设工件坐标系原点在双曲线中心，编制加工程序如下。

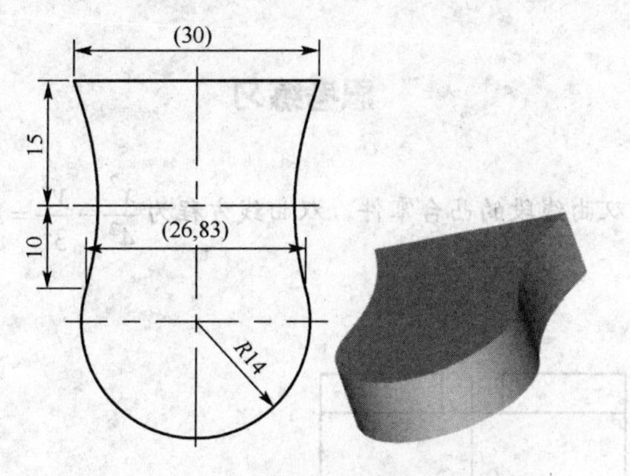


图 3-51　含双曲线零件的外轮廓铣削加工

**表 3-7　双曲线段铣削加工变量处理**

| 曲线段 | 步骤 | 步骤内容 | 变量表示 | R 参数表示 |
|---|---|---|---|---|
| 左部双曲线段 | 第 1 步 | 选择自变量 | $Y$ | R10 |
| | 第 2 步 | 确定自变量的定义域 | [15,–10] | — |
| | 第 3 步 | 用自变量表示因变量的表达式 | $x=-a\sqrt{1+\frac{y^2}{b^2}}$ | R11=–R0*SQRT(1+R10*R10/(R1*R1)) |
| 右部双曲线段 | 第 1 步 | 选择自变量 | $Y$ | R10 |
| | 第 2 步 | 确定自变量的定义域 | [–10,15] | — |
| | 第 3 步 | 用自变量表示因变量的表达式 | $x=a\sqrt{1+\frac{y^2}{b^2}}$ | R11=R0*SQRT(1+R10*R10/(R1*R1)) |

```
CX3080.MPF
R0=12                                   （双曲线实半轴 a 赋值）
R1=20                                   （双曲线虚半轴 b 赋值）
G54 G00 X100 Y100                       （工件坐标系设定）
M03 S1000 F300                          （加工参数设定）
G00 G42 X20 Y15 D01                     （建立刀具半径补偿）
G01 X-15                                （直线插补）
  R10=15                                （左部曲线段加工 Y 坐标值赋初值）
  AAA:                                  （跳转标记符）
  R11=-R0*SQRT(1+R10*R10/(R1*R1))       （计算 X 坐标值）
  G01 X=R11 Y=R10                       （直线插补逼近左部曲线）
  R10=R10-0.2                           （y 坐标值递减）
  IF R10>=-10 GOTOB AAA                 （加工条件判断）
  R10=-10                               （右部曲线段加工 Y 坐标值赋初值）
G03 X13.415 Y-10 CR=-14                 （圆弧插补）
  BBB:G01 X=R0*SQRT(1+R10*R10/(R1*R1)) Y=R10   （直线插补逼近右部曲线）
  R10=R10+0.2                           （Y 坐标值递增）
  IF R10<=15 GOTOB BBB                  （加工条件判断）
G00 G40 X100 Y100                       （返回起刀点）
M30                                     （程序结束）
```

思考练习

如图 3-52 所示含双曲线段的凸台零件，双曲线方程为 $\frac{x^2}{4^2}-\frac{y^2}{3^2}=1$，试编制该零件双曲线部分轮廓的加工程序。

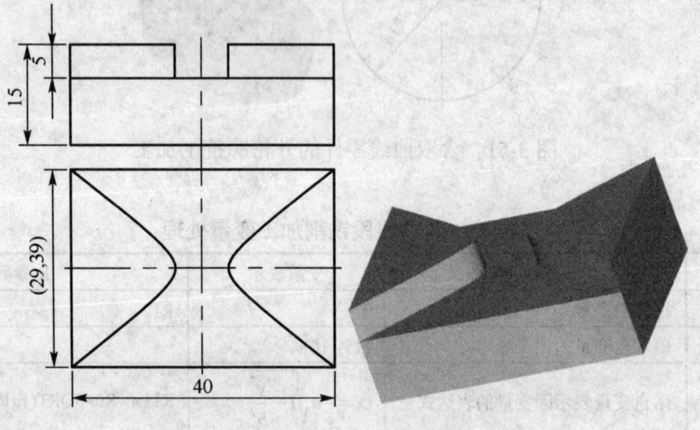


图 3-52　含双曲线段凸台零件的加工

### 3.4.6　正弦曲线类零件铣削加工

【例 3-11】数控铣削加工如图 3-53 所示空间曲线槽，该曲线槽由一个周期的两条正弦曲线 $y=25\sin\theta$ 和 $z=5\sin\theta$ 叠加而成，刀具中心轨迹如图 3-54 所示。试编制其加工程序。

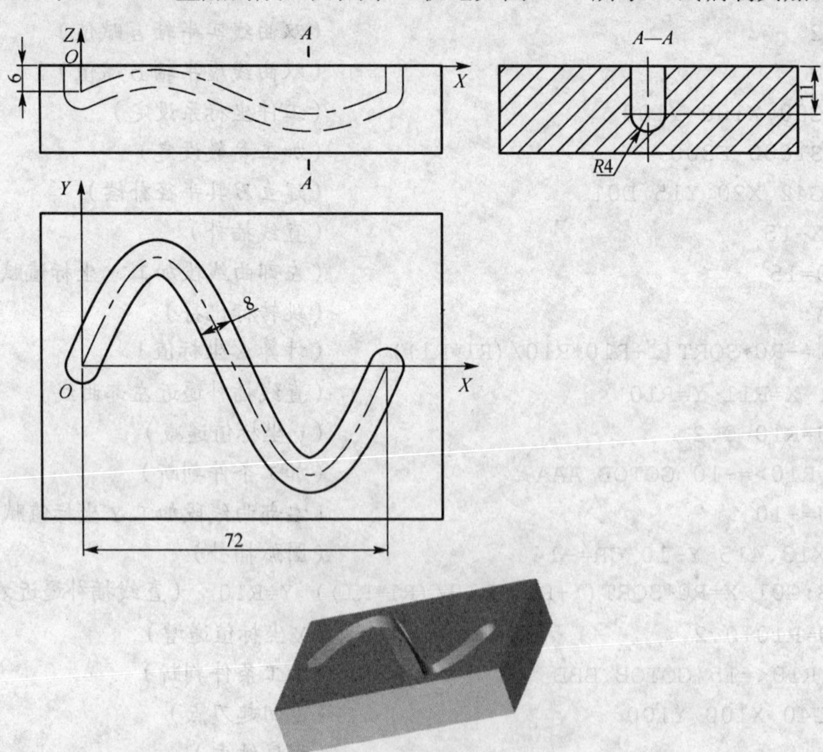


图 3-53　正弦曲线槽铣削加工

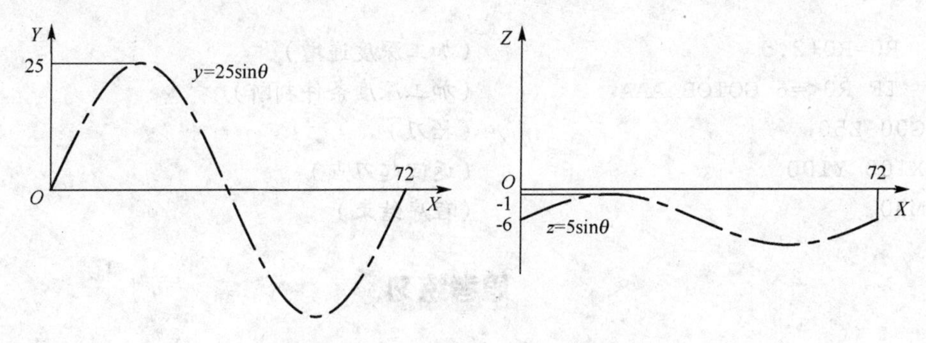


图 3-54　正弦曲线 $y$=25sin$\theta$ 和 $z$=5sin$\theta$

解：为了方便编制程序，采用粗微分方法忽略插补误差来加工，即以 $X$ 为自变量，取相邻两点间的 $X$ 向距离相等，间距为 0.2mm，然后用正弦曲线方程 $y$=25sin $\theta$ 和 $z$=5sin$\theta$ 分别计算出各点对应的 $Y$ 值和 $Z$ 值，进行空间直线插补，以空间直线来逼近空间曲线。正弦空间曲线槽槽底为"$R$4"的圆弧，加工时采用球半径为"$SR$4"的球头铣刀在平面实体零件上铣削出该空间曲线槽。加工该空间曲线槽的变量处理如表 3-8 所示。

**表 3-8　空间曲线槽加工变量处理表**

| 步骤 | 步骤内容 | 变量表示 | R 参数表示 |
|---|---|---|---|
| 第 1 步 | 选择自变量 | $X$ | R10 |
| 第 2 步 | 确定自变量的定义域 | [0，72] | — |
| 第 3 步 | 用自变量表示因变量的表达式 | $\begin{cases}\theta=\dfrac{360x}{72}\\ y=25\sin\theta\\ z=5\sin\theta\end{cases}$ | R11=360*R10/72<br>R12=25*SIN(R11)<br>R13=5*SIN(R11) |

注意：正弦曲线一个周期（360°）对应的 $X$ 轴长度为 72mm，因此任意 $X$ 值对应角度 $\theta=\dfrac{360x}{72}$。正弦曲线槽铣削加工程序如下。

```
CX3090.MPF
G54 G00 X100 Y100 Z50            (工件坐标系设定)
M03 S1000 F300                   (加工参数设定)
X0 Y0                            (加工起点上平面定位)
  R0=1                           (加工深度 Z 坐标值赋初值)
  AAA:                           (跳转标记符)
  G01 Z=-R0                      (直线插补切削至加工深度)
    R10=0                        (X 值赋初值)
    BBB:                         (跳转标记符)
    R10=R10+0.2                  (X 值加增量)
    R11=360*R10/72               (计算对应的角度值)
    R12=25*SIN(R11)              (计算 Y 坐标值)
    R13=5*SIN(R11)-R0            (计算 Z 坐标值)
    G01 X=R10 Y=R12 Z=R13        (切削空间直线逐段逼近空间曲线)
    IF R10<72 GOTOB BBB          (加工条件判断)
  G00 Z30                        (退刀)
  X0 Y0                          (加工起点上平面定位)
```

```
  R0=R0+2.5                     (加工深度递增)
  IF R0<=6 GOTOB AAA            (加工深度条件判断)
G00 Z50                         (抬刀)
X100 Y100                       (返回起刀点)
M30                             (程序结束)
```

1. 在例题程序中，加工曲线槽时在 $Z$ 向分了几层加工？每一层加工起点的 $z$ 坐标值分别为多少？

2. 如图 3-55 所示，该零件含振幅为 10 的正弦曲线，试编制数控铣削加工该曲线部分的程序。

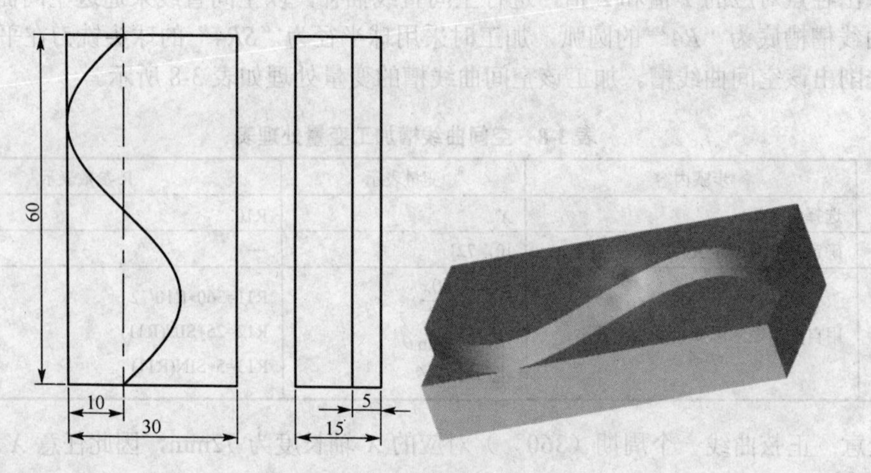


图 3-55　含正弦曲线零件的加工

3. 如图 3-56 所示为含一段余弦曲线的零件，曲线方程为 $y=28\cos\theta$，试编制参数程序加工其曲线部分外轮廓。

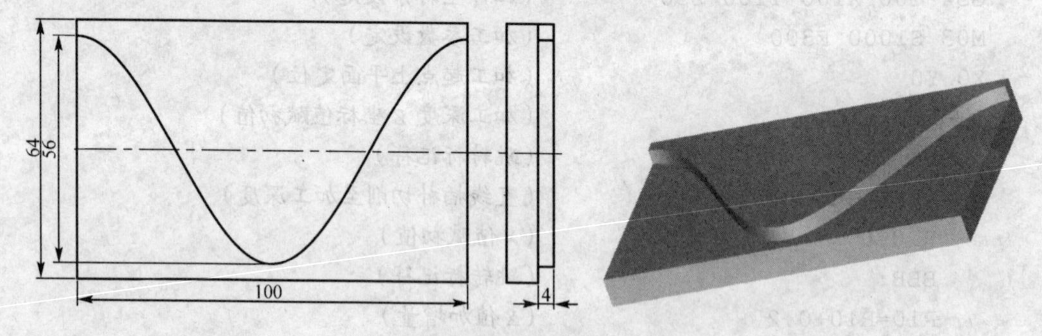


图 3-56　含余弦曲线外轮廓零件

### 3.4.7　阿基米德螺线类零件铣削加工

阿基米德螺线参数方程式为

$$\begin{cases} R=\alpha T/360 \\ x=R\cos\alpha \\ y=R\sin\alpha \end{cases}$$

式中，$R$ 为阿基米德螺线上旋转角为 $\alpha$ 的点的半径值；$T$ 为螺线螺距；$X$ 和 $Y$ 分别为该点在螺线自身坐标系中的坐标值。

**【例 3-12】** 数控铣削加工如图 3-57 所示阿基米德螺线凹槽，试编制该凹槽的加工程序。

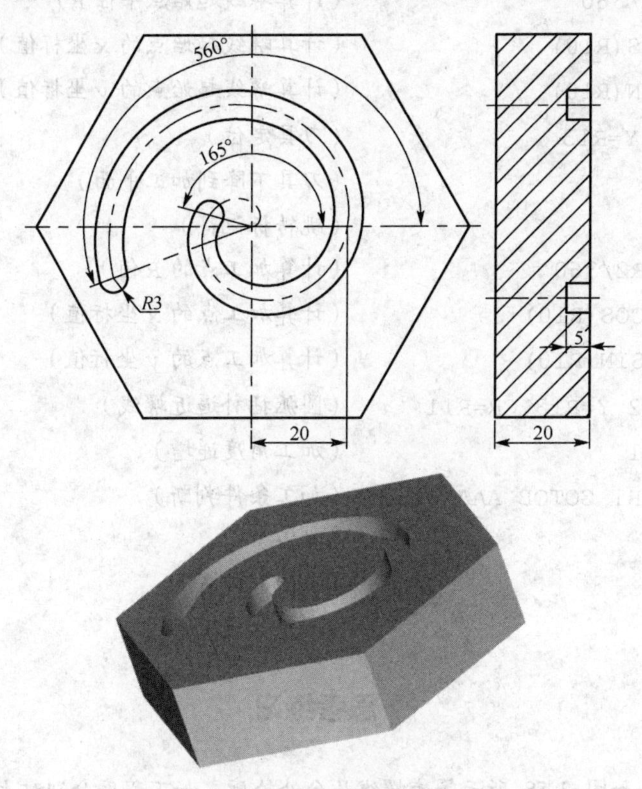


图 3-57 阿基米德螺线凹槽类零件铣削加工

解：如图所示，螺线螺距为 20mm，加工螺线段起始点角度为 165°，终止点角度为 560°，凹槽宽度 6mm，深度 5mm。加工该凹槽的变量处理如表 3-9 所示。

**表 3-9 阿基米德螺线凹槽加工变量处理**

| 步骤 | 步骤内容 | 变量表示 | R 参数表示 |
|---|---|---|---|
| 第 1 步 | 选择自变量 | $a$ | R10 |
| 第 2 步 | 确定自变量的定义域 | [165,560] | — |
| 第 3 步 | 用自变量表示因变量的表达式 | $\begin{cases} R = \alpha T/360 \\ x = R\cos\alpha \\ y = R\sin\alpha \end{cases}$ | R11=R10*R2/360<br>R12=R11*COS(R10)<br>R13=R11*SIN(R10) |

设 G54 工件坐标系原点在工件上表面的阿基米德螺线中心上，选择 $\phi$6mm 键槽立铣刀加工，编制加工程序如下。

```
CX3100.MPF
R0=165                    （加工螺线段起始点角度赋值）
R1=560                    （加工螺线段终止点角度赋值）
R2=20                     （螺线螺距 T 赋值）
R3=5                      （加工深度 H 赋值）
G54 G00 X100 Y100 Z50     （工件坐标系设定）
```

```
M03 S1000 F300                  (加工参数设置)
R10=R0                          (将加工螺线段起始点角度赋给R10)
R11=R10*R2/360                  (计算螺线起始点半径R)
R12=R11*COS(R10)                (计算螺线起始点的x坐标值)
R13=R11*SIN(R10)                (计算螺线起始点的y坐标值)
G00 X=R12 Y=R13                 (刀具定位)
G01 Z=-R3                       (刀具下降到加工平面)
  AAA:                          (跳转标记符)
  R11=R10*R2/360                (计算加工点的R值)
  R12=R11*COS(R10)              (计算加工点的x坐标值)
  R13=R11*SIN(R10)              (计算加工点的y坐标值)
  G03 X=R12 Y=R13 CR=R11        (圆弧插补逼近螺线)
  R10=R10+1                     (加工角度递增)
  IF R10<=R1 GOTOB AAA          (加工条件判断)
G00 Z50                         (抬刀)
X100 Y100                       (返回起刀点)
M30                             (程序结束)
```

## 思考练习

数控铣削加工如图 3-58 所示等速螺线凸台外轮廓，如下程序分别对上下对称的两段螺线编程完成加工，先填空完成下表，然后仔细阅读加工程序后填写注释内容。

提示：注意本程序中计算 R、X、Y 值和角度 $\alpha$ 选取与例题程序的区别。图中上半段螺线从 0°～180°，半径从 40～60mm 增加了 20mm，因此程序中 20/180 为每度半径的变化量。

| 条件 | 起始角度 | 终止角度 | 起始半径 | 终止半径 |
|---|---|---|---|---|
| 上半段螺线 | 0° | | 40 | |
| 下半段螺线 | 180° | | 60 | |

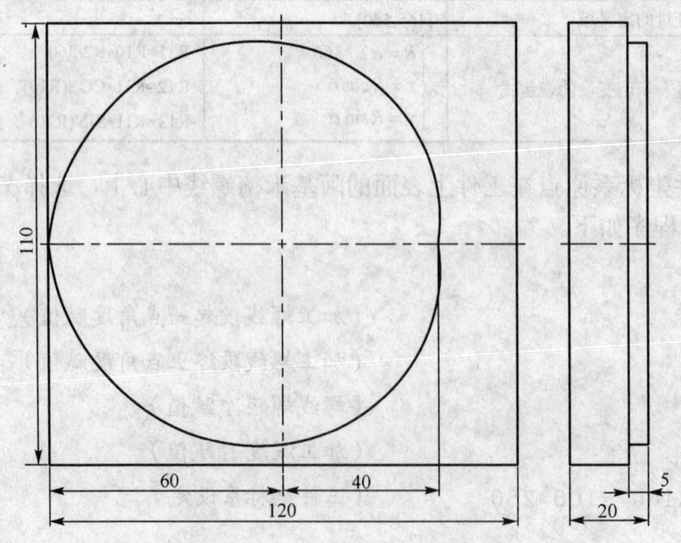

图 3-58　等速螺线凸台外轮廓加工

```
CX3101.MPF
G54 G00 X100 Y100 Z50
M03 S1500 F200
Z-5
G42 X50 Y0 D01
G01 X40
  R1=0                         (                    )
  AAA:                         (                    )
  R2=20/180*R1                 (                    )
  R3=(40+R2)*COS(R1)           (                    )
  R4=(40+R2)*SIN(R1)           (                    )
  G01 X=R3 Y=R4                (                    )
  R1=R1+1                      (                    )
  IF R1<=180 GOTOB AAA         (                    )
    R5=180                     (                    )
    BBB:                       (                    )
    R6=20/180*R5               (                    )
    R7=(80-R6)*COS(R5)         (                    )
    R8=(80-R6)*SIN(R5)         (                    )
    G01 X=R7 Y=R8              (                    )
   R5=R5+1                     (                    )
    IF R5<=360 GOTOB BBB       (                    )
G00 Z50
G40 X100 Y100
M30
```

### 3.4.8　其他公式曲线类零件铣削加工

利用变量编制零件的加工程序，一方面针对具有相似要素的零件，另一方面是针对具有某些规律需要进行插补运算的零件（如由非圆曲线构成的轮廓）。对这些要素编程就如同解方程，首先要寻找模型的参数，确定变量及其限定条件，设计逻辑关系，然后编写加工程序。

**【例 3-13】** 星形线方程为

$$\begin{cases} x = a\cos^3\theta \\ y = a\sin^3\theta \end{cases}$$

其中，$a$ 为定圆半径。如图 3-59 所示为定圆直径$\phi$80mm 的星形线凸台零件，所以该曲线的方程为

$$\begin{cases} x = 40\cos^3\theta \\ y = 40\sin^3\theta \end{cases}$$

试编制数控铣削精加工该曲线外轮廓的程序。

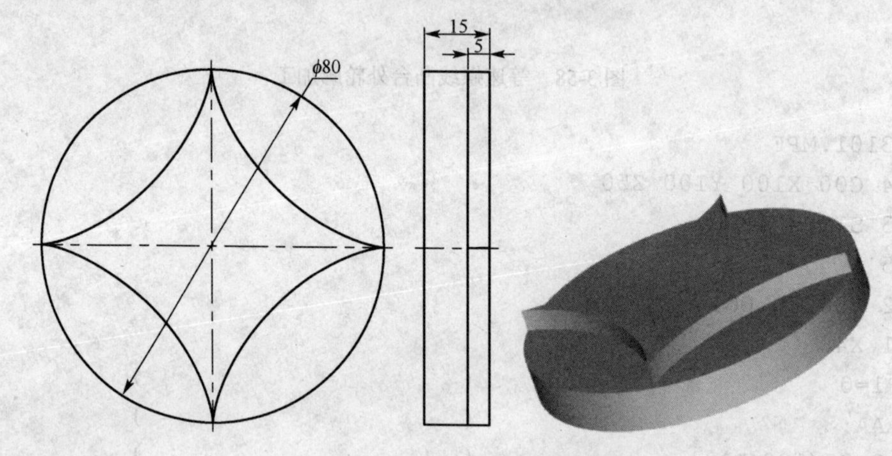


图 3-59　星形线凸台零件

解：星形线凸台零件加工变量处理如表 3-10 所示，设 G54 工件坐标系原点在工件上表面对称中心，编制精加工程序如下（未考虑刀具半径补偿）。

**表 3-10　星形线凸台零件加工变量处理表**

| 步骤 | 步骤内容 | 变量表示 | R 参数表示 |
| --- | --- | --- | --- |
| 第 1 步 | 选择自变量 | $\theta$ | R1 |
| 第 2 步 | 确定自变量的定义域 | =0°,360° | — |
| 第 3 步 | 用自变量表示因变量的表达式 | $\begin{cases} x = 40\cos^3\theta \\ y = 40\sin^3\theta \end{cases}$ | R2=40*COS(R1)*COS(R1)*COS(R1)<br>R3=40*SIN(R1)*SIN(R1)*SIN(R1) |

```
CX3110.MPF
G54 G00 X100 Y100 Z50              (选择 G54 工件坐标系，刀具快进到起刀点)
M03 S800 F200                      (加工参数设定)
Z-5                                (下刀到加工平面)
X50 Y0                             (快进到切削起点)
G01 X40                            (直线插补至曲线加工起点)
  R1=0                             (θ赋初值)
  AAA:                             (跳转标记符)
  R1=R1+1                          (θ递增)
  R2=40*COS(R1)*COS(R1)*COS(R1)    (计算 X 坐标值)
  R3=40*SIN(R1)*SIN(R1)*SIN(R1)    (计算 Y 坐标值)
  G01 X=R2 Y=R3                    (直线插补逼近星形线)
  IF R1<360 GOTOB AAA              (加工条件判断)
G00 Z50                            (抬刀)
X100 Y100                          (返回起刀点)
```

```
M30                                      (程序结束)
```

下面是考虑刀具半径补偿后编制的加工程序。

```
CX3111.MPF
G54 G00 X100 Y100 Z50                    (选择G54工件坐标系，刀具快进到起刀点)
M03 S800 F200                            (加工参数设定)
  R10=0                                  (旋转角度赋初值)
  AAA:                                   (跳转标记符)
  ROT RPL=R10                            (坐标旋转设定)
  G00 G42 X50 Y0 D01                     (建立刀具半径补偿)
  Z-5                                    (下刀到加工平面)
  G01 X40                                (直线插补至曲线加工起点)
    R1=0                                 (θ赋初值)
    BBB:                                 (跳转标记符)
    R1=R1+1                              (θ递增)
    R2=40*COS(R1)*COS(R1)*COS(R1)        (计算X坐标值)
    R3=40*SIN(R1)*SIN(R1)*SIN(R1)        (计算Y坐标值)
    G01 X=R2 Y=R3                        (直线插补逼近星形线)
    IF R1<90 GOTOB BBB                   (加工条件判断)
  G00 Z50                                (抬刀)
  G40 X100 Y100                          (取消刀具半径补偿)
  ROT                                    (取消坐标旋转)
  R10=R10+90                             (旋转角度递增)
  IF R10<=360 GOTOB AAA                  (旋转条件判断)
M30                                      (程序结束)
```

## 思考练习

1. 完成填空：在工件（编程）原点建立的坐标系称为工件（编程）坐标系，在曲线方程原点建立的坐标系可称为方程坐标系。数控铣削加工某曲线方程 $y=f(x)$，若工件原点与方程原点在同一位置时，则该曲线在工件坐标系下的方程表示为 $Y=f(X)=f(x)$，若方程原点在工件坐标系下坐标值为（$G$，$H$），则该曲线在工件坐标系下的方程表示为 $(Y-H)=f(X-G)=f(x-G)$，即（____________________）。换言之，若曲线上一点 $P$ 在方程坐标系下坐标值为（10，15），则在工件原点与方程原点在同一点的工件坐标系下该点的坐标值应为（10，15），若方程原点在工件坐标系下坐标值为（3，14），则该点在该工件坐标系下的坐标值为（10+3，15+14）即（_____，_____）。

2. 如图3-60所示心形曲线（心脏线）方程为 $R=B\cos(\alpha/2)$，试编制精铣加工 $B$=50mm，深度为5mm的心形曲线内轮廓的程序。

3. 数控铣削加工如图3-61所示由上下对称的两段渐开线组成的零件内轮廓，试编制其加工程序（不考虑刀具半径）。

提示：如图3-62所示，当直线 $AB$ 沿半径为 $r$ 的圆做纯滚动，直线上任一点 $P$ 的轨迹 $DPE$ 称为该圆的渐开线，这个圆称为渐开线的基圆，直线 $AB$ 称为发生线。渐开线方程为

$$\begin{cases} x=r(\cos\theta+\theta\sin\theta) \\ y=r(\sin\theta-\theta\cos\theta) \end{cases}$$

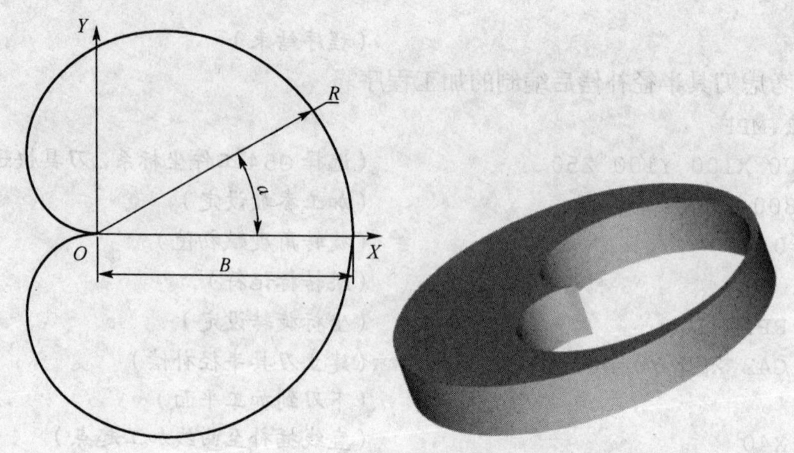


图 3-60　心形曲线内轮廓的加工

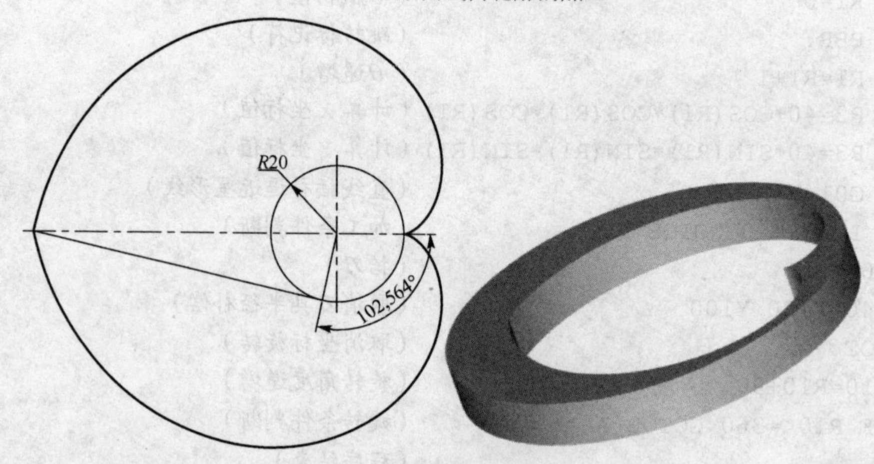


图 3-61　渐开线曲线的加工

式中，$x$、$y$ 为渐开线上任一点 $P$ 的 $X$、$Y$ 坐标值，$r$ 为渐开线基圆半径，$\theta$ 为 $OC$ 与 $X$ 轴的夹角，实际计算时将 $\theta$ 转换为弧度制，则方程变换为

$$\begin{cases} x = r\left(\cos\theta + \dfrac{\theta\pi}{180}\sin\theta\right) \\ y = r\left(\sin\theta - \dfrac{\theta\pi}{180}\cos\theta\right) \end{cases}$$

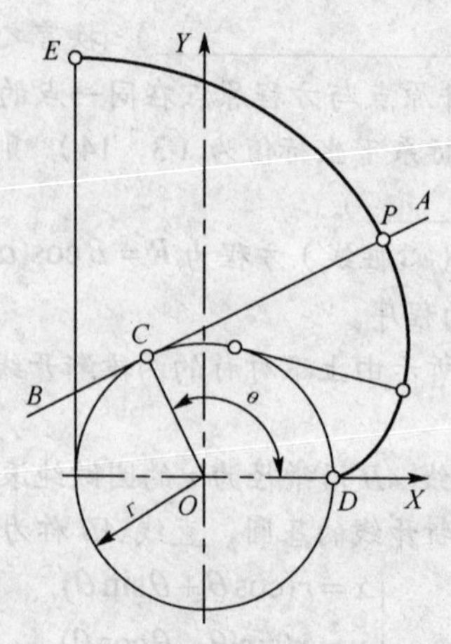


图 3-62　渐开线的形成示意图

4. 如图 3-63 所示零件沟槽含一正切曲线段，曲线方程为

$$\begin{cases} x = 2\tan(57.2957t) \\ y = -3t \end{cases}$$

数控铣削加工该沟槽，试编制其加工程序。

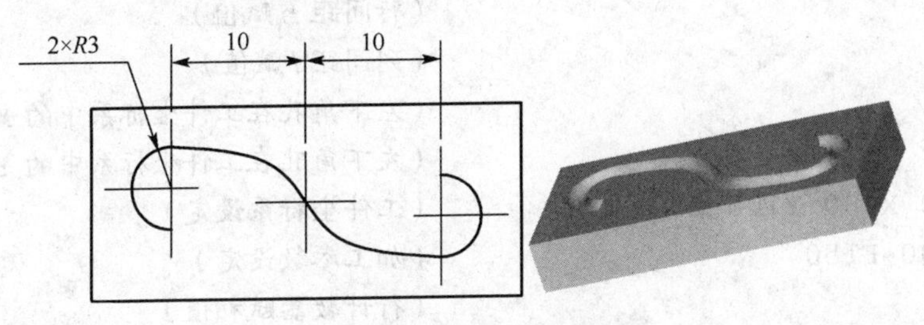


图 3-63　含正切曲线段沟槽

# 3.5　孔系数控铣削加工

## 3.5.1　矩形阵列孔系铣削加工

【例 3-14】 如图 3-64 所示，矩形网式点阵孔系共 4 行 6 列，行间距为 10mm，列间距为 12mm，其中左下角孔孔位 $O$（孔的圆心位置）在工件坐标系中的坐标值为（20，10），试编制其加工程序。

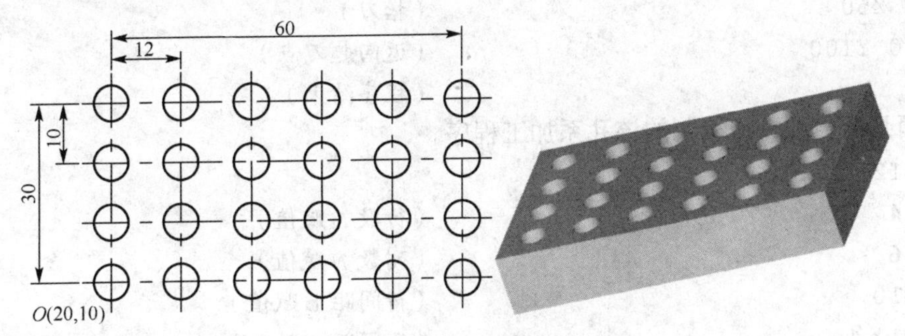


图 3-64　矩形网式点阵孔系

解：矩形网式点阵孔系几何模型如图 3-65 所示，设行数为 $M$，列数为 $N$，行间距为 $b$，列间距为 $l$，左下角孔孔位 $O$（$x$，$y$），则第 $M$ 行 $N$ 列的孔的坐标值方程为

$$\begin{cases} X = l(N-1) + x \\ Y = b(M-1) + y \end{cases}$$

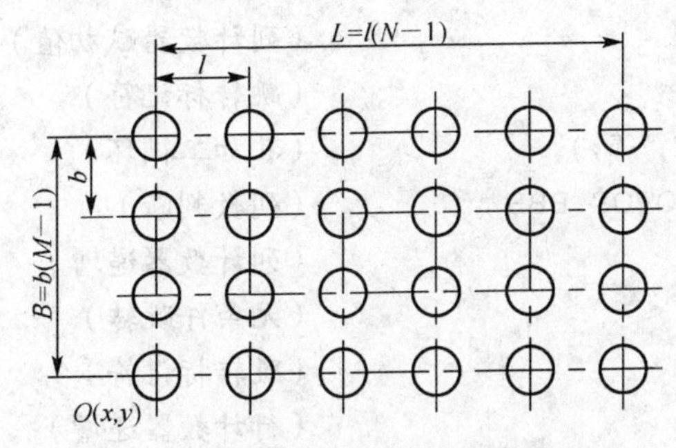


图 3-65　矩形网式点阵孔系几何模型

编制矩形网式点阵孔系加工程序如下。

```
CX3120.MPF
R0=4                                   (行数 M 赋值)
R1=6                                   (列数 N 赋值)
R2=10                                  (行间距 b 赋值)
R3=12                                  (列间距 l 赋值)
R4=20                                  (左下角孔在工件坐标系中的 X 坐标值)
R5=10                                  (左下角孔在工件坐标系中的 Y 坐标值)
G54 G00 X100 Y100 Z50                  (工件坐标系设定)
M03 S500 F150                          (加工参数设定)
  R10=1                                (行计数器赋初值)
  AAA:                                 (跳转标记符)
    R20=1                              (列计数器赋初值)
    BBB:                               (跳转标记符)
    G00 X=R3*(R20-1)+R4 Y=R2*(R10-1)+R5    (刀具定位)
    CYCLE81(10,0,2,-5,)                (孔加工)
    R20=R20+1                          (列计数器累加)
    IF R20<=R1 GOTOB BBB               (列加工条件判断)
  R10=R10+1                            (行计数器累加)
  IF R10<=R0 GOTOB AAA                 (行加工条件判断)
G00 Z50                                (抬刀)
X100 Y100                              (返回起刀点)
M30                                    (程序结束)
```

下面是另一种思路编制的该孔系加工程序。

```
CX3121.MPF
R0=4                                   (行数 M 赋值)
R1=6                                   (列数 N 赋值)
R2=10                                  (行间距 b 赋值)
R3=12                                  (列间距 l 赋值)
R4=20                                  (左下角孔在工件坐标系中的 X 坐标值)
R5=10                                  (左下角孔在工件坐标系中的 Y 坐标值)
G54 G00 X=R4 Y=R5 Z50                  (工件坐标系设定)
M03 S500 F150                          (加工参数设定)
R10=1                                  (行计数器赋初值)
R11=1                                  (列计数器赋初值)
  AAA:                                 (跳转标记符)
  CYCLE81(10,0,2,-5,)                  (孔加工循环)
    IF R11>=R1 GOTOF BBB               (列数判断)
    R11=R11+1                          (列计数器递增)
    GOTOF CCC                          (无条件跳转)
    BBB:                               (跳转标记符)
    R10=R10+1                          (行计数器递增)
    R11=1                              (列计数器重置为 1)
```

```
  CCC:                                      (跳转标记符)
  G00 X=(R11-1)*R3+R4 Y=(R10-1)*R2+R5        (刀具定位到加工孔上方)
  IF R10<=R0 GOTOB AAA                      (行数判断)
Z50                                         (抬刀)
M30                                         (程序结束)
```

## 思考练习

1. 数控铣削加工如图 3-66 所示直线点阵孔系，该孔系共 8 个，孔间距为 11mm，孔系中心线与 $X$ 轴正半轴夹角为 30°，试编制其加工程序。

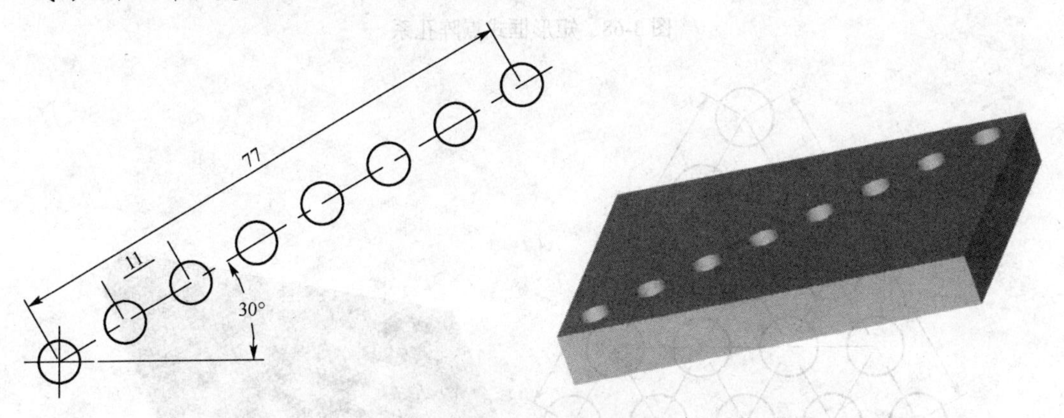


图 3-66　直线点阵孔系

2. 如图 3-67 所示平行四边形网式点阵孔系，该孔系 5 行 6 列，行间距 10mm，列间距 15mm，孔系行中心线与 $X$ 正半轴的夹角为 15°，行中心线与列中心线夹角为 60°，试编制其加工程序。

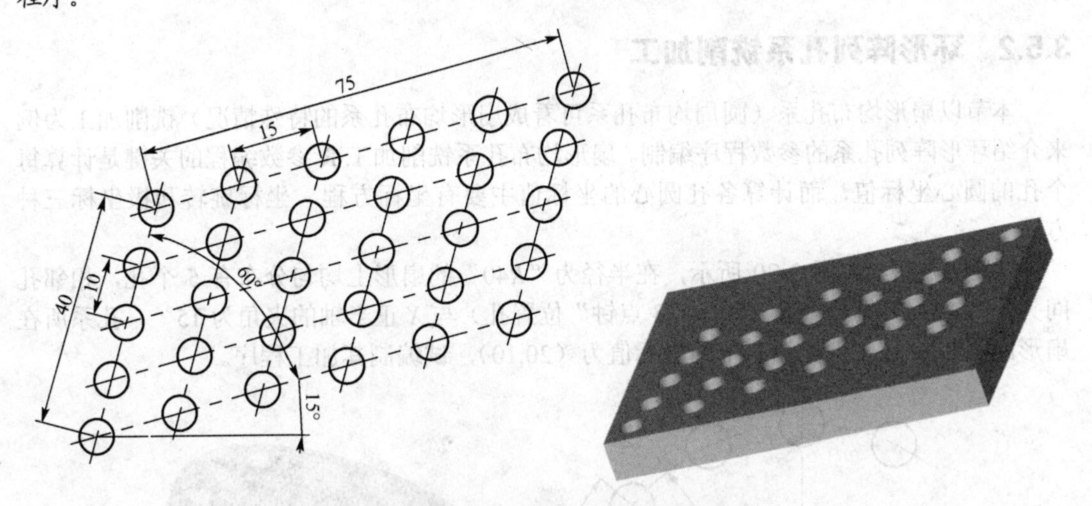


图 3-67　平行四边形网式点阵孔系

3. 如图 3-68 所示矩形框式点阵孔系，矩形长 50mm，宽 30mm，孔间距 10mm，矩形框与 X 正半轴的夹角为 15°，试编制其加工程序。

4. 铣削加工如图 3-69 所示正三角形网式点阵孔系，正三角形边长为 60mm，三角形边上均布了 5 个孔，孔间距为 15mm，试编制其加工程序。

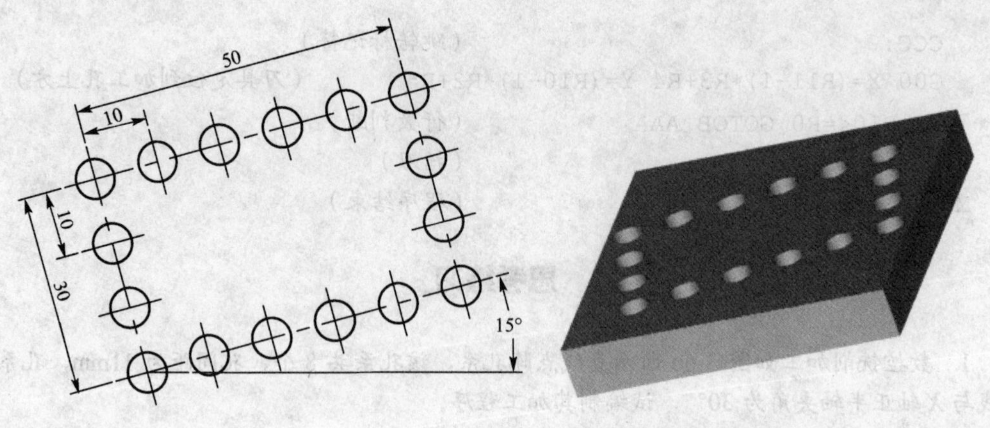


图 3-68　矩形框式点阵孔系

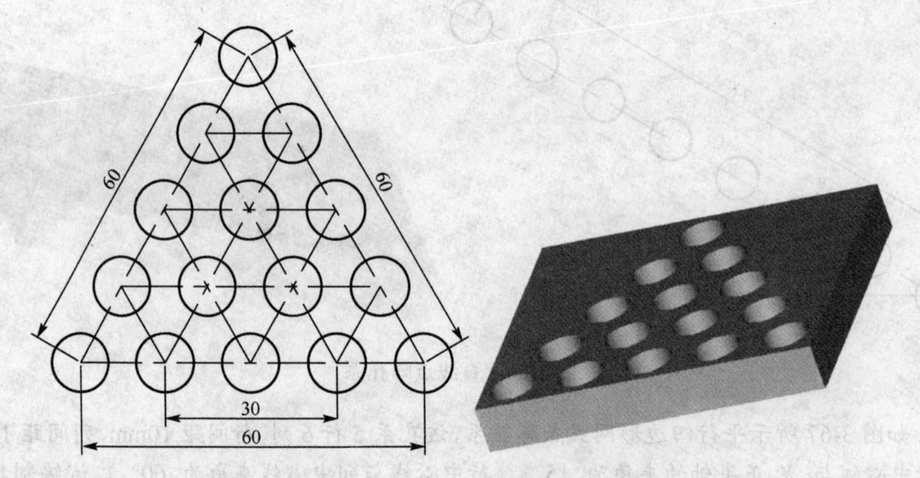


图 3-69　正三角形网式点阵孔系

## 3.5.2　环形阵列孔系铣削加工

本节以扇形均布孔系（圆周均布孔系可看成扇形均布孔系的特殊情况）铣削加工为例来介绍环形阵列孔系的参数程序编制。扇形均布孔系铣削加工 R 参数编程的关键是计算每个孔的圆心坐标值，而计算各孔圆心的坐标值主要有坐标方程、坐标旋转和极坐标三种方法。

**【例 3-15】** 如图 3-70 所示，在半径为“*R*40”的扇形上均匀分布有 5 个孔，相邻孔间夹角为 25°，第一个孔（图中“3 点钟”位置孔）与 *X* 正半轴的夹角为 15°，孔系所在扇形的圆心 *O* 在工件坐标系中的坐标值为（20,10），试编制其加工程序。

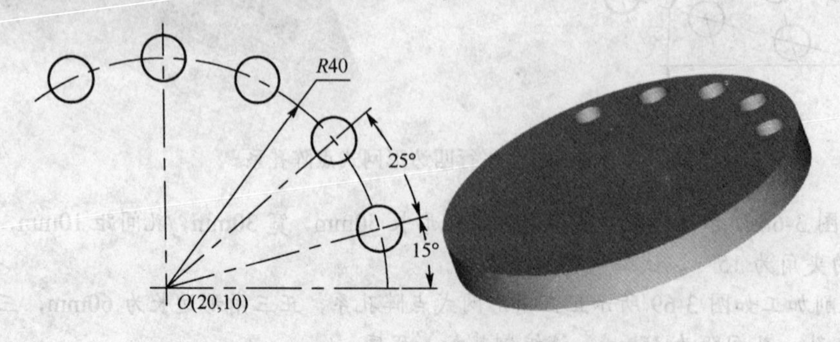


图 3-70　扇形均布孔系

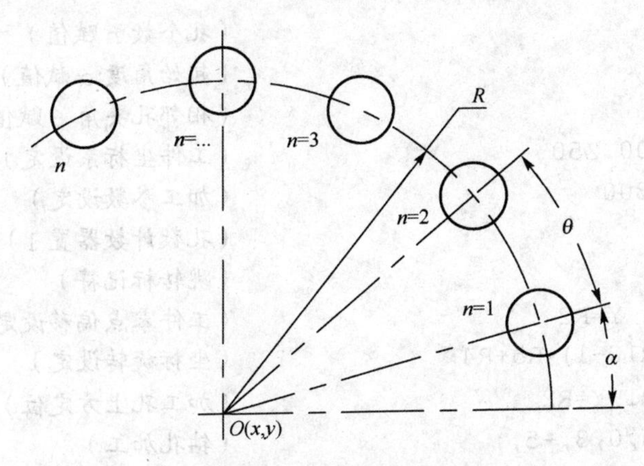


图 3-71　扇形均布孔系几何模型

① 采用坐标方程计算扇形均布孔系各孔圆心坐标值　由扇形均布孔系几何模型图（图 3-71）可得，第 $n$ 个孔的圆心坐标方程为：

$$\begin{cases} X = R\cos[(n-1)\theta+\alpha]+x \\ Y = R\sin[(n-1)\theta+\alpha]+y \end{cases}$$

下面是采用坐标方程计算扇形均布孔系各孔圆心坐标值的方法编制的加工程序。

```
CX3130.MPF
R0=40                                   (孔系所在扇形半径 R 赋值)
R1=20                                   (扇形圆心 O 的 X 坐标赋值)
R2=10                                   (扇形圆心 O 的 Y 坐标赋值)
R3=5                                    (孔个数 n 赋值)
R4=15                                   (起始角度 α 赋值)
R5=25                                   (相邻孔夹角 θ 赋值)
G54 X100 Y100 Z50                       (工件坐标系设定)
M03 S1000 F300                          (加工参数设定)
  R10=1                                 (孔数计数器置 1)
  AAA:                                  (跳转标记符)
  R11=R0*COS((R10-1)*R5+R4)+R1          (计算孔圆心的 X 坐标值)
  R12=R0*SIN((R10-1)*R5+R4)+R2          (计算孔圆心的 Y 坐标值)
  G00 X=R11 Y=R12                       (加工孔上方定位)
  CYCLE81(10,0,2,-5,)                   (钻孔加工)
  R10=R10+1                             (孔数计数器累加)
  IF R10<=R3 GOTOB AAA                  (加工条件判断)
G00 Z50                                 (抬刀)
X100 Y100                               (返回起刀点)
M30                                     (程序结束)
```

② 采用坐标旋转指令计算扇形均布孔系各孔圆心坐标值　下面是采用坐标旋转指令计算扇形均布孔系各孔圆心坐标值编制的加工程序。

```
CX3133.MPF
R0=40                                   (孔系所在扇形半径 R 赋值)
R1=20                                   (扇形圆心 O 的 X 坐标赋值)
R2=10                                   (扇形圆心 O 的 Y 坐标赋值)
```

```
R3=5                                  (孔个数n赋值)
R4=15                                 (起始角度α赋值)
R5=25                                 (相邻孔夹角θ赋值)
G54 X100 Y100 Z50                     (工件坐标系设定)
M03 S1000 F300                        (加工参数设定)
  R10=1                               (孔数计数器置1)
  AAA:                                (跳转标记符)
  TRANS X=R1 Y=R2                     (工件零点偏移设定)
  ROT RPL=(R10-1)*R5+R4               (坐标旋转设定)
  G00 X=R0+R1 Y=R2                    (加工孔上方定位)
  CYCLE81(10,0,3,-5,)                 (钻孔加工)
  ROT                                 (取消坐标旋转)
  TRANS                               (取消零点偏移)
  R10=R10+1                           (孔数计数器累加)
  IF R10<=R3 GOTOB AAA                (加工条件判断)
G00 Z50                               (抬刀)
X100 Y100                             (返回起刀点)
M30                                   (程序结束)
```

③ 采用极坐标指令计算扇形均布孔系各孔圆心坐标值　下面是采用极坐标指令计算扇形均布孔系各孔圆心坐标值编制的加工程序。

```
CX3134.MPF
R0=40                                 (孔系所在扇形半径R赋值)
R1=20                                 (扇形圆心O的X坐标赋值)
R2=10                                 (扇形圆心O的Y坐标赋值)
R3=5                                  (孔个数n赋值)
R4=15                                 (起始角度α赋值)
R5=25                                 (相邻孔夹角θ赋值)
G54 X100 Y100 Z50                     (工件坐标系设定)
M03 S1000 F300                        (加工参数设定)
  R10=1                               (孔数计数器置1)
  AAA:                                (跳转标记符)
  G111 X=R1 Y=R2                      (极坐标设定)
  G00 AP=((R10-1)*R5+R4) RP=R0        (加工孔定位)
  CYCLE81(10,0,3,-5,)                 (钻孔加工)
  R10=R10+1                           (孔数计数器累加)
  IF R10<=R3 GOTOB AAA                (加工条件判断)
G00 Z50                               (抬刀)
X100 Y100                             (返回起刀点)
M30                                   (程序结束)
```

## 思考练习

1. 在毛坯尺寸为80mm×80mm×12mm的铝板上加工如图3-72所示6个圆周均布通孔，试编制其加工程序。

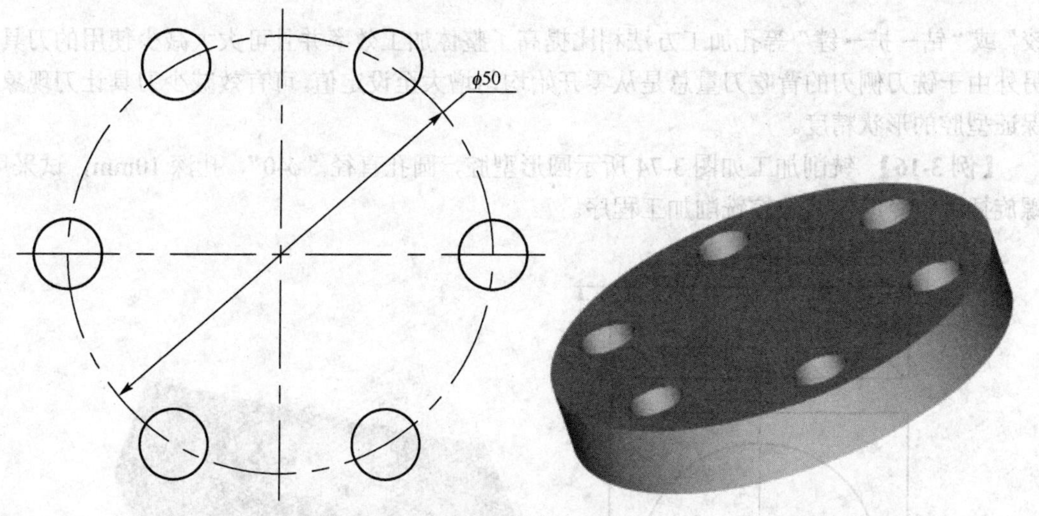


图 3-72　圆周均布孔系的加工

2. 如图 3-73 所示，在半径为“SR200”的凹球面上加工出 60 个“φ4”的孔，最内圈节圆直径为“φ20”，均匀分布 6 个孔，从内向外每圈递增 6 个孔，节圆直径递增 20mm，各圈孔均布，孔深均为 2mm，试编制其孔加工程序。

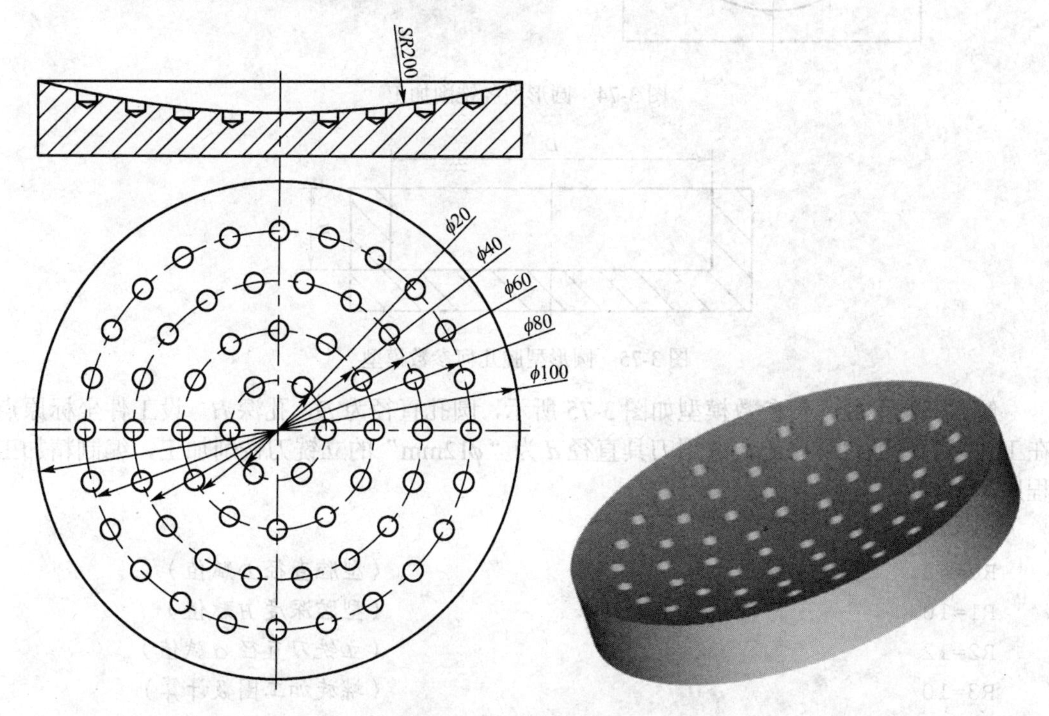


图 3-73　孔系的铣削加工

# 3.6　型腔数控铣削加工

## 3.6.1　圆形型腔铣削加工

利用立铣刀采用螺旋插补方式铣削加工圆形型腔，在一定程度上可以实现以铣代钻、以铣代铰、以铣代镗，一刀多用，一把铣刀就够了，不必频繁换刀，因此与传统的“钻→

铰”或“钻→扩→镗”等孔加工方法相比提高了整体加工效率并且可大大减少使用的刀具；另外由于铣刀侧刃的背吃刀量总是从零开始均匀增大至设定值，可有效减少刀具让刀现象，保证型腔的形状精度。

【例 3-16】 铣削加工如图 3-74 所示圆形型腔，圆孔直径“ϕ40”，孔深 10mm，试采用螺旋插补指令编制其数控铣削加工程序。

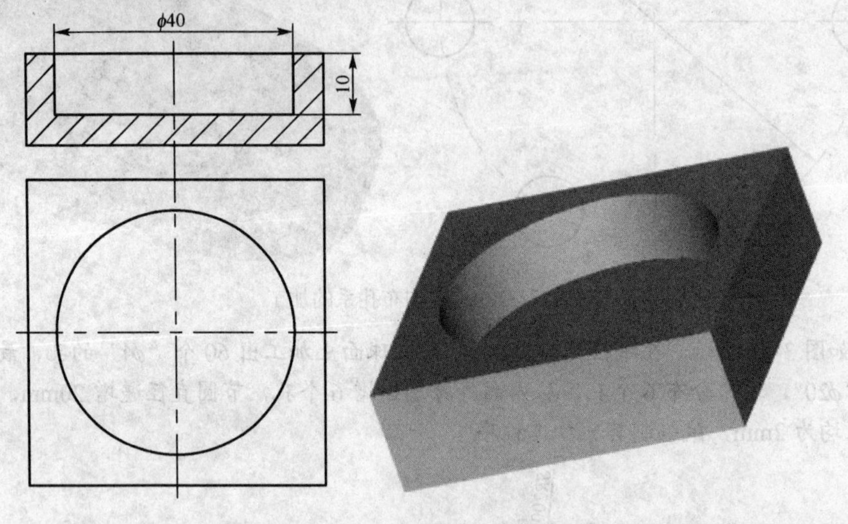


图 3-74 圆形型腔铣削加工

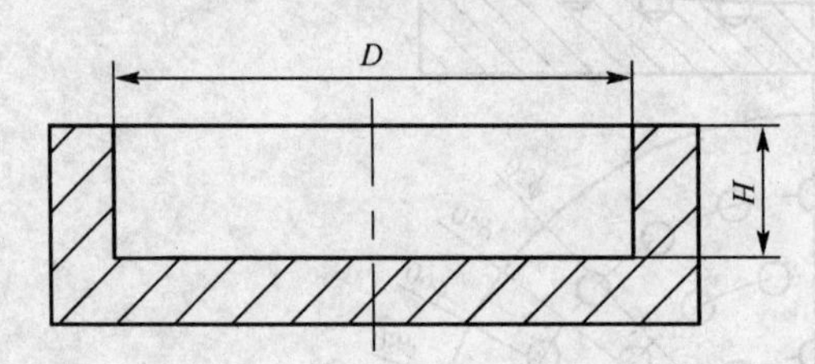


图 3-75 圆形型腔几何参数模型

解：圆形型腔几何参数模型如图 3-75 所示，圆孔直径为 $D$，孔深 $H$。设工件坐标原点在工件上表面的对称中心，选用刀具直径 $d$ 为“ϕ12mm”的立铣刀铣削加工，编制精加工程序如下。

```
CX3140.MPF
R0=40                                   (型腔直径D赋值)
R1=10                                   (型腔深度H赋值)
R2=12                                   (立铣刀直径d赋值)
R3=10                                   (螺旋加工圈数计算)
R10=R0/2-R2/2                           (加工圆半径赋值)
G54 G00 X100 Y100 Z50                   (工件坐标系设定)
M03 S1200 F300                          (加工参数设定)
G00 X=R10 Y0                            (刀具定位)
Z2                                      (刀具下降)
G03 X=R10 Y0 Z=-R1 I=-R10 J0 TURN=R3    (螺旋插补到型腔底部)
I=-R10                                  (型腔底部铣削加工)
G00 Z50                                 (抬刀)
X100 Y100                               (返回起刀点)
```

```
M30                                  （程序结束）
```

下面是采用螺旋插补指令编制的铣削加工圆形型腔的粗精加工程序。

```
CX3141.MPF
R0=40                                （型腔直径D赋值）
R1=10                                （型腔深度H赋值）
R2=12                                （立铣刀直径d赋值）
R3=10                                （螺旋加工圈数计算）
R4=(R0-R2)/2                         （计算加工半径值）
G54 G00 X0 Y0 Z50                    （工件坐标系设定）
Z2                                   （下刀）
M03 S1200 F300                       （加工参数设定）
  R10=R2*0.6                         （加工半径赋初值）
  AAA:                               （跳转标记符）
  G00 X=R10 Y0                       （加工定位）
  G03 X=R10 Y0 Z=-R1 I=-R10 J0 TURN=R3 （螺旋插补到型腔底部）
  I=-R10                             （型腔底部铣削加工）
  G00 Z2                             （抬刀）
  R10=R10+R2*0.6                 （加工半径递增一个步距0.6倍刀具直径）
  IF R10<R4 GOTOB AAA                （加工条件判断）
G00 X=R4 Y0                          （加工定位）
G03 X=R4 Y0 Z=-R1 I=-R4 J0 TURN=R3   （螺旋插补到型腔底部）
I=-R4                                （型腔底部铣削加工）
G00 Z50                              （抬刀）
M30                                  （程序结束）
```

1. 本节例题采用的是同心圆法铣削加工圆形型腔。采用同象限点法铣削加工圆形型腔的刀具轨迹如图3-76所示（图中细实线），设圆形型腔直径 $D$，深度 $H$，刀具直径为 $d$，刀具轨迹半径递增量 $B$，试编制其加工程序。

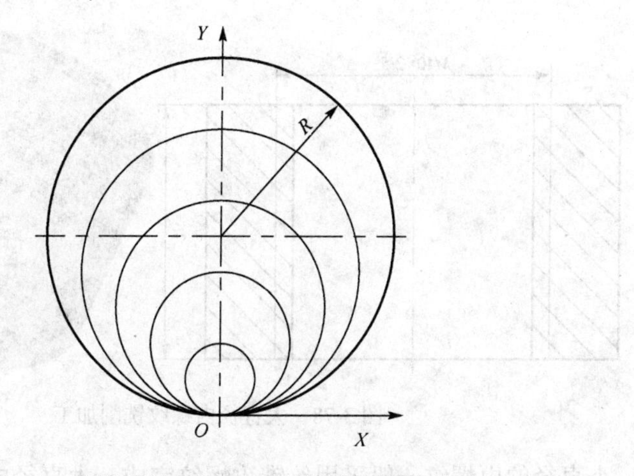


图3-76　同象限法铣削加工圆形型腔刀具轨迹

2. 如图 3-77 所示为一个含椭圆曲线型腔的零件，试编制其型腔的数控铣削加工程序。

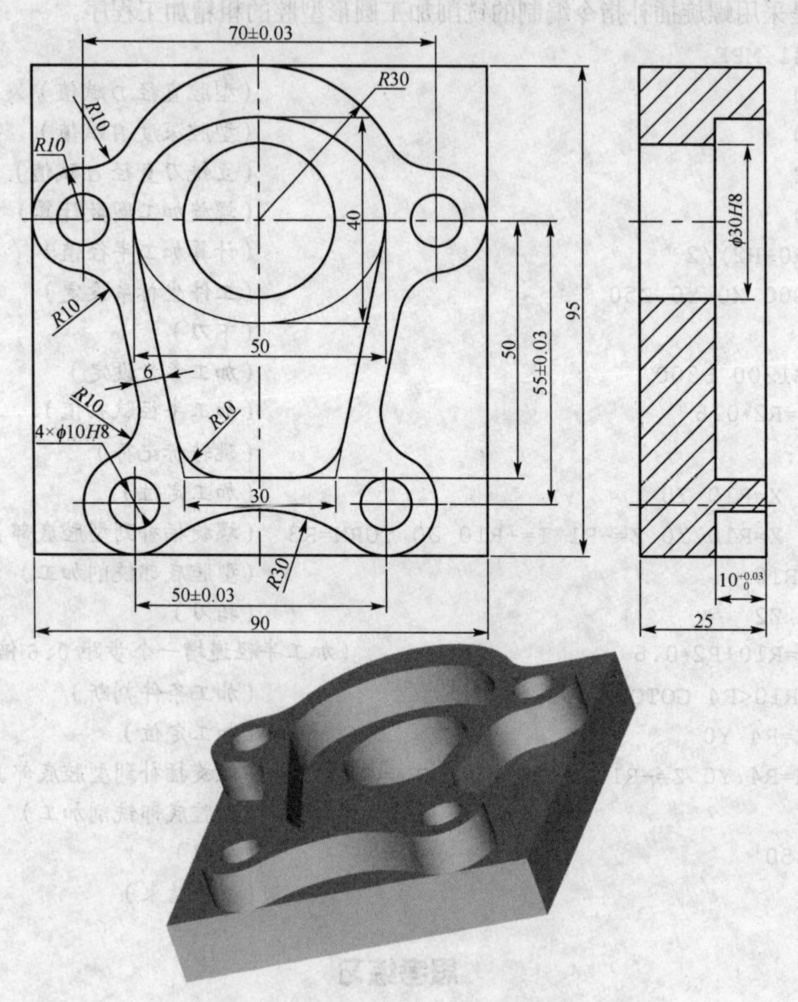


图 3-77　含椭圆曲线段型腔零件

3. 铣削加工如图 3-78 所示内螺纹，螺纹尺寸为“M40×2.5”，螺纹长度 36mm，试编制其铣削加工程序。

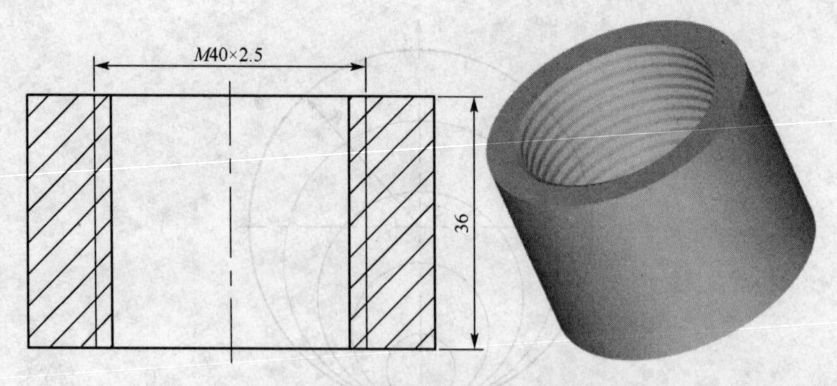


图 3-78　大直径内螺纹铣削加工

提示：小直径的内螺纹一般采用丝锥攻螺纹完成，大直径内螺纹在数控机床上可通过螺纹铣刀采用螺旋插补指令铣削加工完成。螺纹铣刀的寿命是丝锥的十多倍，不仅寿命长，而且对螺纹直径尺寸的控制十分方便，螺纹铣削加工已逐渐成为螺纹加工的主流方式。

大直径的内螺纹铣刀一般为机夹式，以单刃结构居多，与车床上使用的内螺纹车刀相似。内螺纹铣刀在加工内螺纹时，编程一般不采用半径补偿指令，而是直接对螺纹铣刀刀心进行编程，如果没有特殊需求，应尽量采用顺铣方式。

内螺纹铣刀铣削内螺纹的工艺分析如表 3-11 所示。需要注意的是，单向切削螺纹铣刀只允许单方向切削（主轴 M03），另外机夹式螺纹铣刀适用于较大直径（$D$>25mm）的螺纹加工。

**表 3-11　内螺纹铣刀铣削螺纹的工艺分析**

| 主轴转向 | $Z$ 轴移动方向 | 螺纹种类 | | | |
|---|---|---|---|---|---|
| | | 右旋螺纹 | | 左旋螺纹 | |
| | | 插补指令 | 铣削方式 | 插补指令 | 铣削方式 |
| 主轴正转（M03） | 自上而下 | G02 | 逆铣 | G03 | 顺铣 |
| | 自下而上 | G03 | 顺铣 | G02 | 逆铣 |

## 3.6.2　矩形型腔铣削加工

矩形型腔通常采用等高层铣的方法铣削加工，此外还可以采用插铣法铣削加工。

插铣法又称为 $Z$ 轴铣削法，是实现高切除率金属切削最有效的加工方法之一。插铣法最大的特点是非常适合粗加工和半精加工，特别适用于具有复杂几何形状零件的粗加工（尤其是深窄槽），可从顶部一直铣削到根部，插铣深度可达 250mm 而不会发生振颤或扭曲变形，加工效率高。

此外，插铣加工还具有以下优点：侧向力小，减小了零件变形；加工中作用于铣床的径向切削力较小，使主轴刚度不高的机床仍可使用而不影响工件的加工质量；刀具悬伸长度较大，适合对工件深槽的表面进行铣削加工，而且也适用于对高温合金等难切削材料进行切槽加工。

**【例 3-17】** 铣削加工如图 3-79 所示矩形型腔，型腔长 40mm，宽 25mm，深 30mm，转角半径 R5mm，试编制采用插铣法粗加工该型腔的程序。

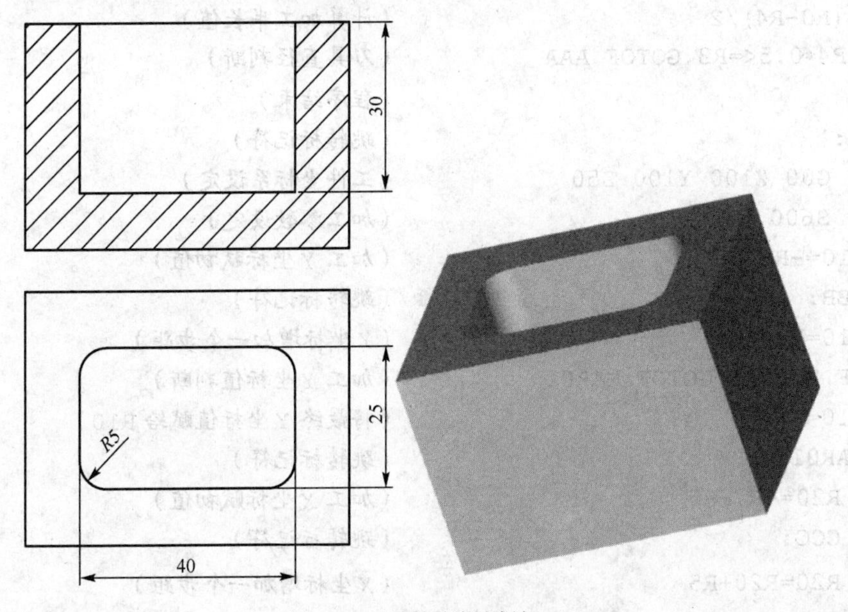


图 3-79　矩形型腔铣削加工

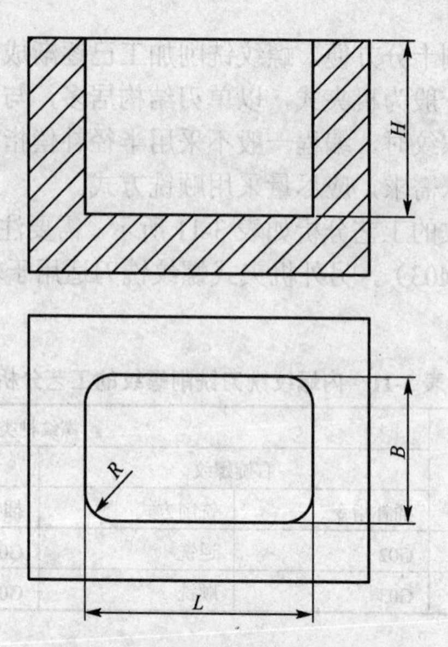


图 3-80 矩形型腔几何参数模型

解：矩形型腔几何模型如图 3-80 所示，型腔长 $L$，宽 $B$，深 $H$，转角半径 $R$。设工件坐标原点在零件上表面的对称中心，选用直径为$\phi$10mm 的插铣刀实现该型腔的粗加工，编制加工程序如下。

```
CX3150.MPF
R0=40                          (型腔长 L 赋值)
R1=25                          (型腔宽 B 赋值)
R2=30                          (型腔深 H 赋值)
R3=5                           (转角半径 R 赋值)
R4=10                          (刀具直径 D 赋值)
R5=0.6*R4                      (加工步距赋值，步距值取 0.6 倍刀具直径)
R6=(R1-R4)/2                   (计算加工半宽值)
R7=(R0-R4)/2                   (计算加工半长值)
IF R4*0.5<=R3 GOTOF AAA        (刀具直径判断)
M30                            (程序结束)
AAA:                           (跳转标记符)
G54 G00 X100 Y100 Z50          (工件坐标系设定)
M03 S600 F150                  (加工参数设定)
  R10=-R6-R5                   (加工 Y 坐标赋初值)
  BBB:                         (跳转标记符)
  R10=R10+R5                   (Y 坐标增加一个步距)
  IF R10<R6 GOTOF MAR01        (加工 Y 坐标值判断)
  R10=R6                       (将最终 Y 坐标值赋给 R10)
  MAR01:                       (跳转标记符)
    R20=-R7-R5                 (加工 X 坐标赋初值)
    CCC:                       (跳转标记符)
    R20=R20+R5                 (X 坐标增加一个步距)
    IF R20<R7 GOTOF MAR02      (加工 X 坐标值判断)
```

```
    R20=R7                               （将最终 X 坐标值赋给 R20）
    MAR02:                               （跳转标记符）
    G00 X=R20 Y=R10                      （加工孔定位）
    CYCLE81(10,0,2,-R2,)                 （插铣加工）
    IF R20<R7 GOTOB CCC                  （加工条件判断）
  IF R10<R6 GOTOB BBB                    （加工条件判断）
G00 Z50                                  （抬刀）
X100 Y100                                （返回起刀点）
M30                                      （程序结束）
```

**思考练习**

数控铣削加工如图 3-81 所示矩形型腔，长 50mm，宽 30mm，圆角半径为“R6”，深 10mm，试采用等高层铣编程加工该型腔。

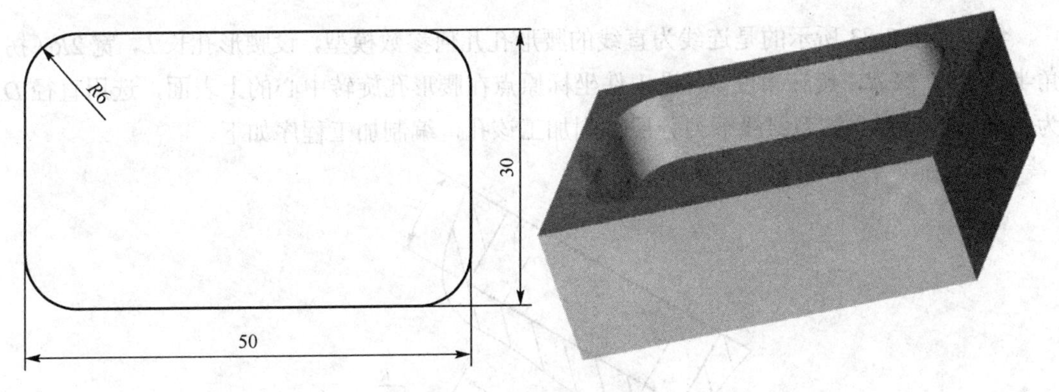


图 3-81　矩形型腔零件

### 3.6.3　腰形型腔铣削加工

腰形型腔是机械加工领域常见的一种结构，特别是在齿轮和齿轮座类零件上。虽然腰形型腔的加工并不是一个难题，但是在利用程序来提高生产效率方面具有一定代表性。由于腰形型腔的多样性，在数控加工中频繁地编制类似的程序将消耗大量准备时间，而编制一个通用的腰形型腔加工程序，每次使用时只要修改其中几个参数就可以大大提高效率和可靠性。

内腔轮廓铣削加工时，需要刀具垂直于材料表面进刀。按照进刀的要求，最直接的方法是选择键槽刀，因为键槽刀的端刃从侧刃贯穿至刀具中心，这样可以使用键槽刀直接向材料内部进刀。而立铣刀的端刃为副切削刃，端刃主要在刀具的边缘部分，中心处没有切削刃，所以不能用立铣刀直接向材料内部垂直进刀。但是有时考虑到同样直径的立铣刀的刀体直径大于键槽刀的刀体直径，因此同样直径的立铣刀刚性要强于键槽刀，且立铣刀的侧刃一般有三齿或四齿，而键槽刀只有两齿，相同主轴转速下，齿数越多，每齿切削厚度越小，加工平顺性越好，所以在加工中要尽可能使用立铣刀。那如何使用立铣刀在加工内腔轮廓时，向材料内部进刀，又不损坏刀具呢？数控铣加工中常采用的方法有螺旋下刀和斜线下刀。

【例 3-18】数控铣削加工如图 3-82 所示连线为直线的腰形孔，孔长 20mm，孔宽 10mm，孔深 10mm，旋转角度 30°，试编制其加工程序。

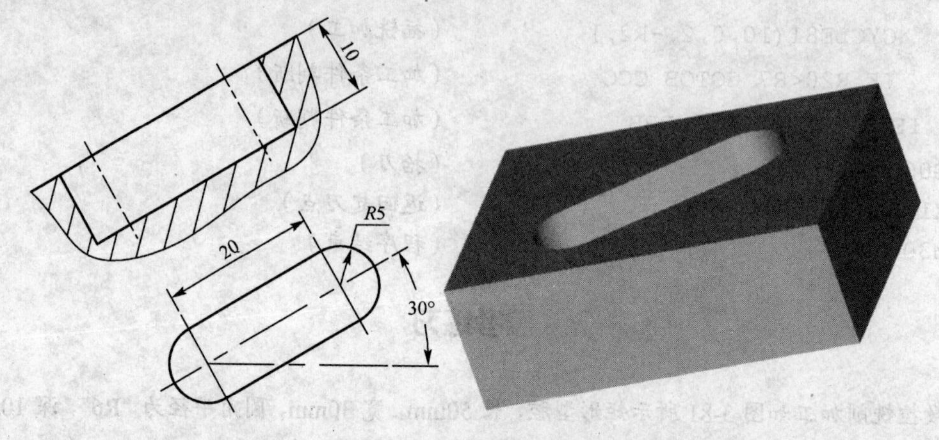


图 3-82　连线为直线的腰形孔

解：如图 3-83 所示的是连线为直线的腰形孔几何参数模型，设腰形孔长 $L$，宽 $2R$（拐角半径 $R$），深 $H$，旋转角度 $\theta$。设工件坐标原点在腰形孔旋转中心的上表面，选用直径 $D$ 为 10mm 的键槽立铣刀斜线下刀分层铣削加工该孔，编制加工程序如下。

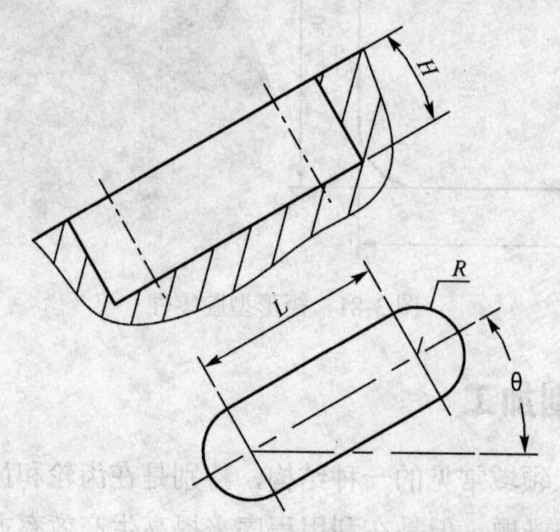


图 3-83　连线为直线的腰形孔几何参数模型

```
CX3160.MPF
R0=20                          (腰形孔长 L 赋值)
R1=5                           (腰形孔半宽 R 赋值)
R2=10                          (腰形孔深 H 赋值)
R3=30                          (腰形孔旋转角度 θ 赋值)
R4=10                          (键槽立铣刀刀具直径 D 赋值)
R5=4                           (深度进给量赋值)
R10=0                          (加工深度 h 赋初值)
G54 G00 X100 Y100 Z50          (工件坐标系设定)
M03 S1000 F300                 (加工参数设定)
X0 Y0                          (刀具定位)
```

```
Z2                                    (下降到安全平面)
G01 Z0                                (插补至工件上表面)
AAA:                                  (跳转标记符)
R10=R10+R5                            (加工深度递增)
IF R10<R2 GOTOF MAR01                 (如果加工深度小于孔深度)
R10=R2                                (将 R2 的值赋给 R10)
MAR01:                                (跳转标记符)
  IF R4<=2*R1 GOTOF MAR02             (刀具直径判断，若刀具直径小于等于孔宽)
  M30                                 (程序结束)
  MAR02:                              (跳转标记符)
  IF R4<>2*R1 GOTOF MAR03             (刀具直径判断，若刀具直径不等于孔宽)
  G01 X=R0*COS(R3) Y=R0*SIN(R3) Z=-R10        (斜插加工)
  X0 Y0                                       (加工返回)
  GOTOF MAR04                                 (无条件跳转)
  MAR03:                                      (跳转标记符)
  ROT RPL=R3                                  (坐标旋转设定)
  G01 X0 Y=R4*0.5-R1                          (直线插补)
  X=R0 Y=R4*0.5-R1 Z=-R10                     (斜插加工)
  G03 X=R0 Y=R1-R4*0.5 CR=R1-R4*0.5           (圆弧插补)
  G01 X0 Y=R1-R4*0.5                          (直线插补)
  G03 X0 Y=R4*0.5-R1 CR=R1-R4*0.5             (圆弧插补)
  G01 X=R0 Y=R4*0.5-R1                        (直线插补)
  G00 X0 Y=R4*0.5-R1                          (快速返回)
  ROT                                         (取消坐标旋转)
  MAR04:                                      (跳转标记符)
IF R10<R2 GOTOB AAA                           (加工深度条件判断)
G00 Z50                                       (抬刀)
X100 Y100                                     (返回起刀点)
M30                                           (程序结束)
```

【例 3-19】 数控铣削加工如图 3-84 所示连线为圆弧的腰形孔，腰形孔所在圆的半径为 35mm，腰孔孔宽 10mm，起始角度 15°，圆心角 45°，孔深 8mm，试编制其加工程序。

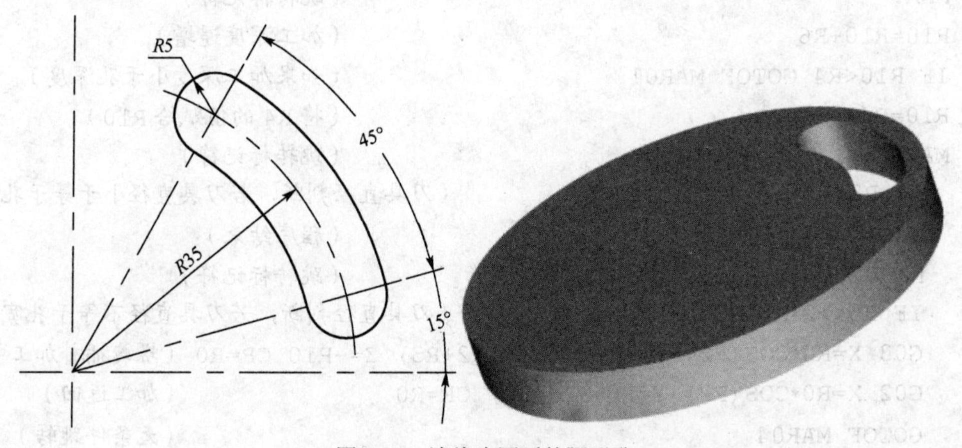


图 3-84 连线为圆弧的腰形孔

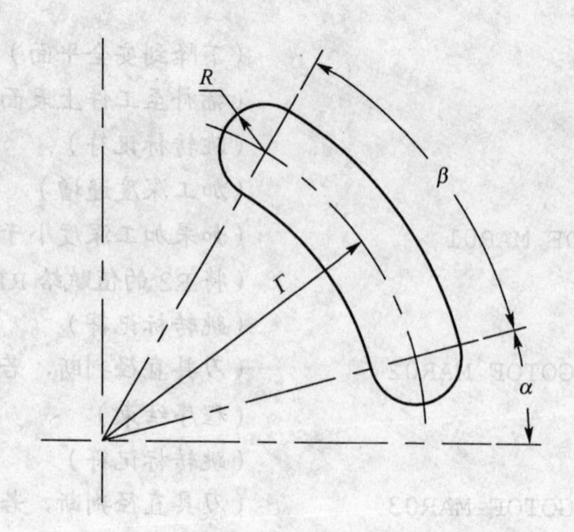


图 3-85　连线为圆弧的腰形孔几何参数模型

解：如图 3-85 所示的是连线为圆弧的腰形孔几何参数模型，设腰形孔所在圆的半径为 $r$，腰孔孔宽 $2R$（拐角半径 $R$），起始角度 $\alpha$，圆心角 $\beta$，孔深 $H$。设工件坐标原点在腰形孔所在圆的圆心上，选用直径 $D$ 为 10mm 的键槽立铣刀斜线下刀分层铣削加工该孔，编制加工程序如下。

```
CX3161.MPF
R0=35                                         (腰形孔所在圆半径 r 赋值)
R1=5                                          (腰形孔半宽 R 赋值)
R2=15                                         (腰形孔起始角度 α 赋值)
R3=45                                         (腰形孔圆心角 β 赋值)
R4=8                                          (腰形孔深 H 赋值)
R5=10                                         (键槽立铣刀刀具直径 D 赋值)
R6=4                                          (深度进给量赋值)
R10=0                                         (加工深度 h 赋初值)
G54 G00 X100 Y100 Z50                         (工件坐标系设定)
M03 S1000 F300                                (加工参数设定)
X=R0*COS(R2) Y=R0*SIN(R2)                     (刀具定位)
Z2                                            (下降到安全平面)
G01 Z0                                        (插补至工件上表面)
AAA:                                          (跳转标记符)
R10=R10+R6                                    (加工深度递增)
IF R10<R4 GOTOF MAR01                         (如果加工深度小于孔深度)
R10=R4                                        (将 R4 的值赋给 R10)
MAR01:                                        (跳转标记符)
  IF R5<=2*R1 GOTOF MAR02                (刀具直径判断，若刀具直径小于等于孔宽)
  M30                                         (程序结束)
  MAR02:                                      (跳转标记符)
  IF R5<>2*R1 GOTOF MAR03                (刀具直径判断，若刀具直径不等于孔宽)
  G03 X=R0*COS(R2+R3) Y=R0*SIN(R2+R3) Z=-R10 CR=R0 (螺旋插补加工)
  G02 X=R0*COS(R2) Y=R0*SIN(R2) CR=R0                (加工返回)
  GOTOF MAR04                                        (无条件跳转)
```

```
MAR03:                                                   (跳转标记符)
R20=R0+R1-R5*0.5                                         (计算加工半径)
R21=R0-R1+R5*0.5                                         (计算加工半径)
G01 X=R20*COS(R2) Y=R20*SIN(R2)                          (直线插补)
G03 X=R20*COS(R2+R3) Y=R20*SIN(R2+R3) Z=-R10 CR=R20      (螺旋插补加工)
X=R21*COS(R2+R3) Y=R21*SIN(R2+R3) CR=R1-R5*0.5           (圆弧插补)
G02 X=R21*COS(R2) Y=R21*SIN(R2) CR=R21                   (圆弧插补)
G03 X=R20*COS(R2) Y=R20*SIN(R2) CR=R1-R5*0.5             (圆弧插补)
X=R20*COS(R2+R3) Y=R20*SIN(R2+R3) CR=R20                 (圆弧插补)
G02 X=R20*COS(R2) Y=R20*SIN(R2) CR=R20                   (圆弧插补)
MAR04:                                                   (跳转标记符)
IF R10<R4 GOTOB AAA                                      (加工深度条件判断)
G00 Z50                                                  (抬刀)
X100 Y100                                                (返回起刀点)
M30                                                      (程序结束)
```

数控铣削加工如图 3-86 所示 4 个连线为直线的腰形孔和 4 个连线为圆弧的腰形孔，孔宽 6mm，孔深 8mm，试编制其加工程序。

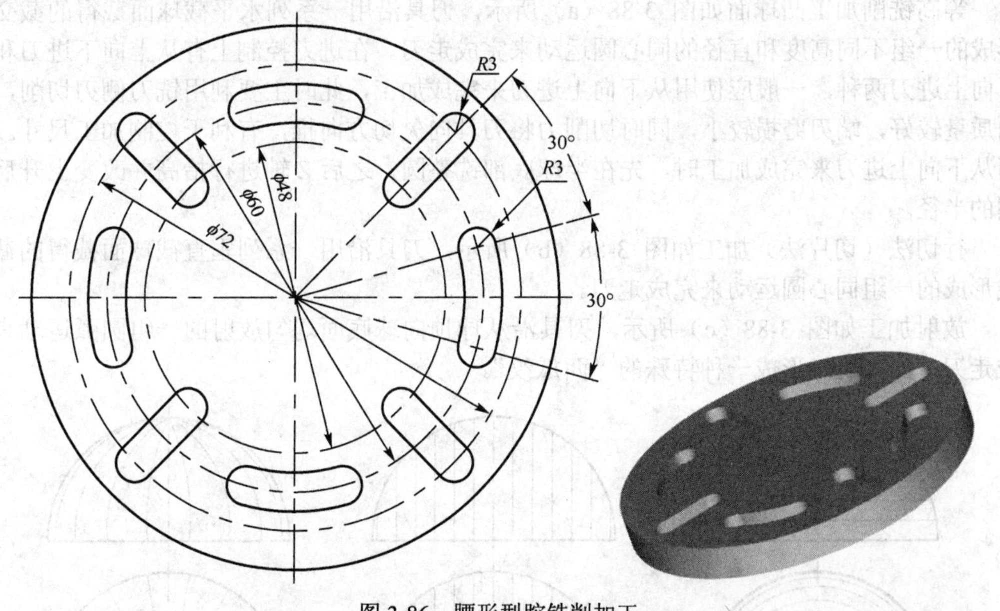


图 3-86 腰形型腔铣削加工

# 3.7 球面数控铣削加工

## 3.7.1 凸球面铣削加工

**(1) 凸球面加工刀具**

如图 3-87 所示，凸球面加工使用的刀具可以选用立铣刀或球头铣刀。一般来说，凸球面粗加工使用立铣刀保证加工效率，精加工时使用球头铣刀以保证表面加工质量。

采用球头刀加工凸球曲面时如图 3-87（a）所示，曲面加工是球刃完成的，其刀具中心轨迹是球面的同心球面，与球半径 $R$ 相差一个球头刀刀具半径（$D/2$），即刀具中心轨迹半径为 $R+D/2$。

采用立铣刀加工凸球曲面时如图 3-87（b）所示，曲面加工是刀尖完成的，当刀尖沿圆弧运动时，其刀具中心运动轨迹是与球半径 $R$ 相等的圆弧，只是位置相差一个立铣刀刀具半径（$D/2$）。

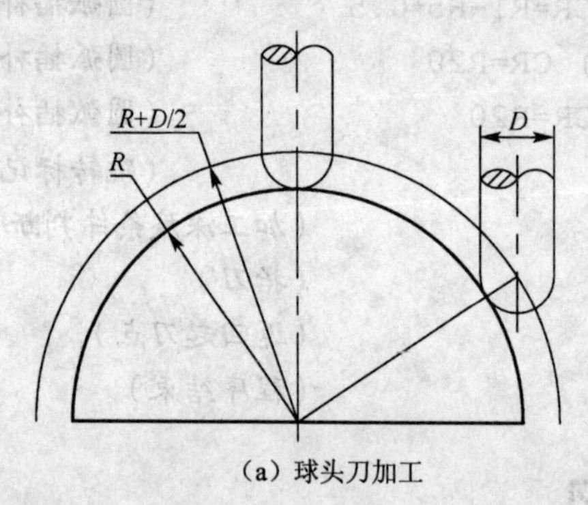

（a）球头刀加工

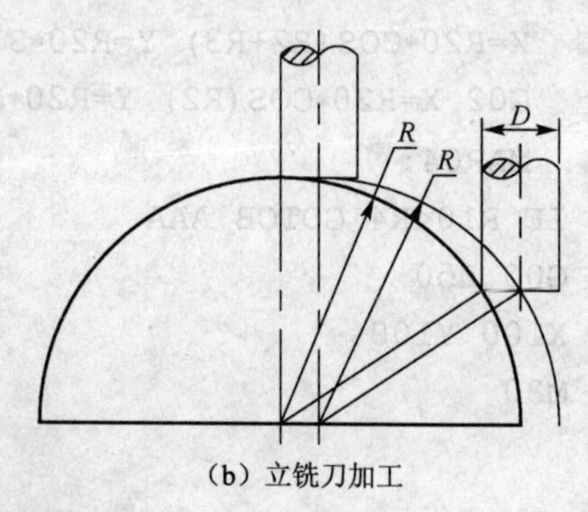

（b）立铣刀加工

图 3-87　凸球面加工刀具、刀轨及参数模型示意图

**（2）凸球面加工走刀路线**

凸球面加工走刀路线可以选用等高加工、切片加工和放射加工三种方式。

等高铣削加工凸球面如图 3-88（a）所示，刀具沿用一系列水平截球面截得的截交线形成的一组不同高度和直径的同心圆运动来完成走刀。在进刀控制上有从上向下进刀和从下向上进刀两种，一般应使用从下向上进刀来完成加工，此时主要利用铣刀侧刃切削，表面质量较好，端刃磨损较小，同时切削力将刀具向欠切方向推，有利于控制加工尺寸。采用从下向上进刀来完成加工时，先在半球底部铣整圆，之后 $Z$ 轴进行抬高并改变上升后整圆的半径。

行切法（切片法）加工如图 3-88（b）所示，刀具沿用一系列垂直截球面截得的截交线形成的一组同心圆运动来完成走刀。

放射加工如图 3-88（c）所示，刀具沿从球顶向球底面均匀放射的一组圆弧运动来完成走刀，加工路线形成一种特殊的“西瓜纹”。

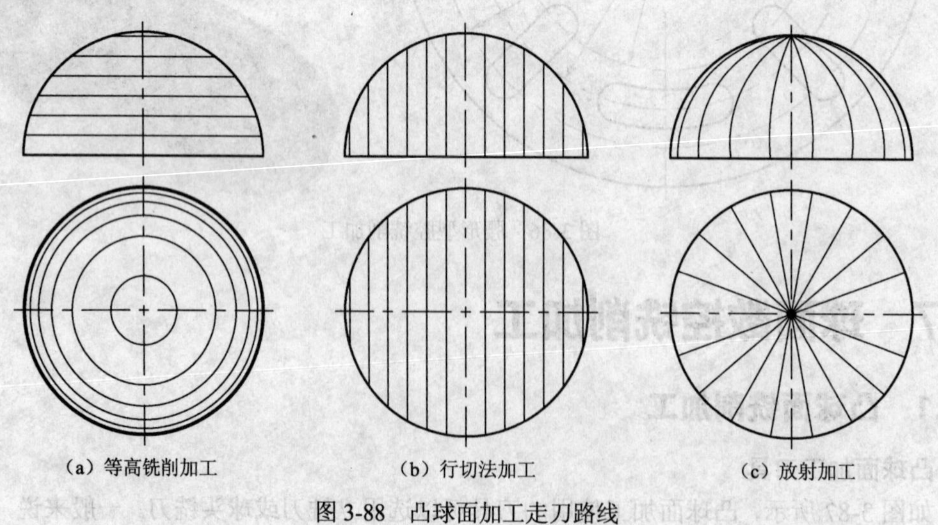
（a）等高铣削加工　（b）行切法加工　（c）放射加工

图 3-88　凸球面加工走刀路线

**(3) 等高铣削加工进刀控制算法**

凸球面加工一般选用等高铣削加工，其进刀控制算法主要有两种。一种计算方法如图3-89（a）所示，先根据允许的加工误差和表面粗糙度，确定合理的 $Z$ 向进刀量（$\Delta h$），再根据给定加工高度 $h$ 计算出加工圆的半径 $r=\sqrt{R^2-h^2}$ ，这种算法走刀次数较多。另一种计算方法如图 3-89（b）所示，是先根据允许的加工误差和表面粗糙度，确定两相邻进刀点相对球心的角度增量（$\Delta\theta$），再根据角度计算进刀点的加工圆半径 $r$ 和加工高度 $h$ 值，即 $h=R\sin\theta$，$r=R\cos\theta$。

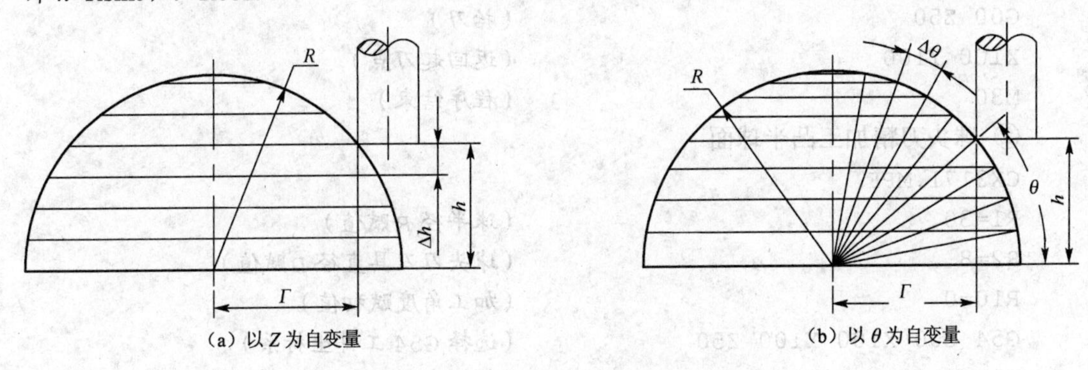


图 3-89　等高铣削加工进刀控制算法示意图

**【例 3-20】** 数控铣削加工如图 3-90 所示凸半球面，球半径为“$SR30$”，试编制其精加工程序。

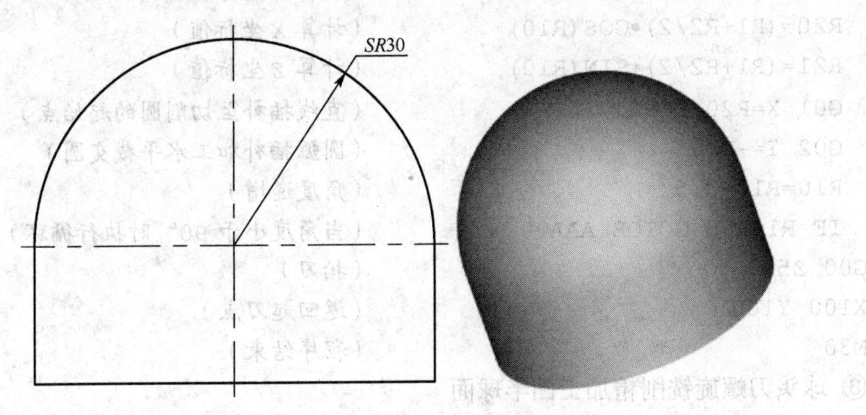


图 3-90　凸半球面数控铣削加工

解：设 G54 工件坐标系原点在球心，下面分别采用直径为 $\phi$8mm 的立铣刀和球头刀采用不同方法实现该凸半球面的精加工，编制加工程序如下。

① 立铣刀精加工凸半球面

```
CX3170.MPF
R1=30                         (球半径 R 赋值)
R2=8                          (立铣刀刀具直径 D 赋值)
R10=0                         (加工角度赋初值)
G54 G00 X100 Y100 Z50         (选择 G54 工件坐标系)
M03 S1000 F300                (加工参数设定)
X=R1+R2 Y0                    (刀具定位)
Z0                            (刀具下降到球底面)
```

```
   AAA:                                    (跳转标记符)
   R20=R1*COS(R10)+R2/2                    (计算X坐标值)
   R21=R1*SIN(R10)                         (计算Z坐标值)
   G01 X=R20 Z=R21                         (直线插补至切削圆的起始点)
   G02 I=-R20                              (圆弧插补加工水平截交圆)
   R10=R10+0.5                             (角度递增)
   IF R10<90 GOTOB AAA                     (当角度小于90°时执行循环)
G00 Z50                                    (抬刀)
X100 Y100                                  (返回起刀点)
M30                                        (程序结束)
```

② 球头刀精加工凸半球面

```
CX3171.MPF
R1=30                                      (球半径R赋值)
R2=8                                       (球头刀刀具直径D赋值)
R10=0                                      (加工角度赋初值)
G54 G00 X100 Y100 Z50                      (选择G54工件坐标系)
M03 S1000 F300                             (加工参数设定)
X=R1+R2 Y0                                 (刀具定位)
Z0                                         (刀具下降到球底面)
   AAA:                                    (跳转标记符)
   R20=(R1+R2/2)*COS(R10)                  (计算X坐标值)
   R21=(R1+R2/2)*SIN(R10)                  (计算Z坐标值)
   G01 X=R20 Z=R21                         (直线插补至切削圆的起始点)
   G02 I=-R20                              (圆弧插补加工水平截交圆)
   R10=R10+0.5                             (角度递增)
   IF R10<90 GOTOB AAA                     (当角度小于90°时执行循环)
G00 Z50                                    (抬刀)
X100 Y100                                  (返回起刀点)
M30                                        (程序结束)
```

③ 球头刀螺旋铣削精加工凸半球面

```
CX3172.MPF
R1=30                                      (球半径R赋值)
R2=8                                       (球头刀刀具直径D赋值)
R10=0                                      (加工角度赋初值)
G54 G00 X100 Y100 Z50                      (选择G54工件坐标系)
M03 S1000 F300                             (加工参数设定)
Z0                                         (刀具下降到球底面)
G01 X=R1+R2/2 Y0                           (进刀到切削起点)
   AAA:                                    (跳转标记符)
   R20=(R1+R2/2)*COS(R10)                  (计算X坐标值)
   R21=(R1+R2/2)*SIN(R10)                  (计算Z坐标值)
   G17 G02 X=R20 I=-R20 Z=R21              (螺旋插补加工)
   R10=R10+0.5                             (角度递增)
```

```
  IF R10<90 GOTOB AAA          (当角度小于 90° 时执行循环)
G00 Z50                        (抬刀)
X100 Y100                      (返回起刀点)
M30                            (程序结束)
```

④ 球头刀放射型精加工凸半球面

```
CX3173.MPF
R1=30                          (球半径 R 赋值)
R2=8                           (球头刀刀具直径 D 赋值)
R10=0                          (旋转角度赋初值)
R11=R1+R2/2                    (计算 R+D/2)
G54 G00 X100 Y100 Z50          (选择 G54 工件坐标系)
M03 S1000 F300                 (加工参数设定)
 AAA:                          (跳转标记符)
 G17 ROT RPL=R10               (坐标旋转设定)
   G00 X=R1+R2 Y0              (刀具定位)
   R20=0                       (角度赋初值)
   BBB:                        (跳转标记符)
   R30=R11*COS(R20)            (计算圆弧加工的 X 坐标值)
   R31=R11*SIN(R20)            (计算圆弧加工的 Y 坐标值)
   G01 X=R30 Y0 Z=R31          (直线插补加工圆弧)
   R20=R20+0.5                 (角度递增)
   IF R20<180 GOTOB BBB        (圆弧加工条件判断)
   G00 Z=R1+R2                 (抬刀)
 ROT                           (取消坐标旋转)
 R10=R10+0.5                   (角度递增)
 IF R10<180 GOTOB AAA          (当角度小于 180° 时执行循环)
G00 Z50                        (抬刀)
G17 X100 Y100                  (返回起刀点)
M30                            (程序结束)
```

⑤ 球头刀采用刀具半径补偿倒圆角方式精加工编程

```
CX3174.MPF
R3=8                           (球头刀直径 D 赋值)
R17=30                         (球半径 R 赋值)
R20=0                          (角度 θ 计数器置零)
R21=R3/2+R17                   (计算球头刀中心与倒圆中心连线距离)
G54 G00 X100 Y100 Z50          (工件坐标系设定)
M03 S1000 F300                 (加工参数设定)
AAA:                           (跳转标记符)
R22=R21*SIN(R20)               (计算球头刀的 Z 轴动态值)
$TC_DP6[1,1]=R21*COS(R20)-R17  (计算动态变化的刀具半径 r 补偿值)
G00 Z=R22                      (刀具下降至初始加工平面)
G41 X=R17+1.5*R3 Y0 D01        (建立刀具半径补偿)
 G01 X=R17+R3/2                (插补到切削起点)
```

```
  G02 I=-(R17+R3/2)                  (圆弧插补加工外轮廓)
G40 G00 X=R17+1.5*R3                 (取消刀具半径补偿)
R20=R20+0.5                          (角度计数器加增量)
IF R20<=90 GOTOB AAA                 (循环条件判断)
G00 Z50                              (抬刀)
X100 Y100                            (返回起刀点)
M30                                  (程序结束)
```

【例 3-21】如图 3-91 所示，在 60mm×60mm 的方形坯料上加工出球半径为"*SR*25"的凸半球面，试编制其数控铣削粗加工程序。

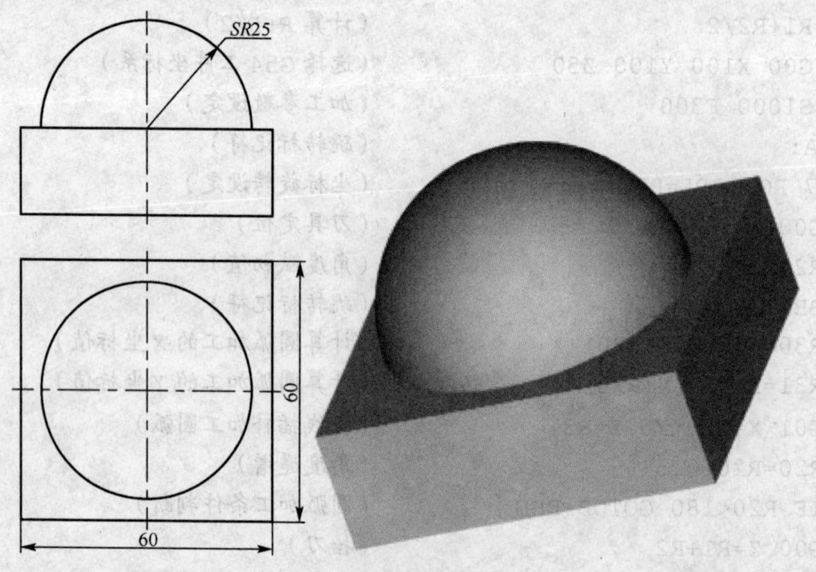


图 3-91　凸半球面

解：① 采用立铣刀从上至下等高铣削粗加工　设工件坐标系原点在上表面中心（即球顶点），采用直径为$\phi$8mm 的立铣刀从上至下等高铣削粗加工，编制加工程序如下。

```
CX3175.MPF
R1=25                                (球半径 R 赋值)
R2=60                                (方形毛坯边长赋值)
R3=8                                 (立铣刀刀具直径 D 赋值)
R10=0.7                              (粗加工行距系数赋值，行距系数=
                                     行距/刀具直径)
R11=3                                (每层加工深度赋值)
R12=0                                (加工深度赋初值)
G54 G00 X100 Y100 Z50                (选择 G54 工件坐标系)
M03 S1000 F300                       (加工参数设定)
AAA:                                 (跳转标记符)
IF R12+R11<R1 GOTOF LAB01            (Z 轴方向最后一层加工条件判断)
R12=R1                               (将球半径 R1 的值赋给加工深度 R12)
LAB01:                               (跳转标记符)
G00 X=R1+R3 Y0                       (刀具移动到工件之外)
Z=-R12                               (刀具下降到加工平面)
  R20=SQRT(2)*(R2/2)                 (计算方形毛坯外接圆半径)
  R21=SQRT(R1*R1-(R1-R12)*(R1-R12))  (计算加工层的截圆半径)
```

```
    BBB:                               （跳转标记符）
    IF R20-R10*R3>R21 GOTOF LAB02      （XY平面最后一圈加工条件判断）
    R20=R21+0.1                        （XY平面最后一圈留0.1mm精加工余量）
    LAB02:                             （跳转标记符）
    G01 X=R20+R3/2 Y0                  （直线插补至切削起点）
    G02 I=-R20-R3/2                    （粗加工圆弧插补）
    R20=R20-R10*R3                     （粗加工圆半径递减）
    IF R20>R21 GOTOB BBB               （每层加工循环条件判断）
  R12=R12+R11                          （加工深度递增）
  IF R12<R1 GOTOB AAA                  （加工深度条件判断）
  G00 Z50                              （抬刀）
  X100 Y100                            （返回）
  M30                                  （程序结束）
```

② 采用球头刀插式铣削粗加工　设工件坐标系原点在上表面中心（即球顶点），采用直径为$\phi$8mm的球头刀沿圆形循环加工路线插式铣削粗加工，编制加工程序如下。

```
CX3176.MPF
R1=25                                  （球半径R赋值）
R2=60                                  （方形毛坯边长赋值）
R3=8                                   （球头刀刀具直径D赋值）
R10=0.7                                （粗加工行距系数赋值，行距系数=行距/
                                       刀具直径）
R11=SQRT(2)*R2*0.5                     （圆形循环加工路线在XY平面的投影圆半
                                       径赋初值）
R12=R1+R3/2                            （计算球半径加球头刀半径的值）
R13=5                                  （角度增量赋初值）
G54 G00 X100 Y100 Z50                  （选择G54工件坐标系）
M03 S1000 F300                         （加工参数设定）
AAA:                                   （跳转标记符）
  IF R11<R12 GOTOF MAR01               （条件满足时）
  R20=R1-R3/2                          （加工深度赋值）
  GOTOF MAR02                          （无条件跳转）
  MAR01:                               （跳转标记符）
  R20=R1-SQRT(R12*R12-R11*R11)         （加工深度计算）
  MAR02:                               （跳转标记符）
    R30=0                              （角度赋初值）
    BBB:                               （跳转标记符）
    R31=R11*COS(R30)                   （计算X坐标值）
    R32=R11*SIN(R30)                   （计算Y坐标值）
    IF ABS(R31)>R2/2 GOTOF MAR03       （判断加工点是否在方形毛坯之外）
    IF ABS(R32)>R2/2 GOTOF MAR03       （判断加工点是否在方形毛坯之外）
    G00 X=R31 Y=R32                    （孔加工定位）
    CYCLE81(10,0,2,-R20,)              （插式铣削）
    MAR03:                             （结束条件）
    R30=R30+R13                        （角度递增）
    IF R30<360 GOTOB BBB               （加工条件判断）
R13=R13+1                              （每向内加工一圈角度递增1°）
```

```
R11=R11-R10*R3                    （投影圆半径递减）
IF R11>0 GOTOB AAA                （加工循环条件判断）
G00 Z50                           （抬刀）
X100 Y100                         （返回）
M30                               （程序结束）
```

1. 数控铣削加工如图 3-92 所示的球冠面，球半径为“*SR*30”，球冠高度为 20mm，试编制该零件的精加工程序。

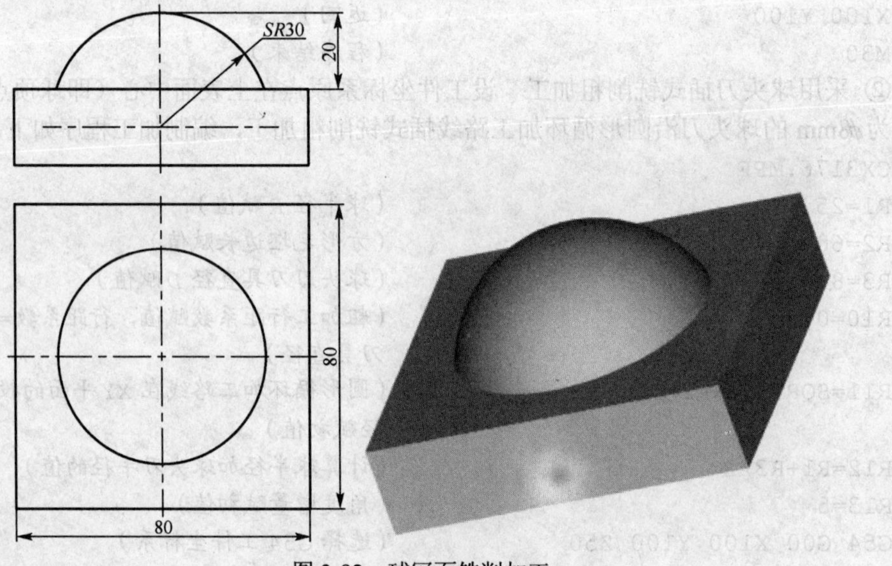


图 3-92 球冠面铣削加工

2. 若采用仅将精加工程序中的球半径赋值从大至小赋值实现粗加工是否可行？

3. 数控铣削加工如图 3-93 所示凸半球，球半径（*R*）为 20mm，方形毛坯长（*L*）的值为 70mm，宽（*B*）为 60mm，试行切法加工并编制其铣削加工程序。

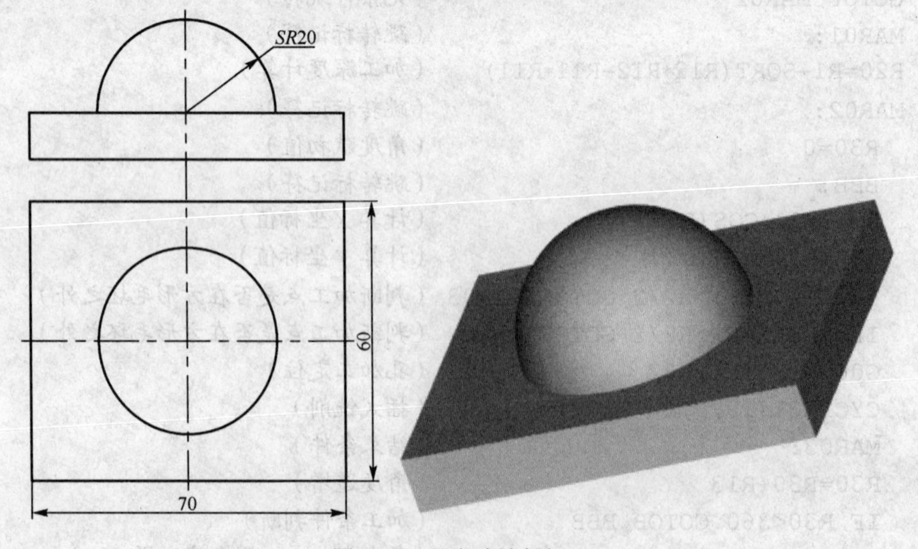


图 3-93 凸半球铣削加工

### 3.7.2 凹球面铣削加工

凹球面数控铣削加工可选用立铣刀或球头铣刀加工，设球面半径为 $R$，刀具直径为 $D$，采用立铣刀和球头铣刀加工的刀具轨迹及几何参数模型如图 3-94 所示，立铣刀刀位点轨迹为偏移了一个刀具半径的与球半径 $R$ 相同半径的圆弧，球头刀刀位点轨迹为一个半径为 $R-D/2$ 的与球同心的圆弧。

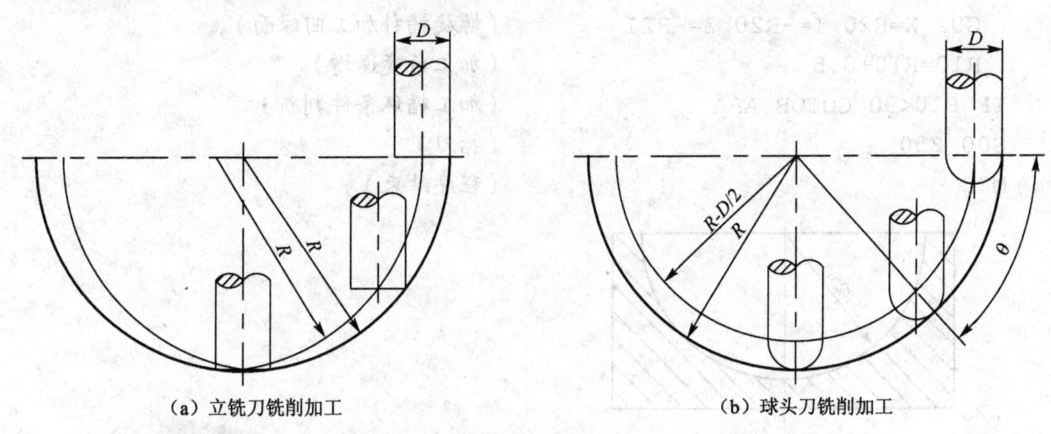


（a）立铣刀铣削加工　　（b）球头刀铣削加工

图 3-94　立铣刀和球头刀加工凹球面刀具轨迹及几何参数模型

由于立铣刀加工内球面与球头刀加工凹球面相比，效率较高，质量较差，并且无法加工凹球面顶部。如图 3-95（a）所示阴影部分为过切区域，为保证不过切，如图 3-95（b）所示，可加工至凹球面上的 $A$ 点，所以可选择立铣刀粗加工凹球面，然后采用球头刀精加工。

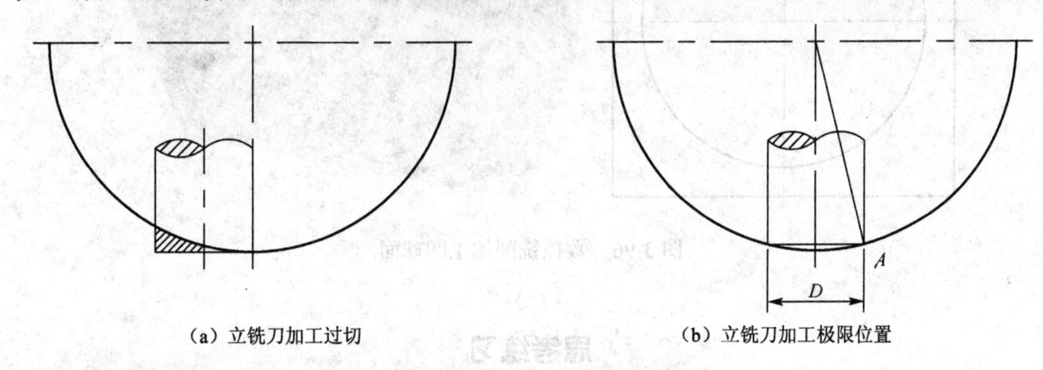


（a）立铣刀加工过切　　（b）立铣刀加工极限位置

图 3-95　立铣刀加工凹球面

**【例 3-22】** 数控铣削加工如图 3-96 所示球半径为“*SR*25”的凹球面，试编制其球面加工程序。

解：设工件坐标原点在球心，选用直径为 $\phi$8mm 的球头刀螺旋铣削加工该凹球面，编制加工程序如下。

```
CX3180.MPF
R1=25                        （凹球半径 R 赋值）
R2=8                         （球头刀直径 D 赋值）
R3=R1-R2/2                   （计算 R-D/2）
R10=0                        （加工角度赋初值）
G54 G00 X0 Y0 Z50            （工件坐标系设定）
```

```
M03 S1000 F300                    （加工参数设定）
Z0                                （下刀）
G17 G02 X=R3 Y0 CR=R3/2           （圆弧切入）
AAA:                              （跳转标记符）
  R20=R3*COS(R10)                 （计算 r 值，亦即 X 坐标值）
  R21=R3*SIN(R10)                 （计算加工深度 h 值）
  G02 X=R20 I=-R20 Z=-R21         （螺旋插补加工凹球面）
  R10=R10+0.5                     （加工角度递增）
IF R10<90 GOTOB AAA               （加工循环条件判断）
G00 Z50                           （抬刀）
M30                               （程序结束）
```

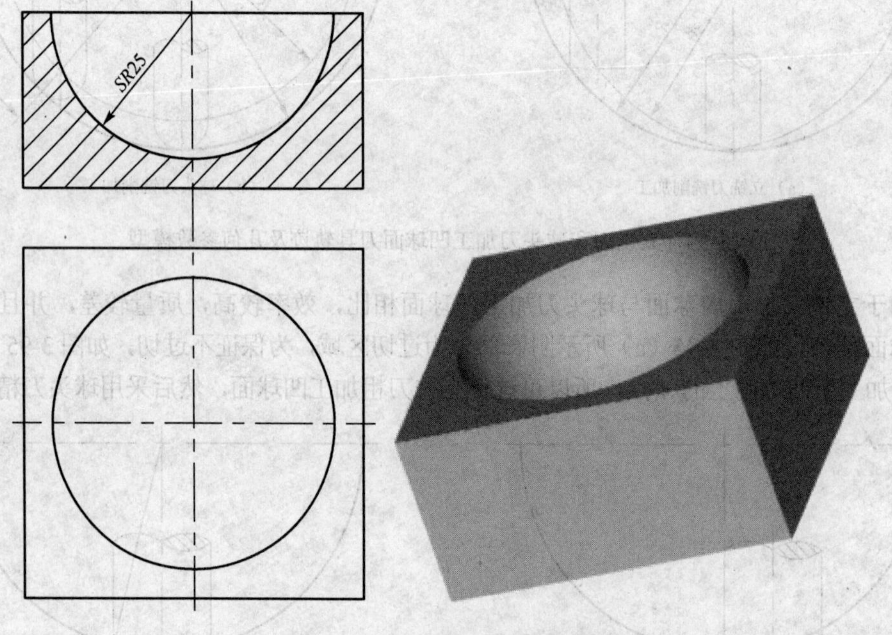


图 3-96　数控铣削加工凹球面

1. 如图 3-97 所示，凹球面半径为“*SR*40”，球心距离工件上表面 10mm，试编制其加工程序。

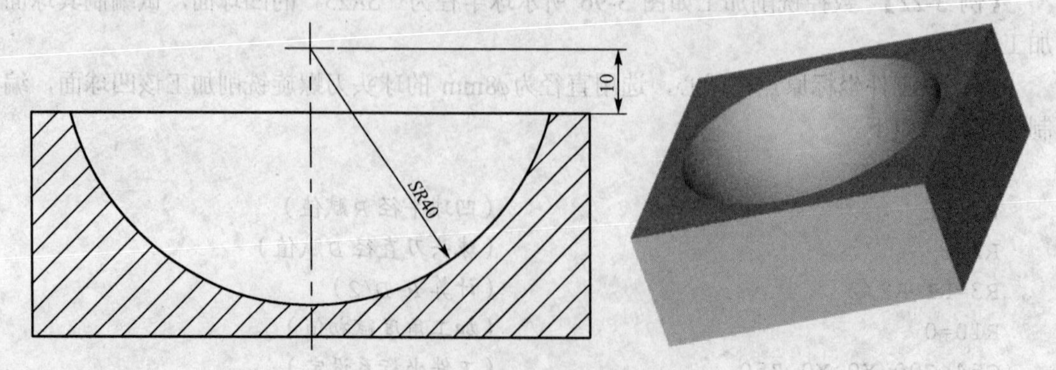


图 3-97　凹球面铣削加工

2. 如图 3-98 所示凹球面，凹球面半径为“*SR25*”，球底距离工件上表面 20mm，试编制其加工程序。

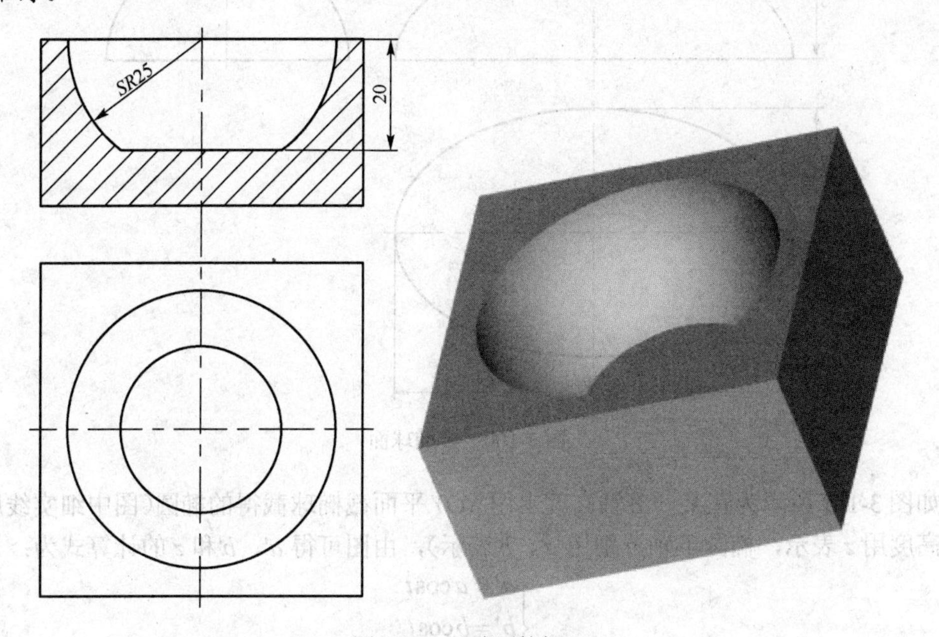


图 3-98 凹球面的加工

3. 数控铣削加工如图 3-99 所示喇叭形凸台零件的外侧面，试编制其加工程序。

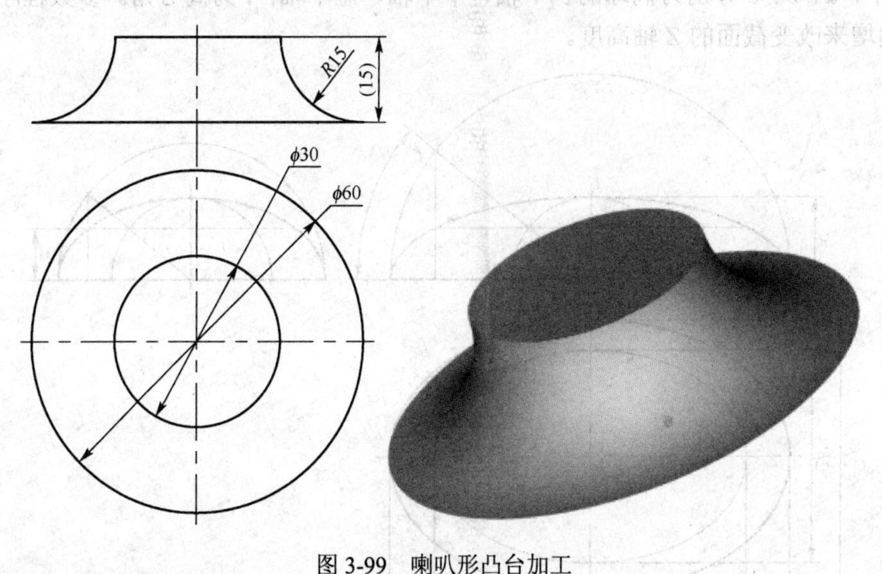


图 3-99 喇叭形凸台加工

### 3.7.3 椭球面铣削加工

如图 3-100 所示半椭球，椭球半轴长分别为 $a$、$b$、$c$，其标准方程为

$$\frac{x^2}{a^2}+\frac{y^2}{b^2}+\frac{z^2}{c^2}=1$$

椭球的特征之一是用一组水平截平面去截切椭球，则任一截平面与椭球面的截交线均为椭圆（特殊情况下为圆），如图 3-101 所示。

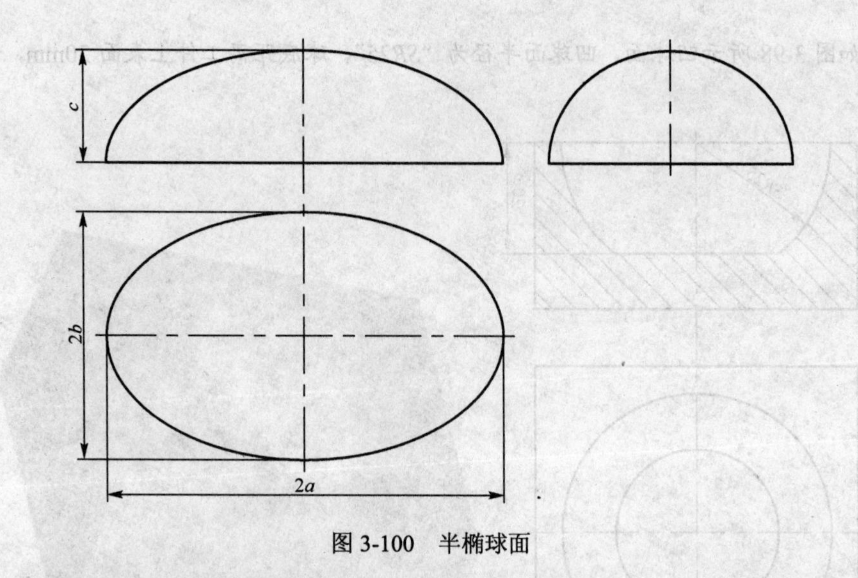


图 3-100 半椭球面

如图 3-101 所示为在某一 Z 轴高度上用 XOY 平面截椭球截得的椭圆（图中细实线所示，所在高度用 z 表示，椭圆半轴分别用 a'、b'表示），由图可得 a'、b'和 z 的计算式为：

$$\begin{cases} a' = a\cos t \\ b' = b\cos t \\ z = c\sin t \end{cases}$$

式中，a、b、c 分别为椭球的长半轴、中半轴、短半轴；t 为离心角。参数程序中可以 t 值的递增来改变截面的 Z 轴高度。

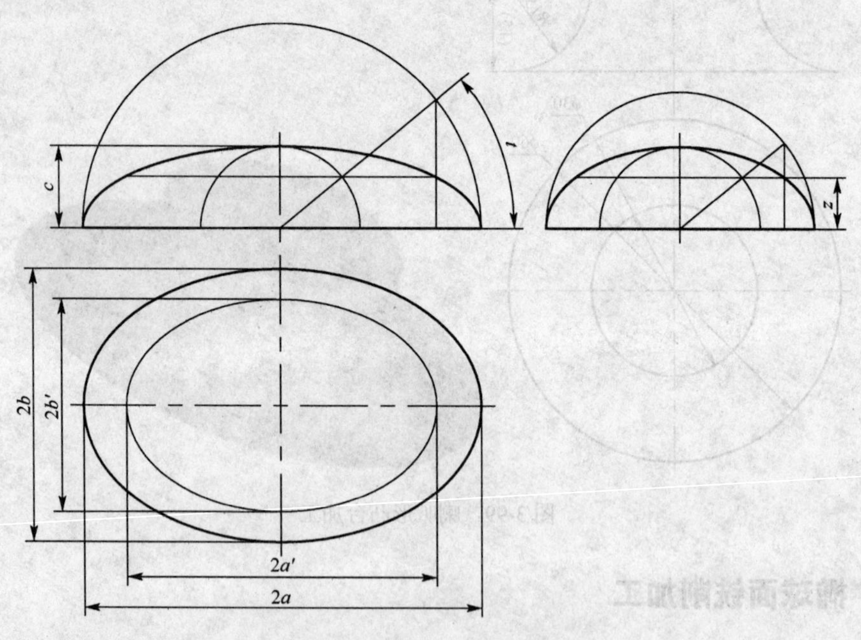


图 3-101 椭球几何关系示意图

数控铣削加工椭球面时，可选择球头刀或立铣刀采用从下往上或从上往下在 Z 轴上分层等高环绕铣削完成椭球面的加工，即刀具先定位到某一 Z 值高度的 XOY 平面，在 XOY 平面内走一个椭圆，该椭圆为用 XOY 平面截椭球得到的截面形状，然后将刀具在 Z 轴方向提升（降低）一个高度，刀具在这个 Z 轴高度上再加工一个用 XOY 平面截椭球得到的新椭圆截面，如此不断重复，直到加工完整个椭球。

【例 3-23】 数控铣削加工如图 3-102 所示椭半球，椭圆长轴 72mm，中轴 44mm，短半轴 20mm，试编制其椭球面加工程序。

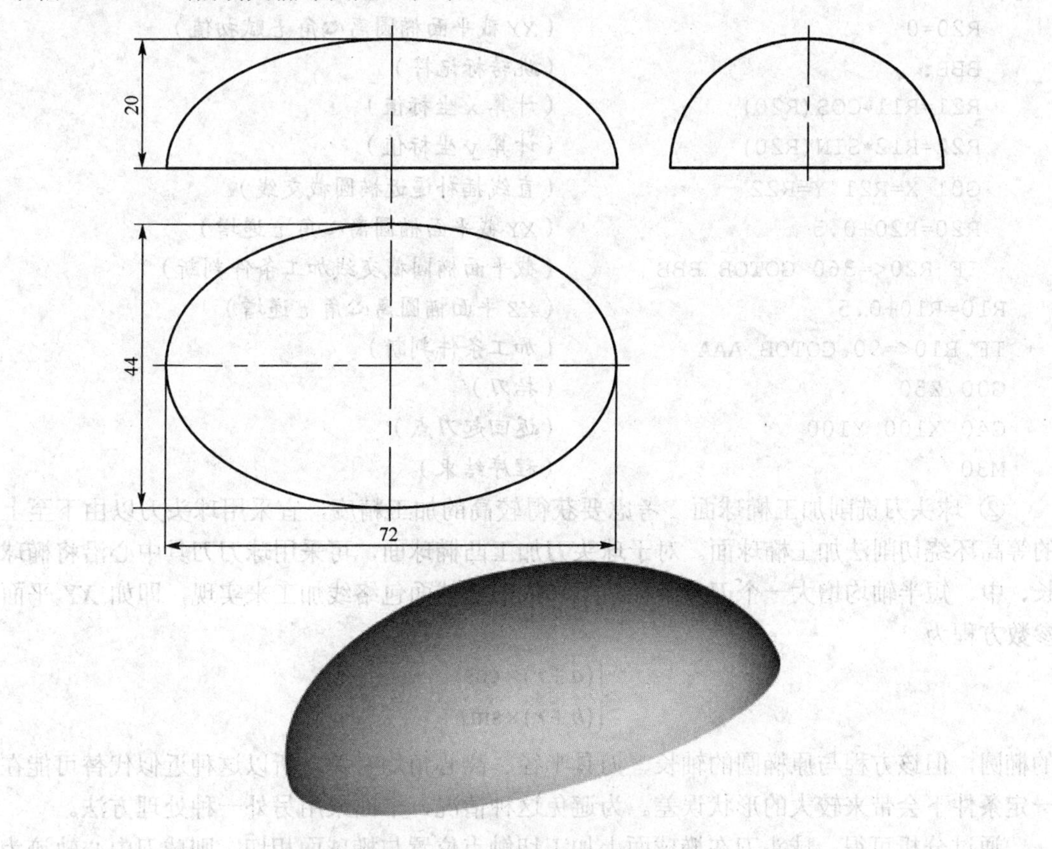


图 3-102 椭半球面铣削加工

解：① 立铣刀铣削加工椭球面　立铣刀加工凸椭球面可采用等高层内加刀具半径补偿方式，用矢量运算的方法生成理想的刀具中心运动轨迹。采用立铣刀加工椭球面，编程相对容易，但精度及表面粗糙度较差。

设工件坐标系原点在椭球中心，若选用直径为$\phi$10mm 立铣刀铣削加工，编制加工程序如下。

```
CX3190.MPF
R0=36                      （椭圆长半轴 a 赋值）
R1=22                      （椭圆中半轴 b 赋值）
R2=20                      （椭圆短半轴 c 赋值）
R10=0                      （XZ 平面椭圆离心角 t 赋初值）
G54 G00 X100 Y100 Z50      （工件坐标系设定）
M03 S100 F300              （加工参数设定）
Z0                         （刀具下降到加工底平面）
G42 G00 X=R0 Y-10 D01      （建立刀具半径补偿）
G01 Y0                     （直线插补至切削起点）
AAA:                       （跳转标记符）
R11=R0*COS(R10)            （计算 a'值）
```

```
R12=R1*COS(R10)                    (计算b'值)
R13=R2*SIN(R10)                    (计算z坐标值)
G01 X=R11 Z=R13                    (直线插补至加工截平面)
  R20=0                            (XY截平面椭圆离心角t赋初值)
  BBB:                             (跳转标记符)
  R21=R11*COS(R20)                 (计算x坐标值)
  R22=R12*SIN(R20)                 (计算y坐标值)
  G01 X=R21 Y=R22                  (直线插补逼近椭圆截交线)
  R20=R20+0.5                      (XY截平面椭圆离心角t递增)
  IF R20<=360 GOTOB BBB            (截平面椭圆截交线加工条件判断)
R10=R10+0.5                        (XZ平面椭圆离心角t递增)
IF R10<=90 GOTOB AAA               (加工条件判断)
G00 Z50                            (抬刀)
G40 X100 Y100                      (返回起刀点)
M30                                (程序结束)
```

② 球头刀铣削加工椭球面　考虑要获得较高的加工精度，宜采用球头刀以由下至上的等高环绕切削法加工椭球面。对于球头刀加工凸椭球面，可采用球刀刀具中心沿将椭球长、中、短半轴均增大一个刀具半径值所形成的椭球面包络线加工来实现，即如 *XY* 平面参数方程为

$$\begin{cases}(a+r)\times\cos t\\(b+r)\times\sin t\end{cases}$$

的椭圆，但该方程与原椭圆的轴长、刀具半径、离心角均有关，所以这种近似代替可能在一定条件下会带来较大的形状误差。为避免这种情况，下面采用另外一种处理方法。

通过分析可得，球头刀在椭球面上加工切触点位置与椭球面相切，则球刀中心轨迹为向外偏置球刀半径后的等距线，在 *XOZ* 平面内的椭圆等距线的参数方程为（推导过程略）：

$$\begin{cases}x=a\times\cos t+m\\z=c\times\sin t+n\end{cases}$$

*XO'Y* 水平截平面内的椭圆等距线参数方程为：

$$\begin{cases}x=a'\times\cos t'+\dfrac{b'\times m\times\cos t'}{\sqrt{(a'\times\sin t')^2+(b'\times\cos t')^2}}\\[2ex]y=b'\times\sin t'+\dfrac{a'\times m\times\sin t'}{\sqrt{(a'\times\sin t')^2+(b'\times\cos t')^2}}\end{cases}$$

$$a'=a\times\cos t\,,\quad b'=b\cos t$$

$$m=\frac{c\times r\times\cos t}{\sqrt{(a\times\sin t)^2+(c\times\cos t)^2}}$$

$$n=\frac{a\times r\times\sin t}{\sqrt{(a\times\sin t)^2+(c\times\cos t)^2}}$$

其中，$t$ 为 *XZ* 平面内椭圆离心角；$t'$为 *XY* 平面内椭圆离心角。

设工件坐标原点在椭球中心，选用直径为$\phi$8mm 的球头刀铣削加工椭球面，编制加工程序如下。

```
CX3191.MPF
```

```
R0=20                                  (椭球长半轴 a 赋值)
R1=15                                  (椭球中半轴 b 赋值)
R2=10                                  (椭球短半轴 c 赋值)
R3=4                                   (球头刀刀具半径 r 赋值)
G54 G00 X100 Y100 Z50                  (工件坐标系设定)
M03 S1000 F300                         (加工参数设定)
X=R0+R3+10 Y0                          (刀具定位)
Z0                                     (下刀到加工平面)
G01 X=R0+R3                            (直线插补到切削起点)
R10=0                                  (XZ 平面内椭圆离心角 t 赋初值)
AAA:                                   (跳转标记符)
R11=R2*R3*COS(R10)/SQRT(R0*R0*SIN(R10)*SIN(R10)+R2*R2*COS(R10)*
COS(R10))
                                       (计算 m 值)
R12=R0*R3*SIN(R10)/SQRT(R0*R0*SIN(R10)*SIN(R10)+R2*R2*COS(R10)*
COS(R10))
                                       (计算 n 值)
R13=R0*COS(R10)                        (计算 a'值)
R14=R1*COS(R10)                        (计算 b'值)
R15=R2*SIN(R10)+R12                    (计算加工平面 z 坐标值)
G01 X=R13+R11 Z=R15                    (XZ 平面直线插补逼近椭圆曲线)
  R20=360                              (XY 平面内椭圆离心角 t'赋初值)
  BBB:                                 (跳转标记符)
R21=R13*COS(R20)+R14*R11*COS(R20)/SQRT(R13*R13*SIN(R20)*SIN(R20)+
R14*R14*COS(R20)*COS(R20))
                                       (计算 x 坐标值)
R22=R14*SIN(R20)+R13*R11*SIN(R20)/SQRT(R13*R13*SIN(R20)*SIN(R20)+
R14*R14*COS(R20)*COS(R20))
                                       (计算 y 坐标值)
  G01 X=R21 Y=R22                      (直线插补逼近 XY 平面截椭圆曲线)
  R20=R20-0.5                          (离心角 t'递减)
  IF R20>=0 GOTOB BBB                  (XY 平面截平面椭圆曲线加工判断)
R10=R10+0.5                            (离心角 t 递增)
IF R10<=90 GOTOB AAA                   (XZ 平面椭圆曲线加工判断)
G00 Z50                                (抬刀)
X100 Y100                              (返回起刀点)
M30                                    (程序结束)
```

③ 立铣刀放射“西瓜纹”加工椭球　如图 3-103 所示，若采用一系列绕椭球顶点旋转的铅垂面去截切椭球，其截交线为椭圆（证明过程略），则该椭圆长半轴为 $a'$（$a'$的值随着 $A$—$A$ 铅垂面的旋转角度 $\theta$ 变化而变化），短半轴仍为椭球的短半轴 $c$，该截交线可作为铣削加工椭球面的加工路径（刀具切触线），沿这一系列椭圆截交线加工即可实现椭球面的交叉放射加工。则相关计算式如下：

$$a' = \sqrt{x^2 + y^2}$$

$$x' = a' \cos t'$$

$$z = c\sin t'$$

其中，$x$、$y$ 为 $P$ 点的坐标值，其值分别为 $x = a\times\cos t$ 、$y = b\times\sin t$；$t$ 为 $XY$ 平面椭圆 $P$ 点的离心角，$\theta$ 为 $XY$ 平面椭圆 $P$ 点的圆心角（如图所示亦即 $A$—$A$ 铅垂面的旋转角度 $\theta$）。离心角 $t$ 和圆心角 $\theta$ 的关系为 $\tan t = \dfrac{a}{b}\times\tan\theta$ 。$x'$、$z$ 分别为椭圆截交线上 $M$ 点在未旋转 $\theta$ 角时的 $x$、$z$ 坐标值，$t'$为 $XZ$ 平面椭圆 $M$ 点未旋转前的离心角。

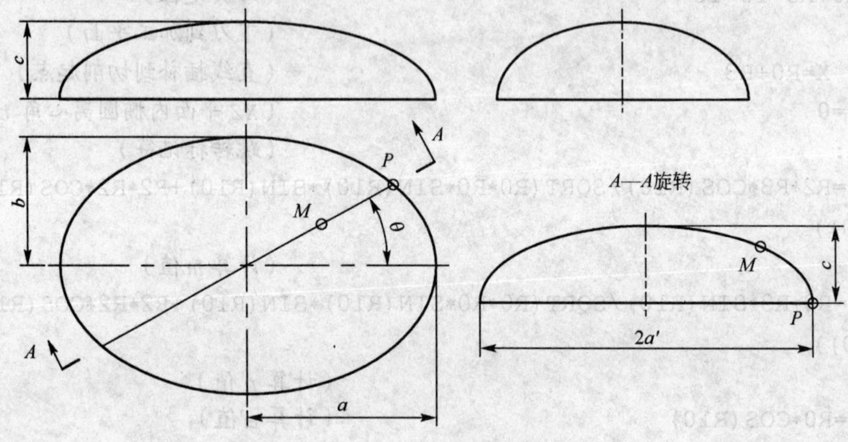


图 3-103　铅垂面截切椭球

下面采用从椭球顶点交叉放射加工的方式加工椭球面（加工刀路呈“西瓜纹”），编制加工程序如下。

```
CX3192.MPF
R0=36                          （椭圆长半轴 a 赋值）
R1=22                          （椭圆中半轴 b 赋值）
R2=20                          （椭圆短半轴 c 赋值）
R3=10                          （立铣刀直径赋值）
G54 G00 X100 Y100 Z50          （工件坐标系设定）
M03 S1000 F300                 （加工参数设定）
X=R0+R3*0.5+10 Y0              （刀具定位）
Z0                             （下刀到加工平面）
G01 X=R0+R3*0.5                （进刀到切削起点）
R10=0                          （XY 平面椭圆圆心角 θ赋初值）
AAA:                           （跳转标记符）
R11=ATAN2(TAN(R10)*R0/R1)      （计算 XY 平面椭圆离心角 t）
R12=R0*COS(R11)                （计算 XY 平面 P 点的 x 坐标值）
R13=R1*SIN(R11)                （计算 XY 平面 P 点的 y 坐标值）
R14=SQRT(R12*R12+R13*R13)      （计算椭圆长半轴 a'）
ROT RPL=R10                    （坐标旋转设定）
G01 X=R14+R3*0.5 Y0            （直线插补到 P 点）
  R20=0                        （XZ 平面椭圆离心角 t 赋初值）
  BBB:                         （跳转标记符）
  R21=R14*COS(R20)             （计算 XZ 平面 M 点的 x 坐标值）
  R22=R2*SIN(R20)              （计算 XZ 平面 M 点的 z 坐标值）
  G01 X=R21+R3*0.5 Z=R22       （直线插补椭圆曲线，注意考虑了刀具半径
                                补偿值）
```

```
    R20=R20+0.5                        (XZ平面椭圆离心角t递增)
    IF R20<=90 GOTOB BBB               (加工条件判断)
  G00 X=R14+R3*0.5 Y0                  (返回)
  Z0                                   (下刀)
  ROT                                  (取消坐标旋转)
  R10=R10+0.5                          (XY平面椭圆圆心角θ递增)
  IF R10<=360 GOTOB AAA                (加工条件判断)
  G00 Z50                              (抬刀)
  X100 Y100                            (返回起刀点)
  M30                                  (程序结束)
```

## 思考练习

1. 数控铣削加工如图3-104所示半椭球，试编制该椭球面的加工程序。

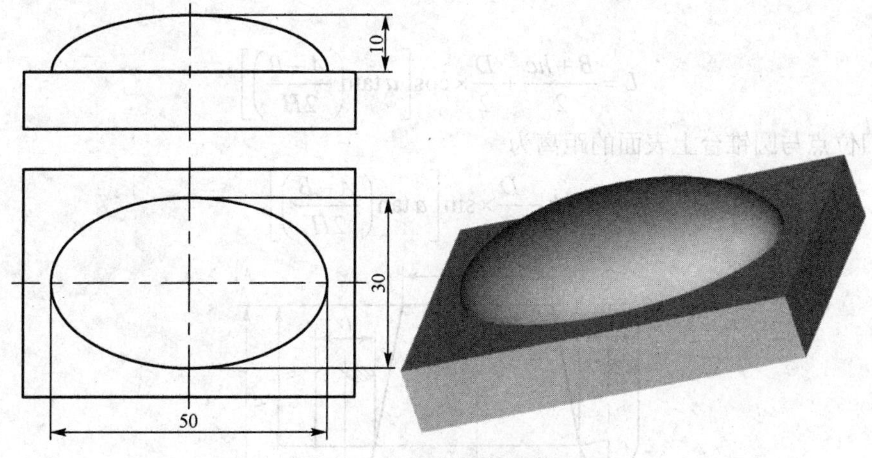


图3-104　半椭球面铣削加工

2. 数控铣削加工如图3-105所示凹椭球面，椭球长轴长60mm，中轴长40mm，短轴长30mm，试编制其加工程序。

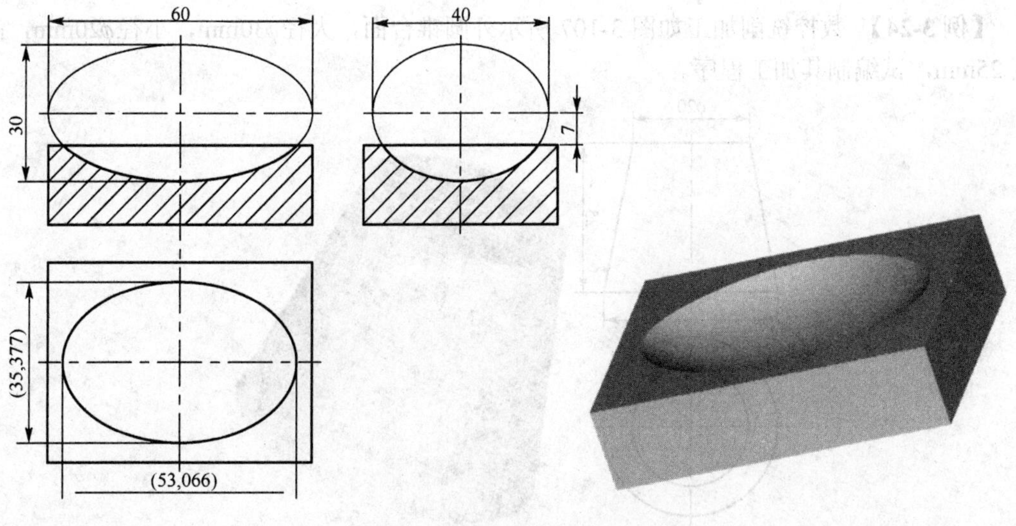


图3-105　凹椭球面铣削加工

# 3.8 凸台面数控铣削加工

## 3.8.1 圆锥台面铣削加工

如图 3-106 所示，设圆锥台零件底圆直径为 $A$，顶圆直径为 $B$，圆台高度为 $H$，则圆锥台的锥度

$$c=\frac{A-B}{H}$$

任一高度 $h$ 上的圆锥台截圆半径为

$$R=\frac{B+hc}{2}$$

选择直径为 $D$ 的立铣刀加工任一高度 h 的圆锥台截圆时，刀位点与圆锥台轴线的距离为

$$L=R+D/2$$

而选择直径为 $D$ 的球头刀加工任一高度 h 的圆锥台截圆时，球头刀刀位点与圆锥台轴线的距离为

$$L=\frac{B+hc}{2}+\frac{D}{2}\times\cos\left[a\tan\left(\frac{A-B}{2H}\right)\right]$$

球头刀刀位点与圆锥台上表面的距离为

$$h_1=h-\frac{D}{2}\times\sin\left[a\tan\left(\frac{A-B}{2H}\right)\right]$$

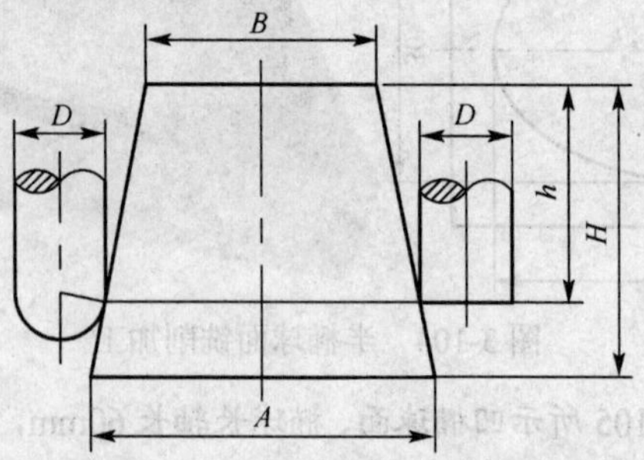

图 3-106　圆锥台几何关系示意图

**【例 3-24】** 数控铣削加工如图 3-107 所示外圆锥台面，大径$\phi$30mm，小径$\phi$20mm，高度 25mm，试编制其加工程序。

图 3-107　外圆锥台面铣削加工

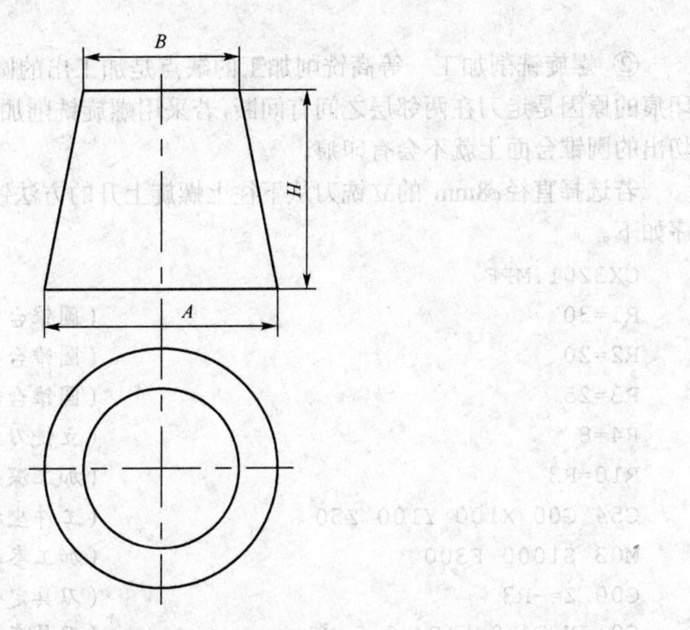


图 3-108　圆锥台几何参数模型

解：圆锥台几何参数模型如图 3-108 所示，设圆锥台底圆直径（大径）为 $A$，顶圆直径（小径）为 $B$，圆锥台高度为 $H$，设工件坐标系原点在圆锥台上表面中心。

① 等高铣削加工　用一组水平的截面去截圆锥台，得到的截交线为一系列大小不同的整圆。铣圆锥台面一般采用等高加工，即沿着这些整圆截交线加工，具体加工方法是：先水平加工一整圆后，然后垂直向上抬一个层距，接着水平向圆心方向插补一小段后再加工新的一整圆，这样不断循环，直到铣到锥顶为止。

若选择直径$\phi$8mm 的立铣刀从下往上逐层上升的方法等高铣削加工圆锥台面，编制加工程序如下。

```
CX3200.MPF
R1=30                                    （圆锥台大径 A 赋值）
R2=20                                    （圆锥台小径 B 赋值）
R3=25                                    （圆锥台高度 H 赋值）
R4=8                                     （立铣刀刀具直径 D 赋值）
R10=R3                                   （加工深度 h 赋初值）
G54 G00 X100 Y100 Z50                    （工件坐标系设定）
M03 S1000 F300                           （加工参数设定）
AAA:                                     （跳转标记符）
  R20=(R2+R10*(R1-R2)/R3)*0.5+R4*0.5     （计算立铣刀刀位点与圆锥台轴线的距离）
  G00 Z=-R10                             （刀具定位到加工平面）
  G01 X=R20 Y0                           （刀具直线插补到截圆切削起点位置）
  G02 I=-R20                             （圆弧插补加工截圆）
  R10=R10-0.2                            （加工深度递减）
IF R10>0 GOTOB AAA                       （循环条件判断）
G00 Z50                                  （抬刀）
X100 Y100                                （返回起刀点）
M30                                      （程序结束）
```

② 螺旋铣削加工　等高铣削加工的缺点是加工出的圆锥台面有一条直线印痕，出现印痕的原因是走刀在两邻层之间有间断，若采用螺旋铣削加工的方法加工时走刀连续顺畅，切出的圆锥台面上就不会有印痕。

若选择直径$\phi$8mm 的立铣刀从下往上螺旋上升的方法铣削加工圆锥台面，编制加工程序如下。

```
CX3201.MPF
R1=30                                   (圆锥台大径A赋值)
R2=20                                   (圆锥台小径B赋值)
R3=25                                   (圆锥台高度H赋值)
R4=8                                    (立铣刀刀具直径D赋值)
R10=R3                                  (加工深度h赋初值)
G54 G00 X100 Y100 Z50                   (工件坐标系设定)
M03 S1000 F300                          (加工参数设定)
G00 Z=-R3                               (刀具定位到底平面)
G01 X=R1*0.5+R4*0.5 Y0                  (刀具直线插补底平面切削起点位置)
AAA:                                    (跳转标记符)
  R20=(R2+R10*(R1-R2)/R3)*0.5+R4*0.5    (计算立铣刀刀位点与圆锥台轴线的距离)
  G17 G02 X=R20 I=-R20 Z=-R10           (螺旋插补加工圆锥台面)
  R10=R10-0.2                           (加工深度递减)
IF R10>0 GOTOB AAA                      (循环条件判断)
G00 Z50                                 (抬刀)
X100 Y100                               (返回起刀点)
M30                                     (程序结束)
```

③ 直线斜插加工　圆锥台面可看成由一条直母线绕圆锥台轴线旋转 360° 而成，因此可采用沿着该直母线斜插加工结合旋转指令编制圆锥台面加工程序。

若选择直径$\phi$8mm 的立铣刀从上往下斜插加工的方法铣削加工圆锥台面，编制加工程序如下。

```
CX3202.MPF
R1=30                                   (圆锥台大径A赋值)
R2=20                                   (圆锥台小径B赋值)
R3=25                                   (圆锥台高度H赋值)
R4=8                                    (立铣刀刀具直径D赋值)
R10=0                                   (旋转角度θ赋初值)
G54 G00 X100 Y100 Z50                   (工件坐标系设定)
M03 S1000 F300                          (加工参数设定)
AAA:                                    (跳转标记符)
  G17 ROT RPL=R10                       (坐标旋转设定)
  G00 Z0                                (刀具定位到圆锥台顶平面)
  G01 X=R2*0.5+R4*0.5 Y0                (刀具进给到切削起点)
  X=R1*0.5+R4*0.5 Y0 Z=-R3              (直线斜插加工到圆锥台底平面)
  ROT                                   (取消坐标循转)
  R10=R10+0.2                           (旋转角度递增)
```

```
IF R10<=360 GOTOB AAA                    （循环条件判断）
G00 Z50                                  （抬刀）
X100 Y100                                （返回起刀点）
M30                                      （程序结束）
```

④ 刀具半径补偿倒直角方式编程等高铣削加工　如图 3-107 所示圆锥台面的加工亦可看成是在一直径为$\phi$30mm 的圆柱面上倒直角而成，直角宽度为 5mm，直角高度为 25mm，若选用直径$\phi$8mm 的立铣刀从下往上以刀具半径补偿倒直角方式编程等高铣削加工圆锥台面，编制加工程序如下。

```
CX3203.MPF
R1=5                                     （斜角宽度 B 赋值）
R2=25                                    （斜角高度 H 赋值）
R3=30                                    （圆柱直径赋值）
R4=8                                     （立铣刀刀具直径 D 赋值）
R10=R2                                   （加工深度 h 赋初值）
G54 G00 X100 Y100 Z50                    （快进到起刀点）
M03 S1000 F300                           （加工参数设定）
AAA:                                     （跳转标记符）
  R20=R4*0.5-R1*(R2-R10)/R2              （计算动态变化的刀具半径值“r”）
  $TC_DP6[1,1]=R20                       （刀具半径补偿值赋值）
  G00 Z=-R10                             （刀具移动到加工高度）
  G41 G00 X=R3*0.5 Y0 D01                （建立刀具半径补偿）
  G02 I=-R3*0.5                          （圆弧插补加工圆柱面）
  G40 G00 X=R3*0.5+R4                    （取消刀具半径补偿）
  R10=R10-0.5                            （加工宽度递增）
IF R10>=0 GOTOB AAA                      （循环条件判断）
G00 Z50                                  （抬刀）
X100 Y100                                （返回起刀点）
M30                                      （程序结束）
```

## 思考练习

1. 数控铣削加工如图 3-109 所示内圆锥台面，圆锥台大径$\phi$50mm，小径$\phi$40mm，高度 15mm，试编制其加工程序。

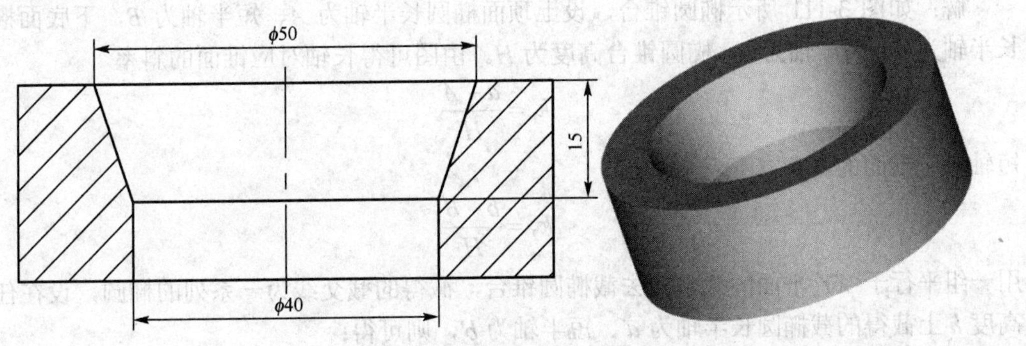


图 3-109　内圆锥台面铣削加工

2. 试编制采用球头刀加工如图 3-107 所示外圆锥台面的数控铣削加工程序。

### 3.8.2 椭圆锥台面铣削加工

**【例 3-25】** 如图 3-110 所示，椭圆锥台上顶面椭圆长轴长 28mm，短轴长 16mm，下底面椭圆长轴长 40mm，短轴长 28mm，锥台高度 20mm，试编制其锥面加工程序。

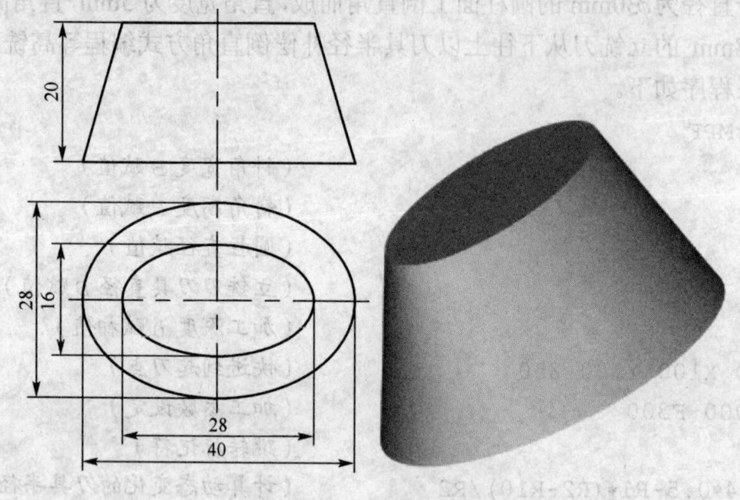


图 3-110 椭圆锥台零件

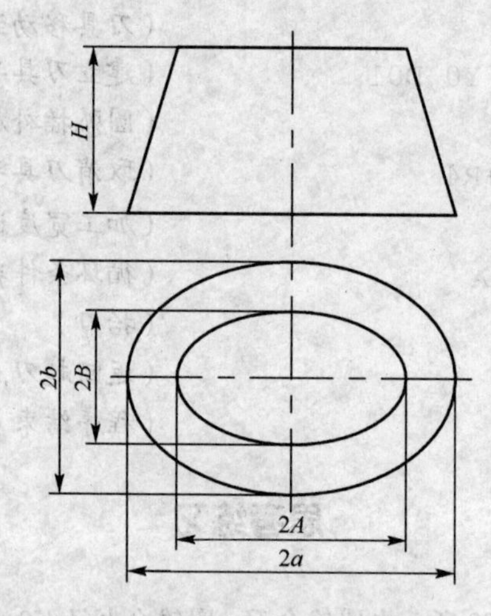


图 3-111 椭圆锥台几何参数模型

解：如图 3-111 所示椭圆锥台，设上顶面椭圆长半轴为 $A$、短半轴为 $B$，下底面椭圆长半轴为 $a$、短半轴为 $b$，椭圆锥台高度为 $H$。由图可得长轴对应锥面的斜率

$$k_1 = \frac{a-A}{H}$$

短轴对应锥面的斜率

$$k_2 = \frac{b-B}{H}$$

用一组平行于 $XY$ 平面的截平面去截椭圆锥台，截得的截交线为一系列的椭圆，设在任一高度 $h$ 上截得的截椭圆长半轴为 $a'$、短半轴为 $b'$，则可得：

$$\begin{cases} a' = A + hk_1 \\ b' = B + hk_2 \end{cases}$$

设工件坐标系原点在工件上表面的椭圆中心，选择直径为$\phi$10mm 的立铣刀从下往上逐层上升铣削加工该锥面，编制加工程序如下。

```
CX3210.MPF
R0=14                          (上顶面椭圆长半轴 A 赋值)
R1=8                           (上顶面椭圆短半轴 B 赋值)
R2=20                          (下底面椭圆长半轴 a 赋值)
R3=14                          (下底面椭圆短半轴 b 赋值)
R4=20                          (椭圆锥台高度 H 赋值)
R10=R4                         (加工深度 h 赋初值)
G54 G00 X100 Y100 Z50          (工件坐标系设定)
M03 S1000 F300                 (加工参数设定)
Z=-R4                          (刀具下降到锥台底面)
G00 G42 X=R2 Y-10 D01          (建立刀具半径补偿)
G01 Y0                         (直线插补到切削起点)
 AAA:                          (跳转标记符)
 G01 Z=-R10                    (刀具定位到加工平面)
  R20=R0+R10*(R2-R0)/R4        (计算长轴对应锥面的斜率 k1)
  R21=R1+R10*(R3-R1)/R4        (计算短轴对应锥面的斜率 k2)
  R22=0                        (离心角 t 赋初值)
  BBB:                         (跳转标记符)
  R30=R20*COS(R22)             (计算截椭圆长半轴 a')
  R31=R21*SIN(R22)             (计算截椭圆短半轴 b')
  G01 X=R30 Y=R31              (直线插补逼近椭圆)
  R22=R22+0.5                  (离心角 t 递增)
  IF R22<360 GOTOB BBB         (椭圆加工循环条件判断)
 R10=R10-0.2                   (加工深度 h 递减)
 IF R10>=0 GOTOB AAA           (加工深度循环条件判断)
G00 Z50                        (抬刀)
G40 X100 Y100                  (返回起刀点)
M30                            (程序结束)
```

## 思考练习

1. 如图 3-112 所示，锥台上顶圆直径$\phi$20mm，下底椭圆长轴 44mm，短轴 30mm，锥台高度 15mm，试编制其加工程序。

2. 如图 3-113 所示，椭圆内锥台上顶面椭圆长轴 60mm、短轴 40mm，下底面椭圆长轴 50mm、短轴 30mm，锥台高度 10mm，试编制其加工程序。

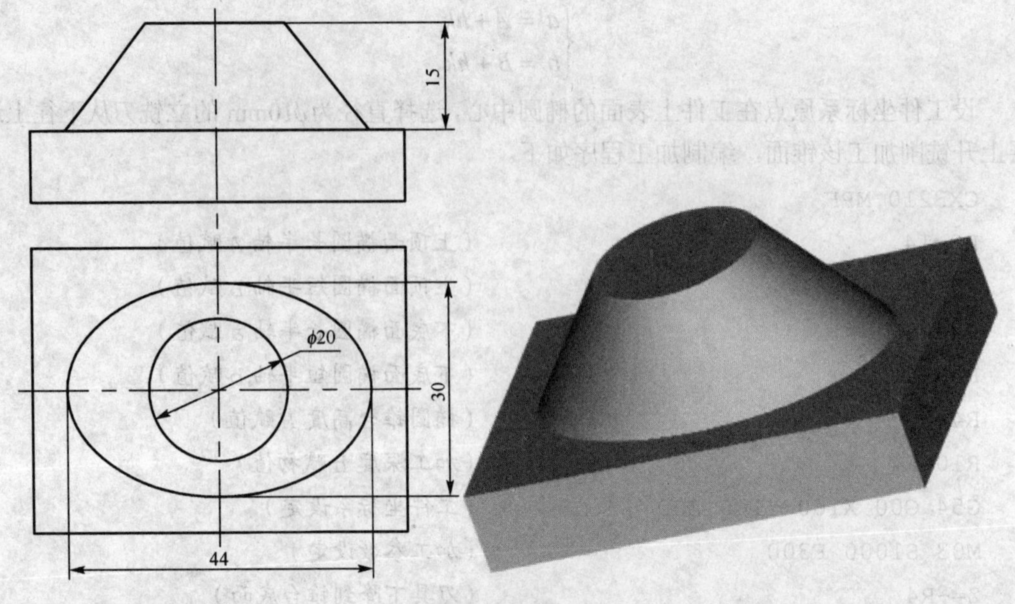


图 3-112　锥台零件

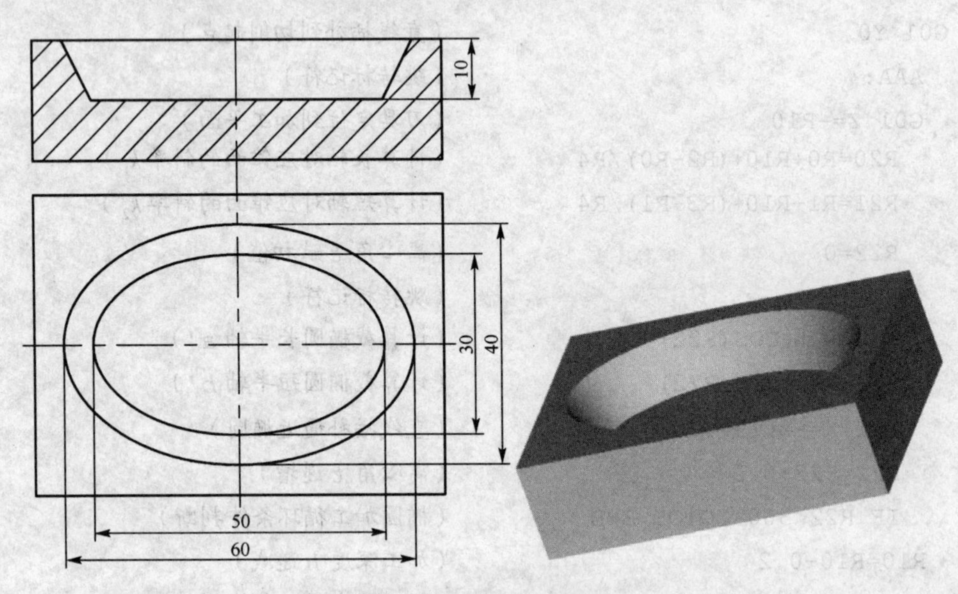


图 3-113　椭圆内锥台

## 3.8.3　天圆地方凸台面铣削加工

天圆地方凸台是一种上圆下方的渐变体，下面提供两种数控铣削加工天圆地方渐变体表面的思路。

**（1）等高加工截交线法**

用一组平行于 *XY* 平面的截平面去截天圆地方，其截交线由 4 段直线和 4 段圆弧组成，也可看成是一个四角均倒了圆角的正方形，该截交线就是刀具等高加工天圆地方渐变体的切触点。具体加工时刀具先定位到某一 *Z* 值高度的 *XY* 平面，在 *XY* 平面内加工一圈截交线，然后将刀具在 *Z* 轴方向下降（提升）一个高度，刀具在这个 *Z* 轴高度上再加工一个用 *XY* 平面截渐变体得到的新截面，如此不断重复，直到加工完整个天圆地方渐变体。

采用等高加工截交线法加工天圆地方的几何关系如图 3-114 所示，设上圆半径为 $R$，下方半边长为 $L$，高度为 $H$，在距离上表面 $h$（加工深度）的位置用一个截平面 $P$ 将天圆地方渐变体截去上半部分后，其截交线（即在该平面内外表面加工的加工路线）由 4 段长为 $2b$ 的直线和 4 段半径为 $r$ 的圆弧组成（亦可看成边长为 $2l$ 的正方形四个角均倒了圆角，圆角半径为 $r$），图中 $P_1 \sim P_8$ 分别为各直线与圆弧的交点，各参数数值计算式如下

$$l=\frac{(L-R)h}{H}+R \qquad \text{（由斜度 } k_1=\frac{L-R}{H}=\frac{l-R}{h} \text{ 得）}$$

$$b=\frac{Lh}{H} \qquad \text{（由斜度 } k_2=\frac{L}{H}=\frac{b}{h} \text{ 得）}$$

$$r=l-b$$

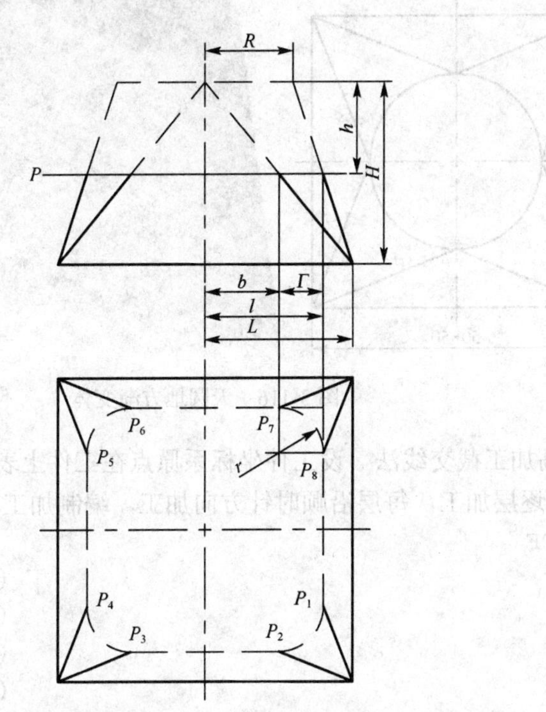


图 3-114　等高加工截交线法加工天圆地方的几何关系示意图

**（2）放射加工母线法**

天圆地方侧面可看成由四个等腰三角形平面和四个四分之一斜圆锥曲面组成，因此可以采用沿母线放射加工的方法完成加工。如图 3-115 所示，将“地方”的一边（等腰三角形底边）等分成若干份，从等分点直线插补至等腰三角形顶点，同样的方法将“天圆”四分之一段圆弧等分成若干份，并从“地方”角点直线插补值圆弧等分点，采用上述方法依次完成其余三个等腰三角形和三个四分之一圆锥面加工即可。

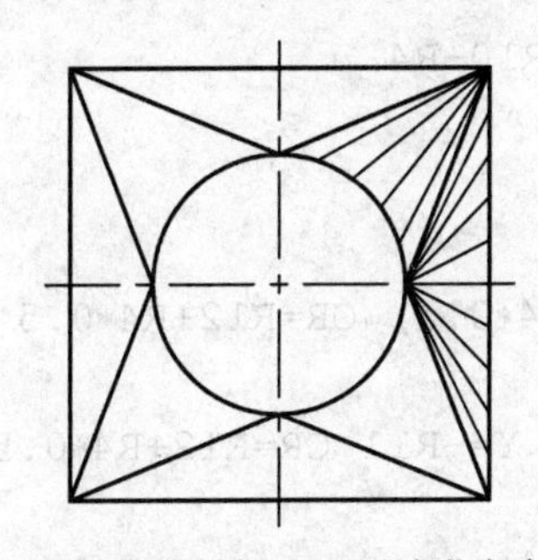

图 3-115　沿母线放射加工天圆地方渐变体示意图

【例 3-26】 如图 3-116 所示天圆地方渐变体，上圆直径$\phi$30mm，下方边长 50mm，高度 30mm，试编制其外表面精加工程序。

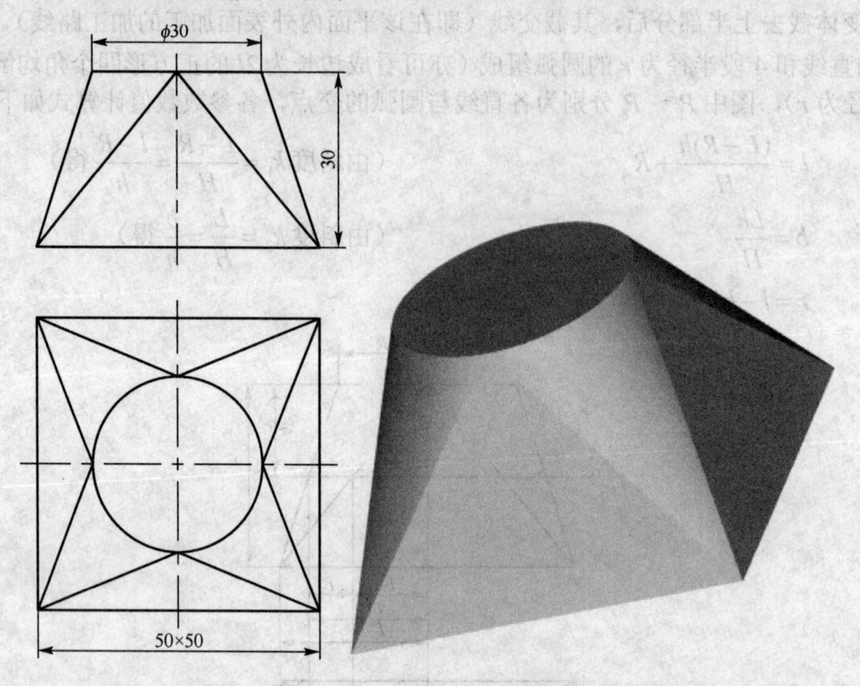


图 3-116 天圆地方渐变体

解：① 等高加工截交线法 设工件坐标系原点在工件上表面中心，采用$\phi$6mm 的立铣刀从上往下等高逐层加工，每层沿顺时针方向加工，编制加工程序如下。

```
CX3220.MPF
R1=30                                      (上圆直径赋值)
R2=50                                      (下方边长赋值)
R3=30                                      (渐变体高度赋值)
R4=6                                       (立铣刀刀具直径赋值)
R5=0                                       (加工深度赋初值,从 Z0 开始
                                           向下加工)
G54 G00 X100 Y100 Z50                      (工件坐标系设定)
M03 S800 F300                              (加工参数设定)
AAA:                                       (跳转标记符)
  R10=((R2*0.5-R1*0.5)*R5)/R3+R1*0.5       (计算 l 值)
  R11=(R2*0.5*R5)/R3                       (计算 b 值)
  R12=R10-R11                              (计算 r 值)
  G00 X=R10+R4*0.5 Y=R10+R4                (快进到工件外侧，考虑了刀
                                           具半径和安全距离)
  G00 Z=-R5                                (下刀到加工平面)
  G01 Y=-R11                               (直线插补到 P1 点)
  G02 X=R11 Y=-(R10+R4*0.5) CR=R12+R4*0.5  (圆弧插补到 P2 点)
  G01 X=-R11                               (直线插补到 P3 点)
  G02 X=-(R10+R4*0.5) Y=-R11 CR=R12+R4*0.5 (圆弧插补到 P4 点)
  G01 Y=R11                                (直线插补到 P5 点)
  G02 X=-R11 Y=R10+R4*0.5 CR=R12+R4*0.5    (圆弧插补到 P6 点)
```

```
  G01 X=R11                                   (直线插补到P7点)
  G02 X=R10+R4*0.5 Y=R11 CR=R12+R4*0.5        (圆弧插补到P8点)
  R5=R5+0.1                                   (深度递增)
IF R5<=R3 GOTOB AAA                           (循环条件判断)
G00 Z50                                       (抬刀)
X100 Y100                                     (返回起刀点)
M30                                           (程序结束)
```

② 放射加工母线法　设工件坐标系原点在工件上表面中心，采用$\phi$6mm的立铣刀放射加工母线法加工天圆地方渐变体。为保证加工尺寸合格，考虑刀具直径后，编程时可按上圆直径$\phi$36mm（30+6）、下方边长56mm（50+6）、高30mm的天圆地方考虑。具体加工程序如下。

```
CX3221.MPF
R1=30                                         (上圆直径赋值)
R2=50                                         (下方边长赋值)
R3=30                                         (渐变体高度赋值)
R4=6                                          (刀具直径赋值)
R10=0                                         (坐标旋转角度赋初值)
G54 G00 X100 Y100 Z50                         (工件坐标设定)
M03 S1000 F300                                (加工参数设定)
Z0                                            (刀具下降到工件上平面)
AAA:                                          (跳转标记符)
G17 ROT RPL=R10                               (坐标旋转设定)
R20=-(R2+R4)/2                                (下方边长加工Y坐标值赋初值)
R21=0                                         (圆弧加工角度赋初值)
  LAB01:                                      (跳转标记符)
  G01 X=R1*0.5+R4*0.5 Y0                      (直线插补至等腰三角形顶点)
  X=R2*0.5+R4*0.5 Y=R20 Z=-R3                 (直线插补至下方等分点)
  G00 Z0                                      (抬刀到上平面)
  R20=R20+0.2                                 (下方边长加工Y坐标值递增)
  IF R20<(R2+R4)/2 GOTOB LAB01                (下方边长加工循环条件判断)
    LAB02:                                    (跳转标记符)
    R30=(R1*0.5+R4*0.5)*COS(R21)              (计算圆弧加工等分点的X坐标值)
    R31=(R1*0.5+R4*0.5)*SIN(R21)              (计算圆弧加工等分点的Y坐标值)
    G01 X=R30 Y=R31                           (直线插补至圆弧等分点)
    X=R2*0.5+R4*0.5 Y=R2*0.5+R4*0.5 Z=-R3     (直线插补至斜圆锥锥顶)
    G00 Z0                                    (抬刀到上平面)
    R21=R21+0.2                               (圆弧加工角度递增)
    IF R21<90 GOTOB LAB02                     (圆弧加工角度循环条件判断)
R10=R10+90                                    (坐标旋转角度递增)
ROT                                           (取消坐标旋转)
IF R10<360 GOTOB AAA                          (坐标旋转条件判断)
G00 Z50                                       (抬刀)
X100 Y100                                     (返回起刀点)
M30                                           (程序结束)
```

## 思考练习

1. 如图 3-117 所示天方地圆渐变体，上方边长 20mm，下圆直径$\phi$50mm，高度 30mm，试编制其外表面精加工程序。

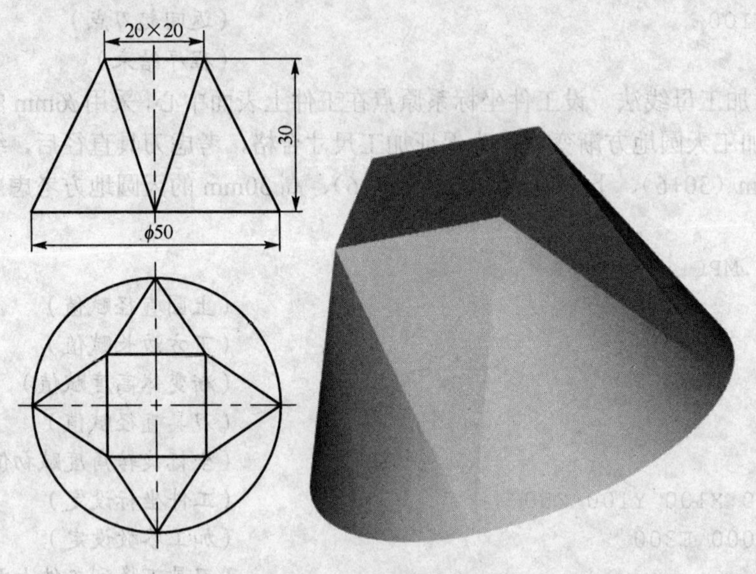


图 3-117　天方地圆渐变体

提示：如图 3-118 所示为截平面将天方地圆渐变体截去上半部分后的截交线及相关参数示意图，各参数数值计算式如下。

$l=\dfrac{(R-L)h}{H}+L$　　（由斜度 $k_1=\dfrac{R-L}{H}=\dfrac{l-L}{h}$ 得）

$b=\dfrac{L(H-h)}{H}$　　（由斜度 $k_2=\dfrac{L}{H}=\dfrac{b}{H-h}$ 得）

$r=l-b$

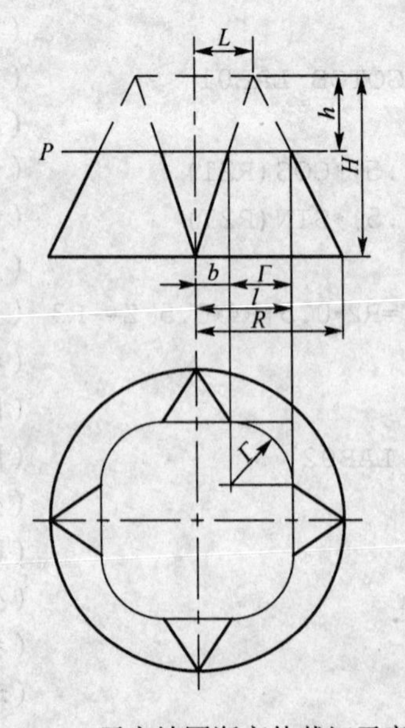


图 3-118　天方地圆渐变体截切示意图

2. 如图 3-119 所示四棱椎体零件，要求数控加工该零件侧面，试编制其加工程序。

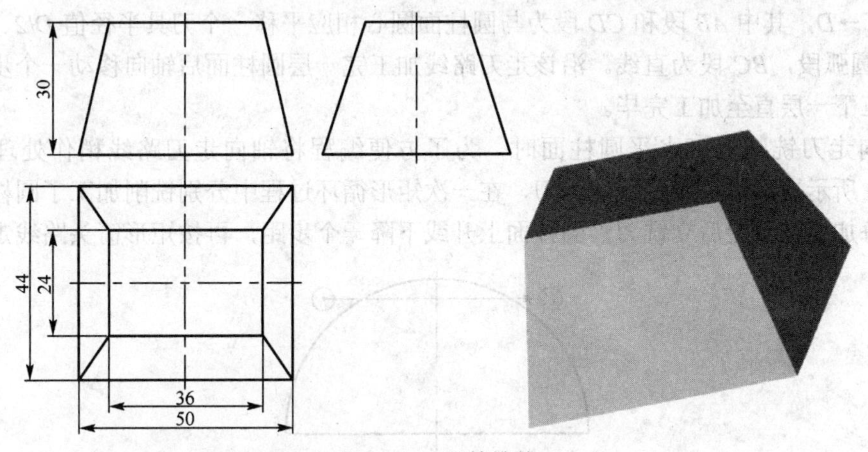


图 3-119　四棱锥体

## 3.8.4　水平半圆柱面铣削加工

如图 3-120 所示，水平圆柱面加工走刀路线有沿圆柱面轴向走刀[沿圆周方向往返进刀，如图 3-120（a）所示]和沿圆柱面圆周方向走刀[沿轴向往返进刀，如图 3-120（b）所示]两种。沿圆柱面轴向走刀方式的走刀路线短，加工效率高，加工后圆柱面直线度高；沿圆柱面圆周方向走刀的走刀路线较长，加工效率较低，加工后圆柱面轮廓度较好，用于加工大直径短圆柱较好。

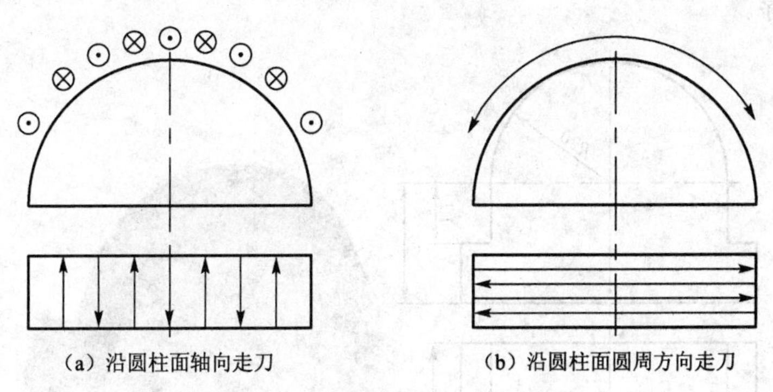

（a）沿圆柱面轴向走刀　　（b）沿圆柱面圆周方向走刀

图 3-120　水平圆柱面加工走刀路线

水平圆柱面加工可采用立铣刀或球头刀加工，图 3-121 所示为立铣刀和球头刀刀位点轨迹与水平圆柱面的关系示意图。

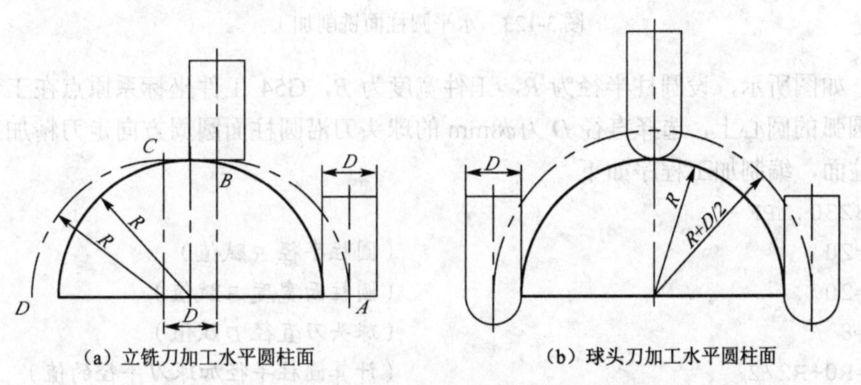


（a）立铣刀加工水平圆柱面　　（b）球头刀加工水平圆柱面

图 3-121　刀位点轨迹与水平圆柱面的关系示意图

如图 3-121（a）所示，在采用立铣刀圆周方向走刀铣削加工水平圆柱面的走刀路线为 $A \to B \to C \to D$，其中 $AB$ 段和 $CD$ 段为与圆柱面圆心相应平移一个刀具半径值 $D/2$、半径同为 $R$ 的圆弧段，$BC$ 段为直线。沿该走刀路线加工完一层圆柱面后轴向移动一个步距，再调向加工下一层直至加工完毕。

轴向走刀铣削加工水平圆柱面时，为了方便编程将轴向走刀路线稍作处理，即按图 3-122 所示矩形箭头路线逐层走刀，在一次矩形循环过程中分别铣削加工了圆柱面左右两侧，每加工完一层后立铣刀沿圆柱面上升或下降一个步距，再按矩形箭头路线走刀。

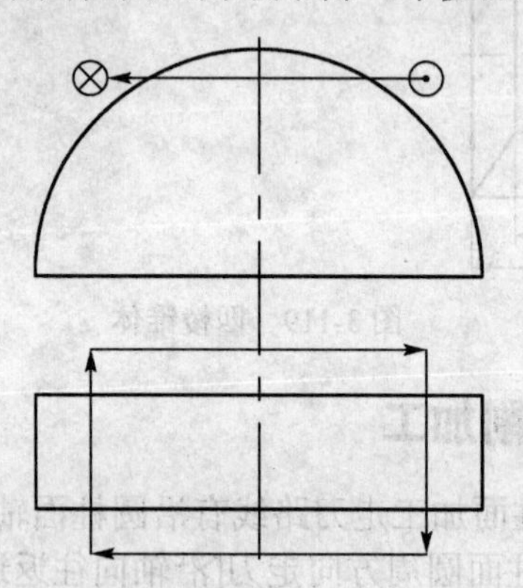

图 3-122　轴向走刀铣削加工水平圆柱面走刀路线示意图

【例 3-27】 数控铣削加工如图 3-123 所示水平圆柱面，试编制采用球头刀精加工该水平圆柱面的程序。

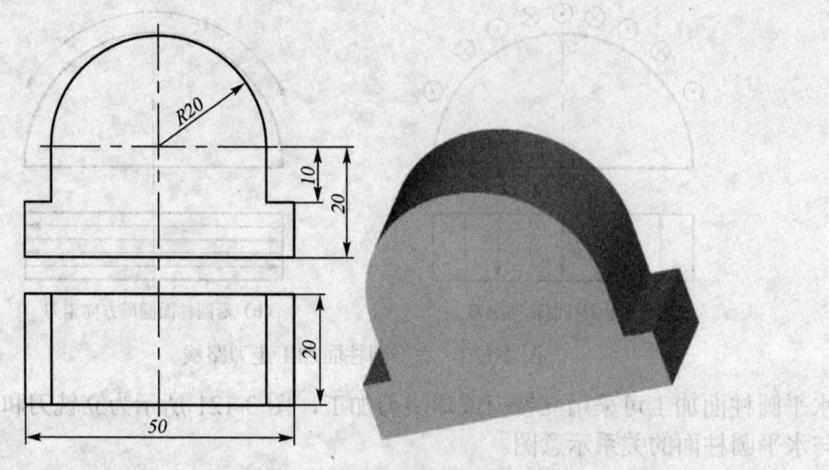


图 3-123　水平圆柱面铣削加工

解：如图所示，设圆柱半径为 $R$，工件宽度为 $B$，G54 工件坐标系原点在工件前端面“R20”圆弧的圆心上，选择直径 $D$ 为 $\phi$8mm 的球头刀沿圆柱面圆周方向走刀精加工该零件水平圆柱面，编制加工程序如下。

```
CX3230.MPF
R0=20                                  (圆柱半径 R 赋值)
R1=20                                  (圆柱面宽度 B 赋值)
R2=8                                   (球头刀直径 D 赋值)
R3=R0+R2/2                             (计算圆柱半径加球刀半径的值)
G54 G00 X100 Y0 Z50                    (工件坐标设定)
```

```
M03 S1000 F300                          (加工参数设定)
  R10=0                                 (加工宽度赋初值)
  AAA:                                  (跳转标记符)
  G01 X=R3 Y=R10 Z0                     (直线插补到切削起点)
  G18 G02 X=-R3 Z0 CR=R3                (XZ平面内圆弧插补往)
  R10=R10+0.1                           (加工宽度递增)
  G01 Y=R10                             (刀具移动一个步距)
  G18 G03 X=R3 Z0 CR=R3                 (XZ平面内圆弧插补返)
  R10=R10+0.1                           (加工宽度递增)
  IF R10<=R1 GOTOB AAA                  (加工条件判断)
G00 Z50                                 (抬刀)
X100 Y0                                 (返回)
M30                                     (程序结束)
```

**【例 3-28】** 数控铣削加工如图 3-124 所示水平圆柱面，毛坯尺寸为 50mm×20mm×30mm 的长方体，试编制采用立铣刀铣削加工该水平圆柱面的程序。

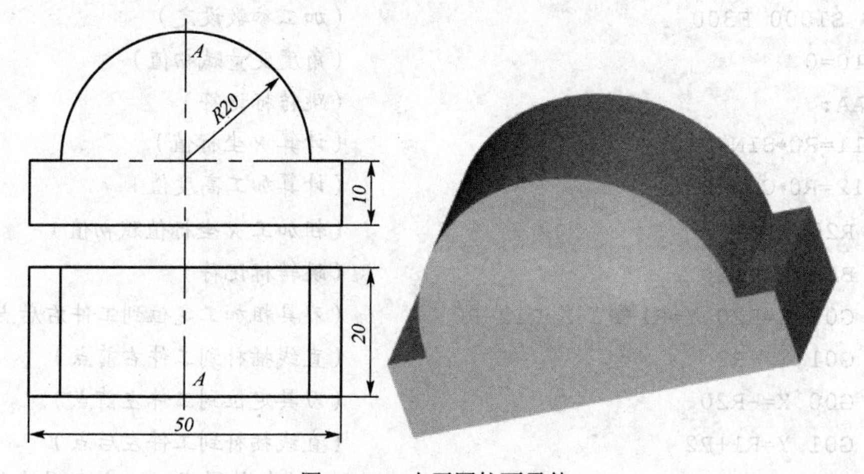


图 3-124　水平圆柱面零件

解：设工件坐标系原点在工件上表面与前端面交线的对称中心点上（图中 *A* 点位置），采用$\phi$8mm 的立铣刀从上往下沿圆柱面轴向走刀加工，编制精加工程序如下。

```
CX3231.MPF
R0=20                                   (圆柱半径R赋值)
R1=20                                   (圆柱面宽度B赋值)
R2=8                                    (立铣刀直径D赋值)
G54 G00 X100 Y100 Z50                   (工件坐标设定)
M03 S1000 F300                          (加工参数设定)
  R10=0                                 (角度变量赋初值)
  AAA:                                  (跳转标记符)
  R11=R0*SIN(R10)                       (计算X坐标值)
  R12=R0*COS(R10)                       (计算加工高度值)
  G00 X=R11+R2/2 Y=R1+R2 Z=R12-R0       (刀具定位到工件右后点)
  G01 Y=-R2                             (直线插补到工件右前点)
```

```
  G00 X=-R11-R2/2                          (刀具定位到工件左前点)
  G01 Y=R1+R2                              (直线插补到工件左后点)
  R10=R10+0.5                              (角度变量值递增)
  IF R10<=90 GOTOB AAA                     (加工条件判断)
G00 Z50                                    (抬刀)
X100 Y100                                  (返回起刀点)
M30                                        (程序结束)
```

编制粗精加工该水平圆柱面的程序如下。

```
CX3232.MPF
R0=20                                      (圆柱半径R赋值)
R1=20                                      (圆柱面宽度B赋值)
R2=8                                       (立铣刀直径D赋值)
R3=50                                      (毛坯长度L赋值)
G54 G00 X100 Y100 Z50                      (工件坐标设定)
M03 S1000 F300                             (加工参数设定)
  R10=0                                    (角度变量赋初值)
  AAA:                                     (跳转标记符)
  R11=R0*SIN(R10)                          (计算X坐标值)
  R12=R0*COS(R10)                          (计算加工高度值)
    R20=R3/2                               (粗加工X坐标值赋初值)
    BBB:                                   (跳转标记符)
    G00 X=R20 Y=R1+R2 Z=R12-R0             (刀具粗加工定位到工件右后点)
    G01 Y=-R2                              (直线插补到工件右前点)
    G00 X=-R20                             (刀具定位到工件左前点)
    G01 Y=R1+R2                            (直线插补到工件左后点)
    R20=R20-0.6*R2                         (X坐标值递减0.6倍刀具直径)
    IF R20>R11+R2/2 GOTOB BBB              (粗加工条件判断)
  G00 X=R11+R2/2 Y=R1+R2 Z=R12-R0          (刀具精加工定位到工件右后点)
  G01 Y=-R2                                (直线插补到工件右前点)
  G00 X=-R11-R2/2                          (刀具定位到工件左前点)
  G01 Y=R1+R2                              (直线插补到工件左后点)
  R10=R10+0.5                              (角度变量值递增)
  IF R10<=90 GOTOB AAA                     (加工条件判断)
G00 Z50                                    (抬刀)
X100 Y100                                  (返回起刀点)
M30                                        (程序结束)
```

## 思考练习

1. 数控铣削加工如图3-125所示半月牙形轮廓，试编制其加工程序。

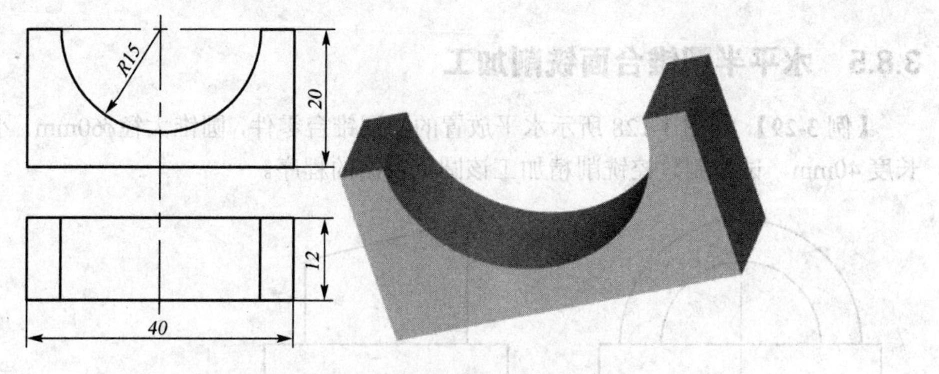


图 3-125 半月牙形轮廓的数控铣削加工

2. 数控铣削加工如图 3-126 所示弧形面，试编制其加工程序。

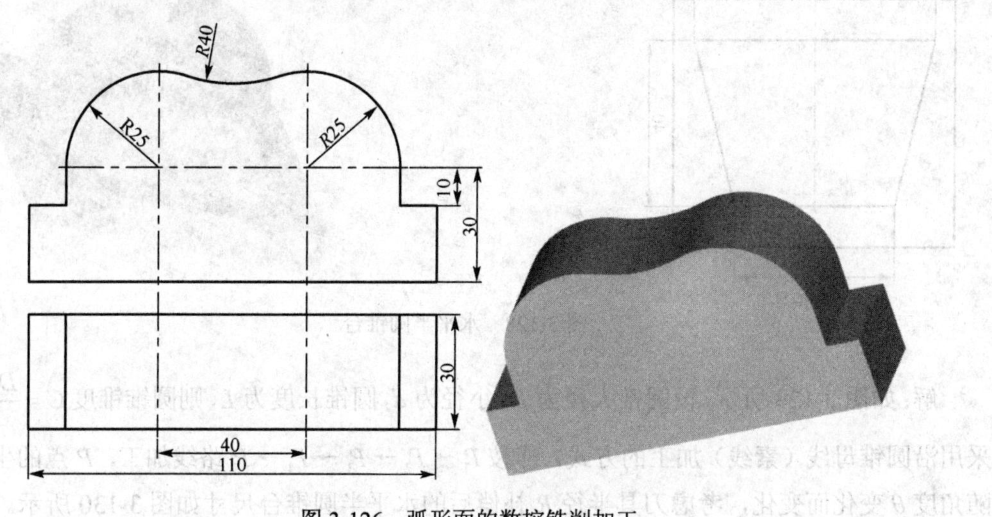


图 3-126 弧形面的数控铣削加工

3. 数控铣削加工如图 3-127 所示两直径为$\phi$30mm 的正交圆柱与一直径为$\phi$50mm 的球相贯体（十字球铰）表面，试编制其加工程序。

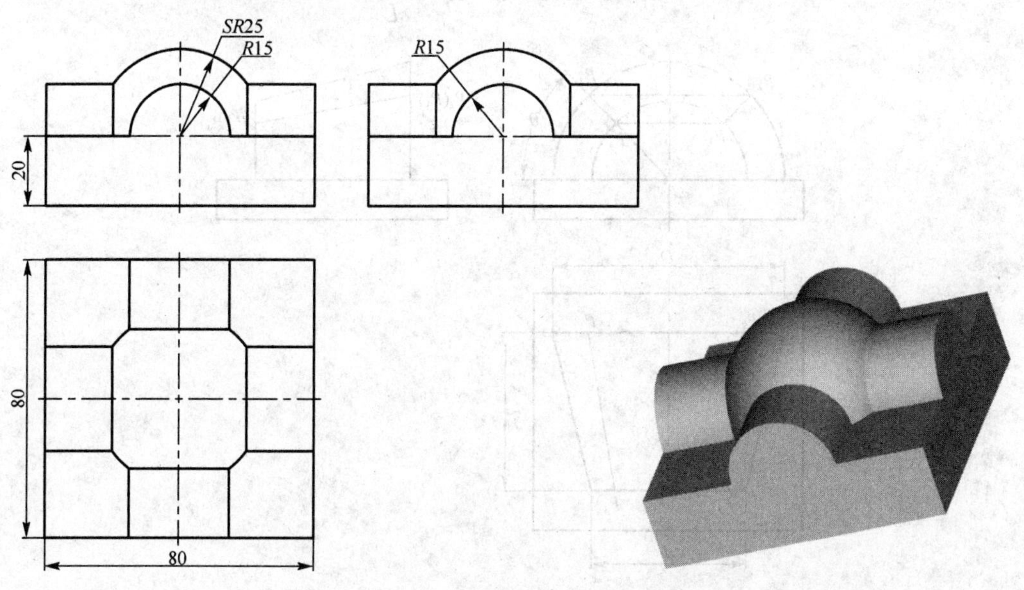


图 3-127 十字球铰数控铣削加工

### 3.8.5 水平半圆锥台面铣削加工

【例 3-29】 如图 3-128 所示水平放置的半圆锥台零件，圆锥大径$\phi$60mm，小径$\phi$40mm，长度 40mm，试编制数控铣削精加工该圆锥台面的程序。

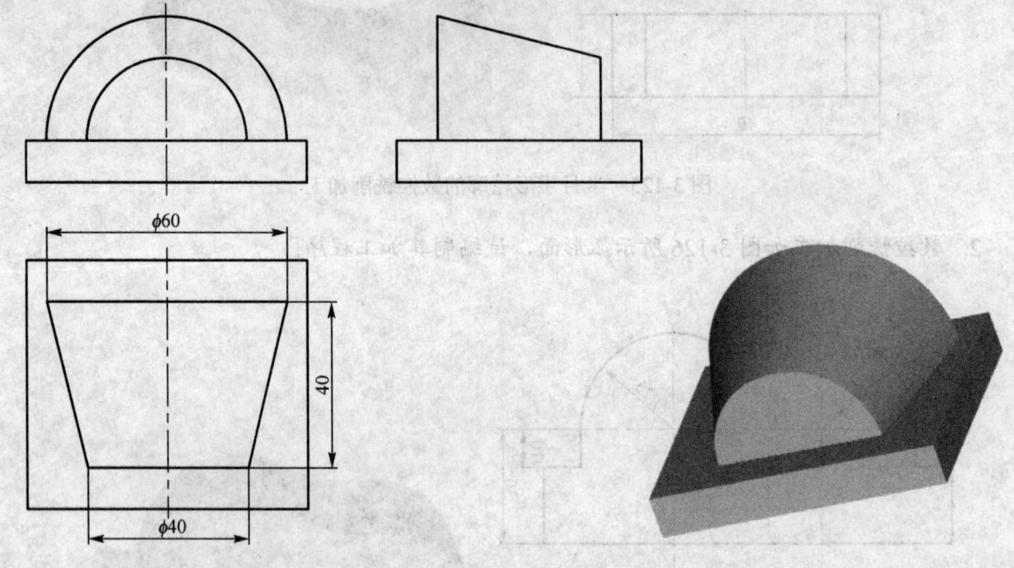


图 3-128 水平半圆锥台

解：如图 3-129 所示，设圆锥大径为 $D$，小径为 $d$，圆锥长度为 $L$，则圆锥锥度 $C=\dfrac{D-d}{L}$。采用沿圆锥母线（素线）加工的方式，即按 $P_1 \to P_2 \to P_3 \to P_4 \to P_1$ 路线加工，$P$ 点的坐标值随角度 $\theta$ 变化而变化，考虑刀具半径 $R$ 补偿后的水平半圆锥台尺寸如图 3-130 所示。

$$D_1 = D + RC = D + R \times \frac{D-d}{L}$$

$$d_1 = d - RC = d - R \times \frac{D-d}{L}$$

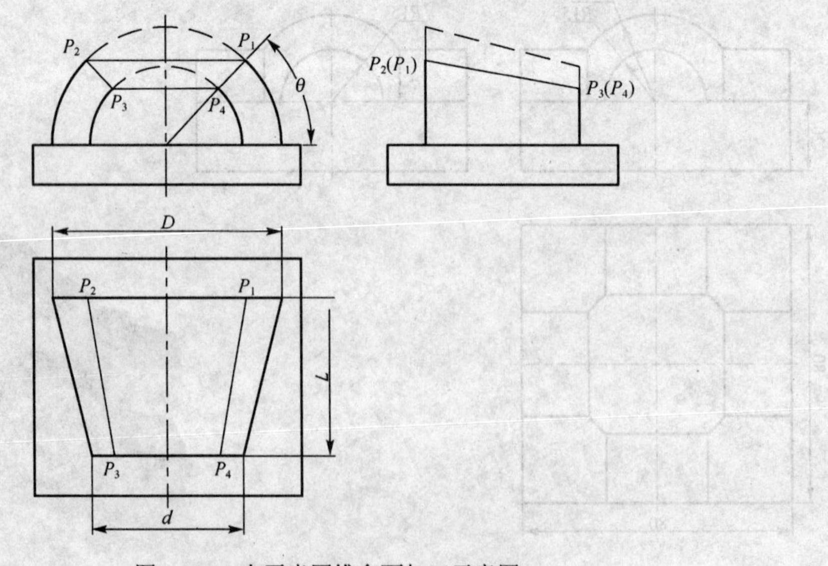


图 3-129 水平半圆锥台面加工示意图

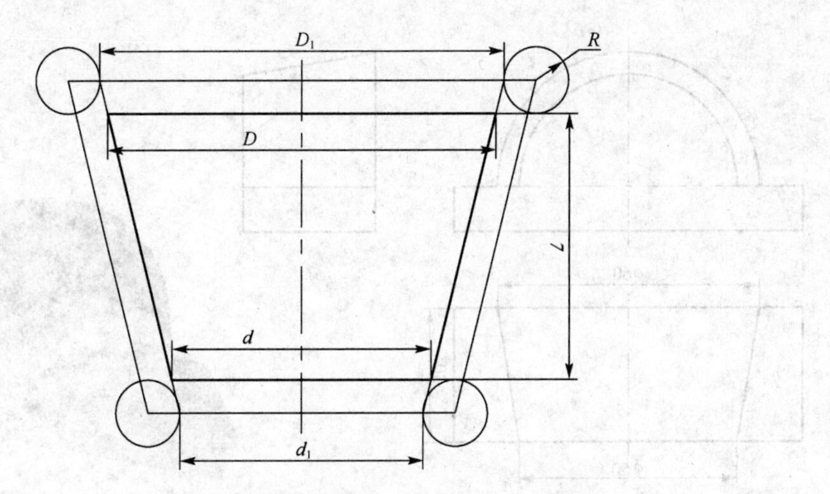


图 3-130　考虑刀具半径补偿后水平半圆锥台尺寸示意图

设工件坐标系原点在直径为 $d$ 圆弧的圆心，选用$\phi$8mm 的立铣刀，编制加工程序如下。

```
CX3240.MPF
R1=60                                            (圆锥大径赋值)
R2=40                                            (圆锥小径赋值)
R3=40                                            (圆锥长度赋值)
R4=8                                             (刀具直径赋值)
R5=0                                             (角度赋初值)
G54 G00 X100 Y100 Z50                            (工件坐标系设定)
M03 S800 F300                                    (加工参数设定)
Z0                                               (刀具下降到 Z0 平面)
AAA:                                             (跳转标记符)
  R10=(R1+R4*0.5*(R1-R2)/R3)*0.5*COS(R5)         (计算圆锥大端圆弧上点的 X 坐标值)
  R11=(R1+R4*0.5*(R1-R2)/R3)*0.5*SIN(R5)         (计算圆锥大端圆弧上点的 Z 坐标值)
  R20=(R2-R4*0.5*(R1-R2)/R3)*0.5*COS(R5)         (计算圆锥小端圆弧上点的 X 坐标值)
  R21=(R2-R4*0.5*(R1-R2)/R3)*0.5*SIN(R5)         (计算圆锥小端圆弧上点的 Z 坐标值)
  G01 X=R10+R4*0.5 Y=R3+R4*0.5 Z=R11              (插补到 P1 点，考虑刀具半径补偿值)
  X=-R10-R4*0.5                                  (插补到 P2 点)
  X=-R20-R4*0.5 Y=-R4*0.5 Z=R21                  (插补到 P3 点)
  X=R20+R4*0.5                                   (插补到 P4 点)
  X=R10+R4*0.5 Y=R3+R4*0.5 Z=R11                 (插补回 P1 点)
  R5=R5+0.2                                      (角度递增)
IF R5<=90 GOTOB AAA                              (循环条件判断)
G00 Z50                                          (抬刀)
X100 Y100                                        (返回起刀点)
M30                                              (程序结束)
```

1. 数控铣削加工如图 3-131 所示水平放置的半圆锥台面，试编制其加工程序。

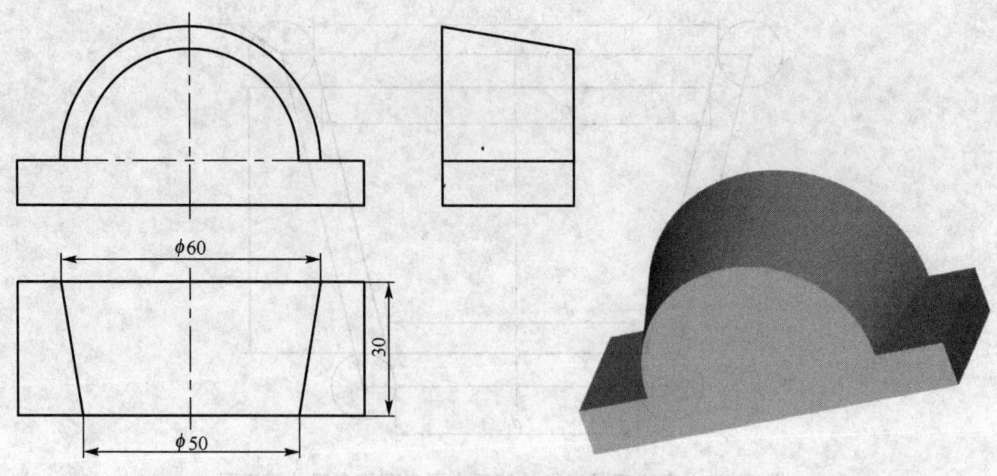


图 3-131　水平放置的半圆锥台面

2. 数控铣削加工如图 3-132 所示水平放置的圆锥台面，试编制其加工程序。

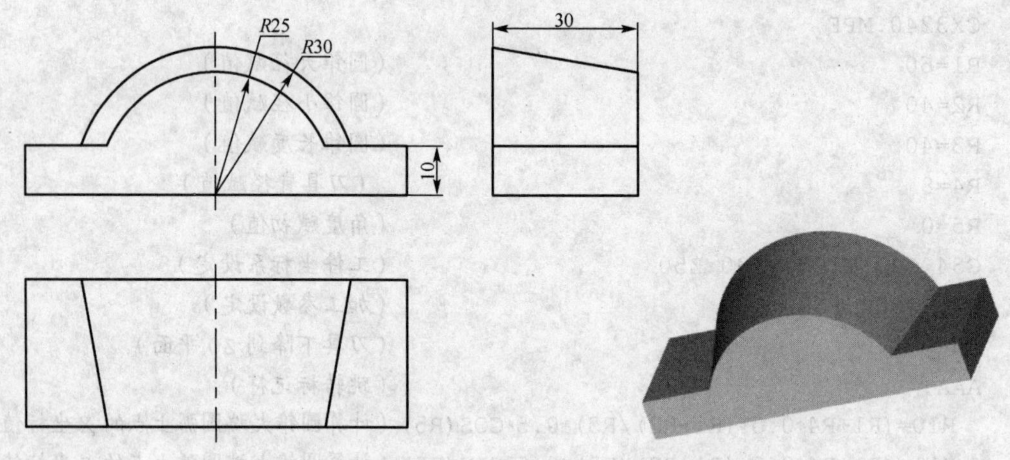


图 3-132　水平放置的圆锥台面

## 3.8.6　立体五角星面铣削加工

【例 3-30】 如图 3-133 所示立体正五角星零件，外角点所在圆直径为$\phi$60mm，五角星高度为 10mm，试编制其外表面铣削加工程序。

图 3-133　立体正五角星

解：立体五角星几何参数模型如图3-134所示，设五角星高度为$H$，外角点所在圆直径为$D$，为增加程序的通用性将内角点所在圆直径设为$d$。

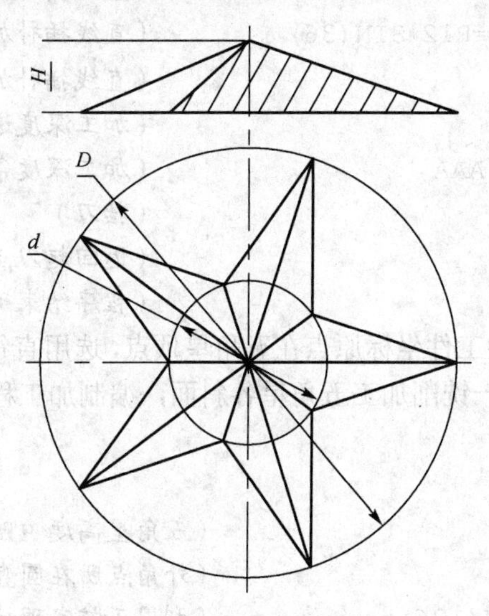


图3-134　立体五角星几何参数模型

① 等高环绕铣削加工　采用一系列水平的截平面去截五角星，截得的截交线为平面五角星，因此可采用等高环绕铣削加工逐层铣削平面五角星即可完成加工。

设工件坐标原点在五角星顶点，选用直径为$\phi$3mm的立铣刀由下至上等高环绕铣削加工该五角星外表面，编制加工程序如下。

```
CX3250.MPF
R1=10                                  （五角星高度H赋值）
R2=60                                  （外角点所在圆直径D赋值）
R3=R2*SIN(18)/SIN(126)                 （利用正弦定理计算内角点所在圆直径d）
                                       （非正五角星可直接对R3赋值）
R10=R1                                 （加工深度h赋初值）
G54 G00 X100 Y100 Z50                  （工件坐标系设定）
M03 S1000 F300                         （加工参数设定）
Z=-R10                                 （刀具下降到底平面）
G00 G41 X=R2*0.5+10 Y0 D01             （刀具半径补偿建立）
G01 X=R2*0.5                           （直线插补刀切削起点）
 AAA:                                  （跳转标记符）
 R11=R2*0.5*R10/R1                     （计算截平面中五角星截交线外角点所在圆半径）
 R12=R3*0.5*R10/R1                     （计算截平面中五角星截交线内角点所在圆半径）
 G01 X=R11 Z=-R10                      （直线插补到切削起点）
 X=R12*COS(36) Y=-R12*SIN(36)          （直线插补加工平面五角星）
 X=R11*COS(72) Y=-R11*SIN(72)          （直线插补加工平面五角星）
 X=R12*COS(108) Y=-R12*SIN(108)        （直线插补加工平面五角星）
 X=R11*COS(144) Y=-R11*SIN(144)        （直线插补加工平面五角星）
 X=-R12 Y0                             （直线插补加工平面五角星）
 X=R11*COS(144) Y=R11*SIN(144)         （直线插补加工平面五角星）
```

```
    X=R12*COS(108) Y=R12*SIN(108)          (直线插补加工平面五角星)
    X=R11*COS(72) Y=R11*SIN(72)            (直线插补加工平面五角星)
    X=R12*COS(36) Y=R12*SIN(36)            (直线插补加工平面五角星)
    X=R11 Y0                               (直线插补加工平面五角星)
    R10=R10-0.2                            (加工深度递减)
    IF R10>0 GOTOB AAA                     (加工深度条件判断)
  G00 Z50                                  (抬刀)
  G40 X100 Y100                            (返回起刀点)
  M30                                      (程序结束)
```

② 斜插铣削加工 设工件坐标原点在五角星顶点，选用直径为$\phi$3mm 的立铣刀采用从顶点斜插到底边的方式逐一铣削加工五角星各斜面，编制加工程序如下（未考虑刀具半径补偿）。

```
  CX3251.MPF
  R1=10                            (五角星高度H赋值)
  R2=60                            (外角点所在圆直径D赋值)
  R3=R2*SIN(18)/SIN(126)           (利用正弦定理计算内角点所在圆直径d)
                                   (非正五角星可直接对R3赋值)
  R10=0                            (坐标旋转角度赋初值)
  G54 G00 X100 Y100 Z50            (工件坐标系设定)
  M03 S1000 F300                   (加工参数设定)
  X0 Y0                            (刀具定位)
  Z2                               (下刀到安全平面)
  G01 Z0                           (直线插补到五角星顶点)
  R21=R3*0.5*COS(36)               (计算内角点的x坐标值)
  R22=R3*0.5*SIN(36)               (计算内角点的y坐标值)
  AAA:                             (跳转标记符)
  ROT RPL=R10                      (坐标旋转设定)
    R30=0                          (X轴向加工长度赋初值)
    BBB:                           (跳转标记符)
    G00 X0 Y0                      (到五角星顶点)
    G01 X=R2*0.5-R30 Y=-R22*R30/(R2*0.5-R21) Z=-R1    (直线插补到底边)
    G00 Z0                                   (抬刀)
    R30=R30+0.5                              (X轴向加工长度递增)
    IF R30<=R2*0.5-R21 GOTOB BBB             (加工条件判断)
    R30=0                                    (X轴向加工长度赋初值)
    CCC:                                     (跳转标记符)
    G00 X0 Y0                                (到五角星顶点)
    G01 X=R2*0.5-R30 Y=R22*R30/(R2*0.5-R21) Z=-R1 (直线插补到底边)
    G00 Z0                                   (抬刀)
    R30=R30+0.5                              (X轴向加工长度递增)
    IF R30<=R2*0.5-R21 GOTOB CCC             (加工条件判断)
  ROT                                        (取消坐标旋转)
```

```
R10=R10+72              （旋转角度递增）
IF R10<360 GOTOB AAA    （加工条件判断）
G00 Z50                 （抬刀）
X100 Y100               （返回）
M30                     （程序结束）
```

如图 3-135 所示立体五角星，外角点所在圆直径为$\phi$60mm，内角点所在圆直径为$\phi$60mm，五角星高度为 10mm，试编制其外表面加工程序。

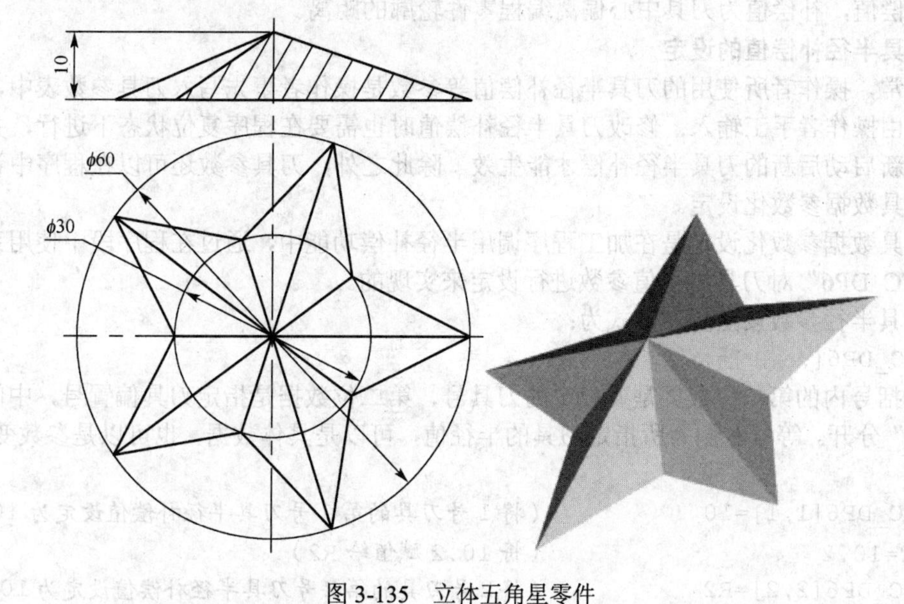


图 3-135　立体五角星零件

# 3.9　刀具半径补偿在数控铣削加工中的应用

## 3.9.1　刀具半径补偿指令格式及应用

在零件轮廓铣削加工时，由于刀具半径尺寸影响，刀具的中心轨迹与零件轮廓往往不一致。为了避免计算刀具中心轨迹，数控系统提供了刀具半径补偿功能。采用刀具半径补偿指令后，编程时只需按零件轮廓编制，数控系统能自动计算刀具中心轨迹，并使刀具按此轨迹运动，使编程简化。

**（1）刀具半径补偿（G41/G42/G40）指令格式**

指令格式如下：

$$\begin{Bmatrix} G17 \\ G18 \\ G19 \end{Bmatrix}\begin{Bmatrix} G40 \\ G41 \\ G42 \end{Bmatrix}\begin{Bmatrix} G00 \\ G01 \end{Bmatrix}\begin{Bmatrix} X\_\ Y\_ \\ X\_\ Z\_ \\ Y\_\ Z\_ \end{Bmatrix}D\_$$

各地址含义如下。

G17/G18/G19——平面选择指令。当选择某一平面进行刀具半径补偿时，将仅影响该坐标平面的坐标轴的移动，而对另一坐标轴没有作用。

G41/G42/G40——刀具半径补偿形式。G41表示刀具半径左补偿（简称左刀补），指沿刀具前进方向看去（进给方向），刀具中心轨迹偏在被加工面的左边。G42表示刀具半径右补偿（简称右刀补），指沿刀具前进方向看去（进给方向），刀具中心轨迹偏在被加工面的右边。G40表示取消刀具半径补偿。G40、G41、G42都是模态代码，可相互注销。

G00/G01——刀具移动指令，无论是建立还是取消刀具半径补偿，必须有补偿平面坐标轴的移动。

X、Y、Z——刀具插补终点坐标值，平面选择指令选定平面坐标轴外的另一坐标轴可不写（无效）。

D——刀具半径补偿功能字，其后数字为补偿编号，该补偿编号对应的存储值为刀具半径补偿值，补偿值为刀具中心偏离编程零件轮廓的距离。

**（2）刀具半径补偿值的设定**

通常，操作者所使用的刀具半径补偿值等参数是操作者事先写入刀具参数表中，输入方式为由操作者手工输入；修改刀具半径补偿值时也需要在程序复位状态下进行，并且当程序重新启动后新的刀具半径补偿才能生效。除此之外，刀具参数还可以在程序中设定，称为刀具数据参数化设定。

刀具数据参数化设定是在加工程序调用半径补偿功能中，通过在程序段中使用系统变量“$TC_DP6”对刀具半径值参数进行设定来实现的。

刀具半径参数设定指令格式为：

```
$TC_DP6[…,…]=…
```

在括号内的第一位数据是要设定的刀具号，第二位数据是指定刀具偏置号，中间以符号“，”分开。等号右侧为所指定刀具的半径值，可以是具体数据，也可以是参数变量R。例如：

```
$TC_DP6[1,1]=10        （将1号刀具的第1号刀具半径补偿值设定为10mm）
R2=10.2                （将10.2赋值给R2）
$TC_DP6[2,2]=R2        （将2号刀具的第2号刀具半径补偿值设定为10.2mm）
```

但是，仅仅更改了刀具半径补偿值还不行，还不能使其生效。要使其生效，必须再一次用G41或G42指令重新激活已经更改了的刀具参数。需要注意，刀具补偿不能连续激活，两次激活不同的刀具半径补偿值之间必须有一段带刀具半径补偿值的运动指令过渡。

**（3）刀具半径补偿的应用**

刀具半径补偿功能是数控铣削中很重要的功能，它可以减少数控编程中的繁琐计算，简化编程。刀具半径补偿可应用在如下三方面。

① 采用刀具半径补偿功能后，可以直接按零件的轮廓编程，简化了编程工作。这是刀补的一般应用。

② 应用刀具半径补偿功能，通过修改刀具中半径补偿参数就可利用同一个加工程序对零件轮廓进行粗、精加工。当按零件轮廓编程以后，在对零件进行粗加工时，可以把偏置量设为$R+\Delta$（$R$为铣刀半径，$\Delta$为精加工余量），加工完后，将得到比零件轮廓大一个$\Delta$的工件。在精加工零件时，把偏置量设为$R$，这样零件加工完后，将得到零件的实际轮廓。刀具磨损后或采用直径不同的刀具对同一轮廓进行加工也可用此方法处理。

③ 使用刀具半径补偿功能，可利用同一个程序加工公称尺寸相同的内外两个轮廓面。例如顺时针加工某整圆轮廓线，采用左刀补G41指令编程，设刀具补偿值为+R时，刀具中心沿轨迹在整圆轮廓外侧切削，当刀具补偿值为-R时，刀具中心沿轨迹在轮廓内侧切削（即加工与之相配零件的内孔表面）。

在参数编程加工中刀具半径补偿功能作用更明显，这是因为半径补偿参数可以内部传递，并且参数可以根据需要大小变化，利用这点不但可以实现以上三方面的应用，甚至可以实现任一轮廓倒斜角和倒圆角等特殊情况的加工。

试填空完成下面程序段对应的注释内容。

```
G90 G17 G54 G00 X-10 Y0 Z0
M03 S500 F200
T02
$TC_DP6[2,1]=10           （初始刀具半径补偿值设定为 10mm）
G41 G01 X0 D01            （建立刀具半径补偿，即激活刀具半径补偿功能）
X10
$TC_DP6[2,1]=20           （刀具半径补偿值改为 20mm）
G41 X20 D01               （重新激活刀具半径补偿功能）
X30
$TC_DP6[2,1]=30           （                    ）
G41 X40 D01               （                    ）
G40 G00 X50               （                    ）
M05
M02
```

## 3.9.2 零件轮廓铣削粗精加工

外形轮廓加工，一般分为粗加工和精加工等多个工序。确定粗精加工刀具轨迹可通过刀具半径补偿值实现，即在采用同一刀具的情况下，先制定精加工刀具轨迹，再通过参数程序的系统变量功能改变刀具半径补偿值的方式进行粗加工刀具轨迹设定。另外，也可以通过设置粗精加工次数及余量来设定粗、精加工刀具轨迹。

**【例 3-31】** 如图 3-136 所示，要求从直径为$\phi$80mm 的圆柱形毛坯上数控铣削加工出$\phi$30mm×5mm 的圆柱形凸台，试编制其加工程序。

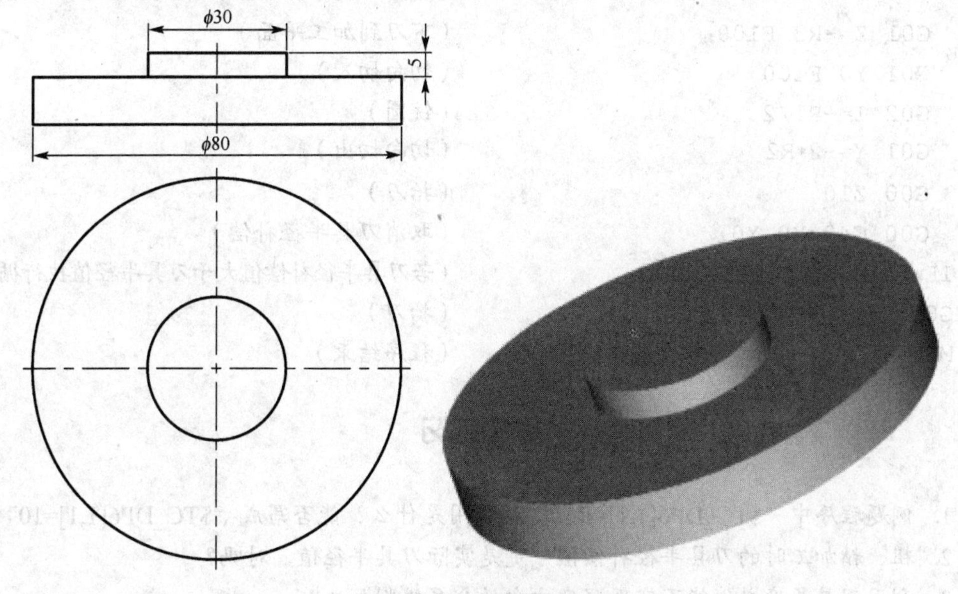


图 3-136　圆柱形凸台

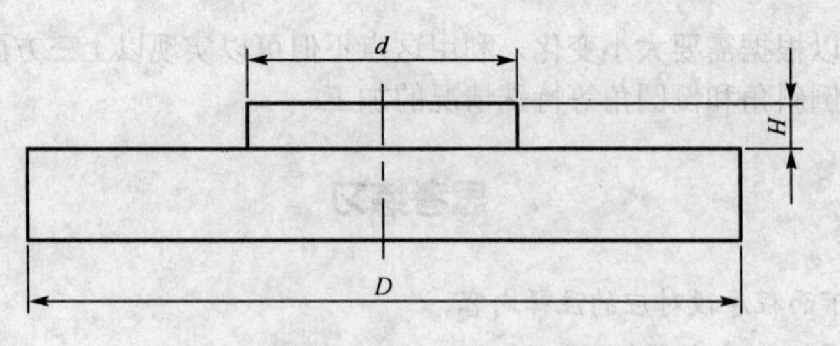


图 3-137　圆柱形凸台零件几何参数模型

解：如图 3-137 所示，设毛坯直径为 $D$，台阶直径为 $d$，台阶高度为 $h$，工件坐标系原点设在工件上表面中心，采用直径为 $\phi$10mm 的立铣刀粗精加工该台阶形零件，编制加工程序如下。

```
CX3260.MPF
R1=30                              (台阶直径 d 赋值)
R2=10                              (铣刀直径)
R3=5                               (凸台高度 H 赋值)
R4=0.75                            (行距与铣刀直径之比)
R5=80                              (毛坯直径 D 赋值)
R10=(R5-R1)/2+R2*R4                (第一次加工时刀具补偿值)
G90 G40 G17 G54 G00 X0 Y0 Z50      (加工状态设定)
T01 M03 S800                       (刀具参数设定)
Z10                                (刀具下刀)
AAA:                               (跳转标记符)
  R10=R10-R2*R4                    (刀具补偿值递减一个行距)
  IF R10>R2/2 GOTOF BBB            (条件判断)
  R10=R2/2                         (刀具半径值赋给 R10)
  BBB:                             (跳转标记符)
  $TC_DP6[1,1]=R10                 (刀具半径补偿值赋值)
  G00 G41 X=R1/2 Y=2*R2 D01        (建立刀具半径补偿，采用顺铣)
  G01 Z=-R3 F100                   (下刀到加工平面)
  G01 Y0 F100                      (切向切入)
  G02 I=-R1/2                      (铣圆)
  G01 Y=-2*R2                      (切向切出)
  G00 Z10                          (抬刀)
  G00 G40 X0 Y0                    (取消刀具半径补偿)
IF R10>R2/2 GOTOB AAA              (若刀具半径补偿值大于刀具半径值执行循环)
G00 Z50                            (抬刀)
M30                                (程序结束)
```

## 思考练习

1. 例题程序中“$TC_DP6[1,1]=R10”的作用是什么？能否写成“$TC_DP6[1,1]=10”？
2. 粗、精加工时的刀具半径补偿值一定是实际刀具半径值，对吗？
3. 利用刀具长度补偿能否实现深度方向的分层铣削加工？

### 3.9.3 相同公称尺寸零件内外轮廓铣削加工

【例 3-32】 如图 3-138 所示，在公称尺寸均为“$\phi40$”的圆柱和圆孔轮廓上分别加工出“*R5*”的倒圆角，试采用半径补偿功能编制一个仅作适当修改即可实现两零件倒圆角的加工程序。

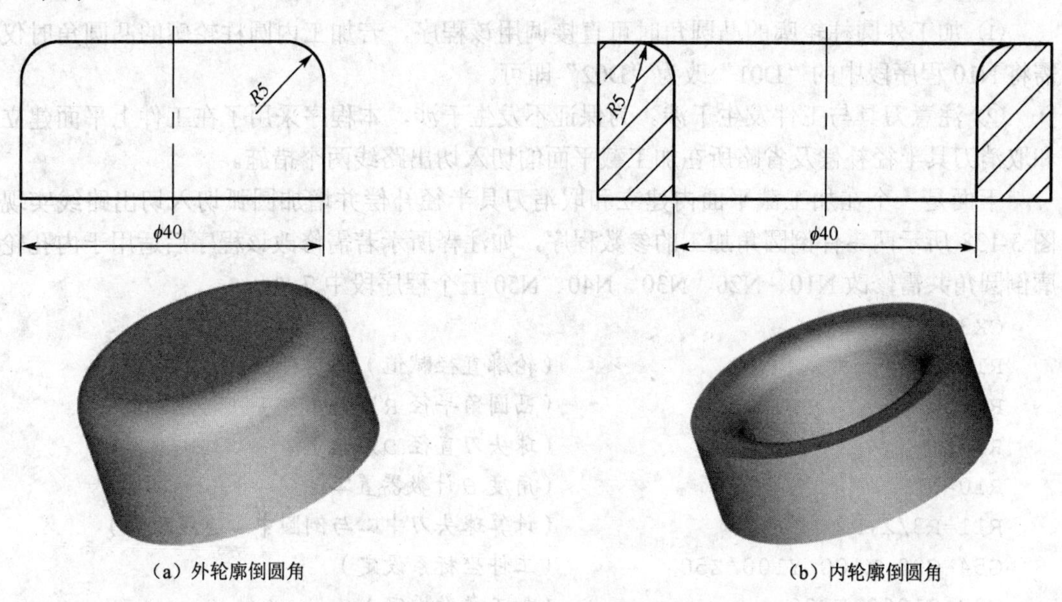


（a）外轮廓倒圆角　（b）内轮廓倒圆角

图 3-138　相同公称尺寸内外轮廓倒圆角

解：设工件坐标系原点在工件上表面的中心，选用$\phi$6mm 的球头刀倒角加工，编制加工程序如下。

```
CX3270.MPF
R1=40                          （轮廓直径赋值）
R2=5                           （凸圆角半径 R 赋值）
R3=6                           （球头刀直径 D 赋值）
R10=0                          （角度 θ 计数器置零）
R11=R3/2+R2                    （计算球头刀中心与倒圆中心连线距离）
G54 G00 X100 Y100 Z50          （工件坐标系设定）
M03 S1000 F300 T01             （加工参数设定）
Z=R3*0.5+2                     （刀具下降到距离工件上表面 2mm 的安全平面）
  AAA:                         （跳转标记符）
  R12=R11*SIN(R10)-R2          （计算球头刀的 Z 轴动态值）
  $TC_DP6[1,1]=R11*COS(R10)-R2 （计算动态变化的刀具半径 r 补偿值）
  $TC_DP6[1,2]=R2-R11*COS(R10) （将刀具半径补偿值变为负值）
  N10 G41 X=R1*0.5 Y0 D01      （建立刀具半径补偿，若加工内轮廓倒角时将
                                D01 改为 D02）
  G01 Z=R12                    （刀具下降至初始加工平面）
  G02 I=-R1*0.5                （倒角加工）
  G00 Z=R3*0.5+2               （抬刀）
  G40 G00 X100 Y100            （取消刀具半径补偿）
  R10=R10+0.5                  （角度计数器加增量）
```

```
  IF R10<=90 GOTOB AAA            (循环条件判断)
G00 Z50                           (抬刀)
X100 Y100                         (返回起刀点)
M30                               (程序结束)
```

注意事项：

① 加工外圆柱轮廓的凸圆角时可直接调用该程序，若加工内圆柱轮廓的凸圆角时仅需将N10程序段中的“D01”改为“D02”即可。

② 注意刀具与工件发生干涉。为保证不发生干涉，本程序采用了在工件上平面建立和取消刀具半径补偿及省略所在加工截平面的切入切出路线两个措施。

下面是一个在加工截平面内建立和取消刀具半径补偿并增加圆弧切入切出路线实现图3-138所示两零件倒圆角加工的参数程序，如注释所示若需修改该程序后适用于内孔轮廓倒圆角共需修改N10、N20、N30、N40、N50五个程序段中7处。

```
CX3271.MPF
R1=40                             (轮廓直径赋值)
R2=5                              (凸圆角半径R赋值)
R3=6                              (球头刀直径D赋值)
R10=0                             (角度θ计数器置零)
R11=R3/2+R2                       (计算球头刀中心与倒圆中心连线距离)
G54 G00 X100 Y100 Z50             (工件坐标系设定)
M03 S1000 F300                    (加工参数设定)
N10 X=R1*0.5+2*R3 Y0              (刀具定位)
(若加工内轮廓倒角时将X=R1*0.5+2*R3改为X=R1*0.5-2*R3)
  AAA:                            (跳转标记符)
  R12=R11*SIN(R10)-R2             (计算球头刀的Z轴动态值)
  $TC_DP6[1,1]=R11*COS(R10)-R2            (计算动态变化的刀具半径r补偿值)
  $TC_DP6[1,1]=R2-R11*COS(R10)            (将刀具半径补偿值变为负值)
  G00 Z=R12                               (刀具下降至初始加工平面)
  N20 G00 G41 X=R1*0.5+R3 Y=R3 D01        (建立刀具半径补偿)
(若加工内轮廓倒角时将X=R1*0.5+R3改为X=R1*0.5-R3)
                                  (若加工内轮廓倒角时将D01改为D02)
  N30 G03 X=R1*0.5 Y0 CR=R3               (圆弧切入)
                                        (若加工内轮廓倒角时将G03改为G02)
  G02 I=-R1*0.5                           (倒角加工)
  N40 G03 X=R1*0.5+R3 Y=-R3 CR=R3         (圆弧切出)
                                        (若加工内轮廓倒角时将G03改为G02)
                          (若加工内轮廓倒角时将X=R1*0.5+R3改为X=R1*0.5-R3)
  N50 G40 G00 X=R1*0.5+2*R3 Y0            (取消刀具半径补偿)
                      (若加工内轮廓倒角时将X=R1*0.5+2*R3改为X=R1*0.5-2*R3)
  R10=R10+0.5                             (角度计数器加增量)
  IF R10<=90 GOTOB AAA                    (循环条件判断)
G00 Z50                                   (抬刀)
X100 Y100                                 (返回起刀点)
M30                                       (程序结束)
```

**思考练习**

数控铣削加工时，若加工编程轨迹为如图 3-139 所示的实线，进给方向如箭头所示，如果铣刀中心轨迹为细实线 *A* 所标识的方向路线时，应采取________补偿，指令________；若为 *B* 所标识的方向路线时，应采取________补偿，指令________；为 *C* 所标识的方向路线时，应采取________补偿，指令________；为 *D* 所标识的方向路线时，应采取________补偿，指令________；为 *E* 所标识的方向路线时，应采取__________补偿，指令__________；为 *F* 所标识的方向路线时，应采取_________补偿，指令_________；为 *G* 所标识的方向路线时，应采取________补偿，指令________；为 *H* 所标识的方向路线时，应采取________补偿，指令________。

图 3-139　刀具半径补偿

## 3.9.4　零件轮廓倒角铣削加工

### （1）零件轮廓倒角铣削加工参数编程方法

如图 3-140 所示，零件轮廓倒角有凸圆角、凹圆角和斜角三种。零件轮廓倒角的参数编程有刀具刀位点轨迹编程和刀具半径补偿编程两种方法，通过分别研究两种方法的关键编程技术进行比较发现：以刀具刀位点轨迹编制参数程序时，由于刀位点轨迹较复杂，编程和理解困难，并且容易出错，仅适用于几何形状比较简单工件的编程；以刀具半径补偿功能编制参数程序时仅根据工件轮廓编程，不需考虑刀具中心位置，由数控系统根据动态变化的刀具半径补偿值自动计算刀具中心坐标，编程比较简便，效率高，且不易出错。本节采用刀具半径补偿法编程，刀具刀位点轨迹法编程在此不作赘述。

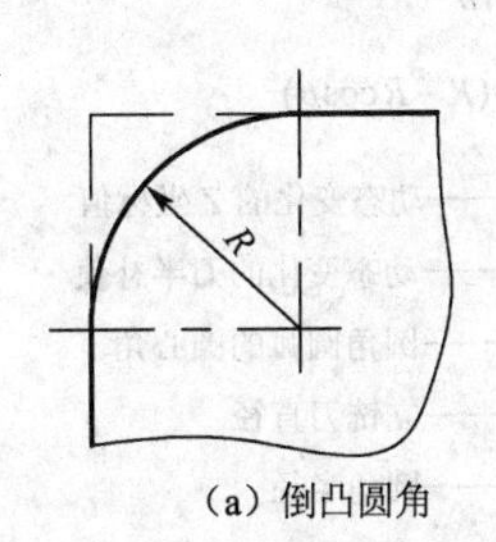

(a) 倒凸圆角

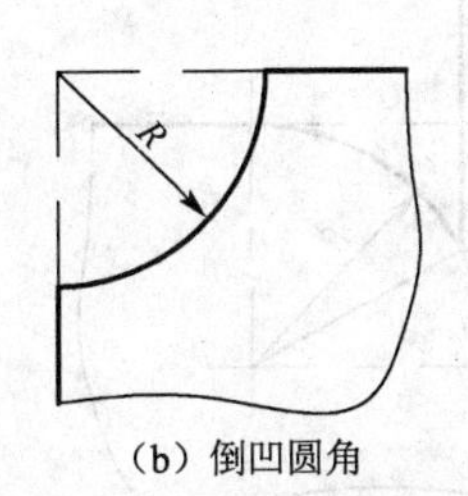

(b) 倒凹圆角

(c) 倒斜角

图 3-140　零件轮廓倒角种类

**（2）零件轮廓倒角铣削加工几何参数模型**

零件轮廓倒角可采用球头刀或立铣刀铣削加工，表 3-12 所示为利用球头刀倒工件轮廓凹圆角和斜角及用立铣刀倒工件轮廓凸圆角、凹圆角和斜角的几何参数模型。

**表 3-12　倒角几何参数模型**

| 刀具及加工类型 | 几何参数模型图 | 计算公式 |
|---|---|---|
| 球头刀倒凸圆角 | 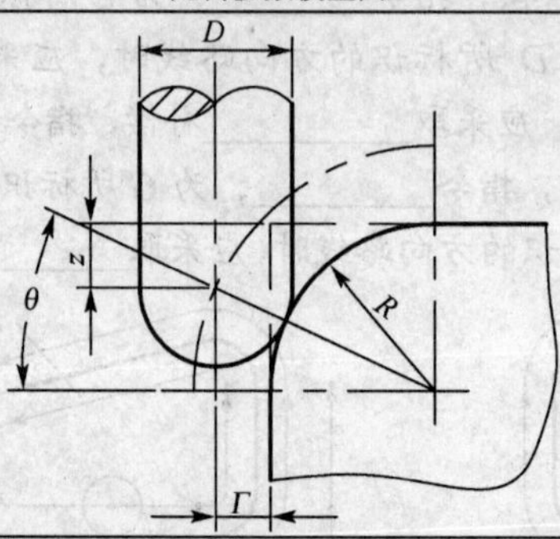  | $z=(R+\frac{D}{2})\sin\theta-R$<br>$r=(R+\frac{D}{2})\cos\theta-R$<br>式中　$z$——动态变化的 $Z$ 坐标值<br>$r$——动态变化的刀半补值<br>$\theta$——圆角圆弧的圆心角<br>$D$——球刀直径<br>$R$——圆角半径 |
| 球头刀倒凹圆角 | 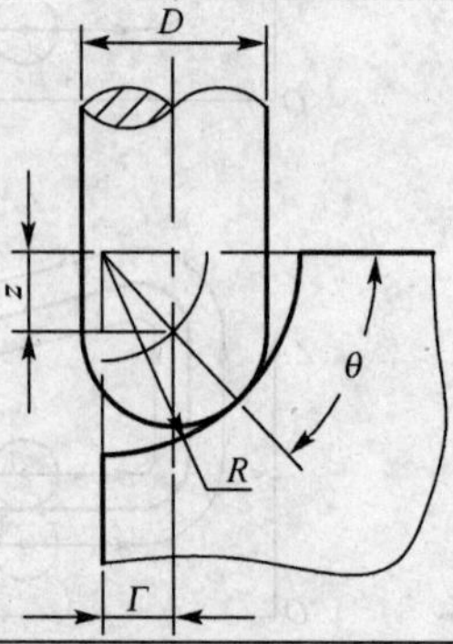  | $z=-(R-\frac{D}{2})\sin\theta$<br>$r=-(R-\frac{D}{2})\cos\theta$<br>式中　$z$——动态变化的 $Z$ 坐标值<br>$r$——动态变化的刀半补值<br>$\theta$——圆角圆弧的圆心角<br>$D$——球刀直径<br>$R$——圆角半径 |
| 球头刀倒斜角 | 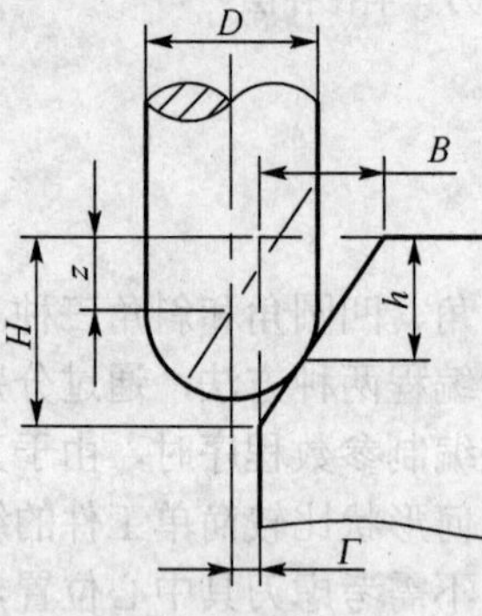  | $z=\frac{B\times\frac{D}{2}}{\sqrt{B^2+H^2}}-h$<br>$r=\frac{H\times\frac{D}{2}}{\sqrt{B^2+H^2}}-\frac{B(H-h)}{H}$<br>式中　$z$——动态变化的 $Z$ 坐标值<br>$r$——动态变化的刀半补值<br>$B$——斜倒角宽度<br>$H$——斜倒角高度<br>$D$——球刀直径<br>$h$——加工深度 |
| 立铣刀倒凸圆角 | 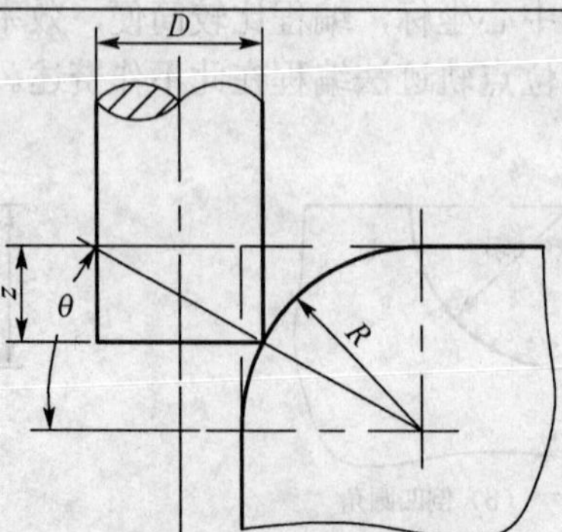  | $z=R\sin\theta-R$<br>$r=\frac{D}{2}-(R-R\cos\theta)$<br>式中　$z$——动态变化的 $Z$ 坐标值<br>$r$——动态变化的刀半补值<br>$\theta$——圆角圆弧的圆心角<br>$D$——立铣刀直径<br>$R$——圆角半径 |

续表

| 刀具及加工类型 | 几何参数模型图 | 计算公式 |
| --- | --- | --- |
| 立铣刀倒凹圆角 |  | $z=-R\sin\theta$<br>$r=\dfrac{D}{2}-R\cos\theta$<br>式中 $z$——动态变化的 $Z$ 坐标值<br>$r$——动态变化的刀半补值<br>$\theta$——圆角圆弧的圆心角<br>$D$——立铣刀直径<br>$R$——圆角半径 |
| 立铣刀倒斜角 |  | $z=-h$<br>$r=\dfrac{D}{2}-\dfrac{B(H-h)}{H}$<br>式中 $z$——动态变化的 $Z$ 坐标值<br>$r$——动态变化的刀半补值<br>$B$——斜倒角宽度<br>$H$——斜倒角高度<br>$D$——球刀直径<br>$h$——加工深度 |

**（3）球头刀刀具半径补偿法铣削加工零件轮廓凸圆角参数编程**

倒凸圆角加工属于曲面的加工，曲面加工可在三坐标轴、四坐标轴或五坐标轴等数控机床上完成，其中三坐标轴曲面加工应用最为普遍。曲面加工的走刀路线由参数法、截面法、放射型法、环型等多种走刀路线方式。下面介绍用截面法加工圆角曲面的原理。

截平面法是指采用一组截平面去截取加工表面，截出一系列交线，刀具与加工表面的切触点就沿着这些交线运动，完成曲面的加工。

根据截面法的基本思想加工如图3-141中的圆角曲面时，可用一组水平面作为截平面，截出的一系列截交线（俯视图中细实线），然后刀具与加工表面的切触点就沿这些截交线运动，即可加工出圆角曲面，只要控制相邻截面与截面间的距离足够小，即每次的下刀深度足够小，就可以加工出满足加工质量要求的圆角曲面。由图3-141可见这一系列的截交线都是圆角所在外轮廓的等距线，所以为简化编程可采用半径补偿功能进行编制。

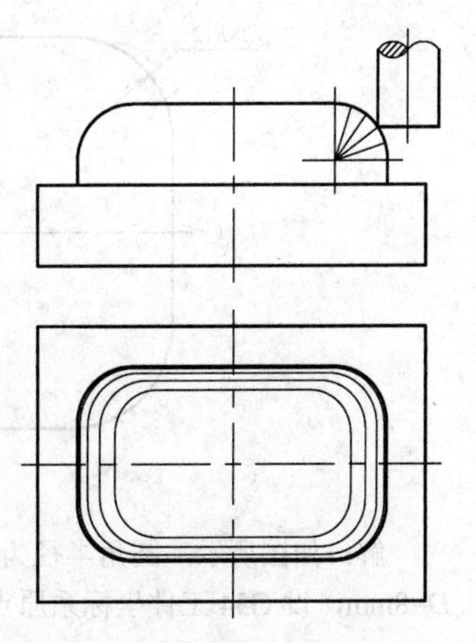

图3-141　加工圆角曲面的刀具轨迹

为保证加工质量，在加工倒圆角时通过调整角度增量并由下至上加工的方法来实现。采用球头刀铣削加工零件轮廓凸圆角的变量模型如表3-12所示，刀具的“半径”和 $Z$ 轴坐标值是动态变化的。设工件轮廓凸圆角半径 $R$，球头刀刀具直径为 $D$，以圆角圆弧的圆心角 $\theta$ 为自变量，在当前角度 $\theta$ 时球头刀的刀位点（球心）距离上表面 $Z$，距离加工工件轮廓 $r$，利用工件轮廓补偿刀具半径补偿值 $r$ 编程沿工件轮廓加工，然后角

度 $\theta$ 递变，再利用变化后的 $Z$ 值和工件轮廓补偿以变化后的刀具半径补偿值“$r$”编程沿工件轮廓加工，直到加工完整个圆角。

球头刀刀具半径补偿法铣削加工零件轮廓凸圆角参数编程模板如表 3-13 所示。

**表 3-13　球头刀刀具半径补偿法铣削加工零件轮廓凸圆角参数编程模板**

| 程序内容 | 注释 |
| --- | --- |
| …… | 程序开头部分（要求工件坐标系 Z 轴原点设在加工圆角的工件轮廓上表面） |
| R3= | 球头刀直径 D 赋值 |
| R17= | 凸圆角半径 R 赋值 |
| R20=0 | 角度 θ 计数器置零 |
| R21=R3/2+R17 | 计算球头刀中心与倒圆中心连线距离 |
| AAA: | 跳转标记符 |
| R22=R21*SIN(R20)-R17 | 计算球头刀的 Z 轴动态值 |
| $TC_DP6[1,1]=R21*COS(R20)-R17 | 计算动态变化的刀具半径 r 补偿值并赋值 |
| G00 Z=R22 | 刀具下降至初始加工平面 |
| G41/G42 X____ Y____ D01 | 建立刀具半径补偿（注意左右刀补的选择） |
| …… | XY 平面类的工件轮廓加工程序（从轮廓外安全位置切入切削起点，然后沿工件轮廓加工至切削终点） |
| G40 G00 X____ Y____ | 取消刀具半径补偿 |
| R20=R20+0.5 | 角度 θ 计数器递增 |
| IF R20<=90 GOTOB AAA | 循环条件判断 |
| …… | 程序结束部分 |

【例 3-33】 如图 3-142 所示零件轮廓已经加工完毕，试编制其倒“$R4$”圆角的铣削加工程序。

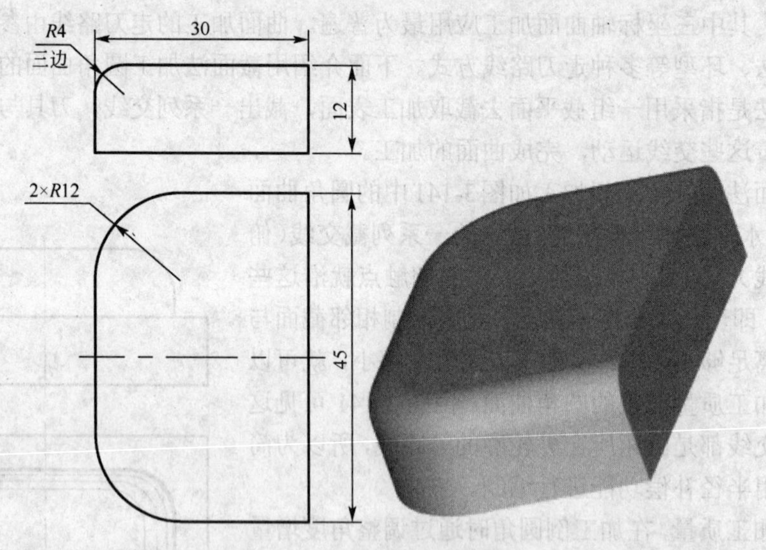


图 3-142　零件轮廓倒凸圆角

解：如图所示，圆角半径为“$R4$”，选择$\phi$8mm 的球头刀倒圆角，即球头刀刀具直径 $D$=8mm，设 G54 工件坐标系原点在工件上表面右侧对称中心，编制倒圆角程序如下。

```
CX3280.MPF
G54 G17 G90                    (选择 G54 工件坐标系、XY 平面和绝对坐标值编程)
M03 S1000 F300                 (主轴正转)
```

```
G00 X100 Y100 Z50                  (快进到起刀点)
R3=8                               (球头刀直径D赋值)
R17=4                              (凸圆角半径R赋值)
R20=0                              (角度θ计数器置零)
R21=R3/2+R17                       (计算球头刀中心与倒圆中心连线距离)
AAA:                               (跳转标记符)
R22=R21*SIN(R20)-R17               (计算球头刀的Z轴动态值)
$TC_DP6[1,1]=R21*COS(R20)-R17      (计算动态变化的刀具半径r补偿值)
G00 Z=R22                          (刀具下降至初始加工平面)
G41 X10 Y-22.5 D01                 (建立刀具半径补偿)
  G01 X-18                         (工件轮廓加工程序)
  G02 X-30 Y-10.5 CR=12            (工件轮廓加工程序)
  G01 Y10.5                        (工件轮廓加工程序)
  G02 X-18 Y22.5 CR=12             (工件轮廓加工程序)
  G01 X0                           (工件轮廓加工程序)
G40 G00 X50                        (取消刀具半径补偿)
R20=R20+0.5                        (角度计数器加增量)
IF R20<=90 GOTOB AAA               (循环条件判断)
G00 Z50                            (抬刀)
X100 Y100                          (返回起刀点)
M30                                (程序结束)
```

**【例 3-34】** 数控铣削加工如图 3-143 所示斜面，斜面长 30mm，宽 20mm，深 3mm，试采用编制该斜面铣削加工程序。

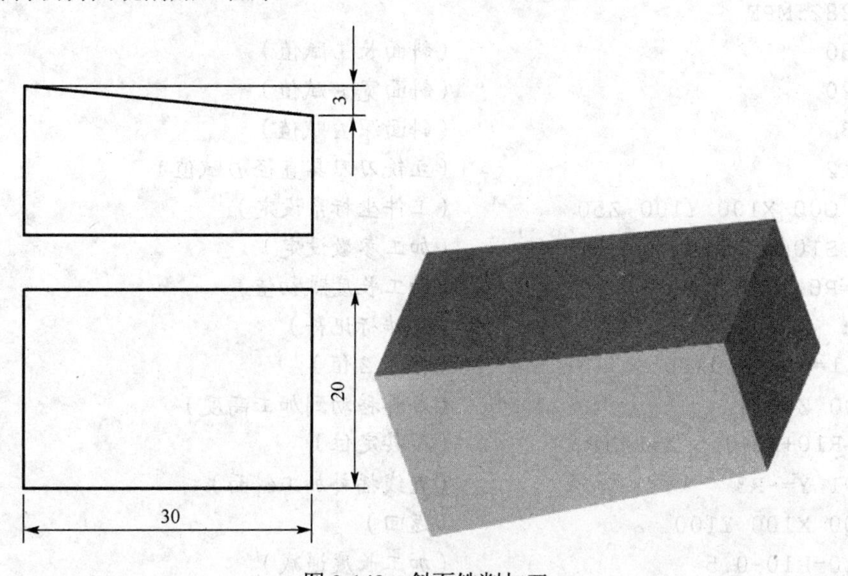


图 3-143 斜面铣削加工

解：斜面几何参数模型如图 3-144 所示，设斜面长 $L$，宽 $B$，深 $H$，设工件坐标原点在工件上表面的左前角位置，选用刀具直径为 $\phi$12mm 的立铣刀铣削加工该斜面。

斜面加工可看成是倒斜角加工，加工倒斜角时可以通过调整斜角加工每层的深度或者宽度增量来实现，为保证加工质量最好选择倒角宽度和高度中值较大的一个作为变量，同时选择铣刀由下至上加工。

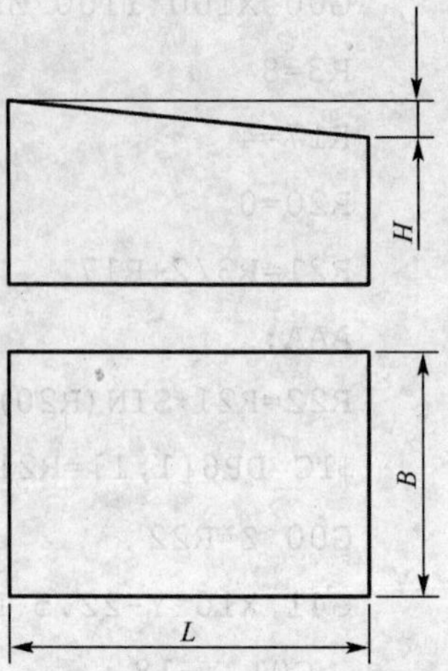

采用刀具半径补偿编制斜面加工程序如下。

```
CX3281.MPF
R0=30                        （斜面长 L 赋值）
R1=20                        （斜面宽 B 赋值）
R2=3                         （斜面深 H 赋值）
R3=12                        （立铣刀刀具直径 D 赋值）
G54 G00 X100 Y100 Z50        （工件坐标系设定）
M03 S1000 F300               （加工参数设定）
R10=R0                       （加工长度赋初值）
AAA:                         （跳转标记符）
  R11=-R2*R10/R0             （计算动态变化的 Z 值，注意 Z 坐标原点位置）
  $TC_DP6[1,1]=R10+R3*0.5-R0 （计算动态变化的刀具半径值“r”）
  G00 Z=R11                  （刀具移动到加工高度）
  G41 X=R0 Y=R1+R3 D01       （建立刀具半径补偿）
  G01 Y=-R3                  （直线插补加工斜面）
  G00 G40 X100 Y100          （取消刀具半径补偿）
  R10=R10-0.5                （加工长度递减）
IF R10>=0 GOTOB AAA          （循环条件判断）
G00 Z50                      （抬刀）
M30                          （程序结束）
```

图 3-144 斜面几何参数模型

下面是采用等高层铣法加工斜面编制的加工程序，试与上述程序进行分析比较。

```
CX3282.MPF
R0=30                        （斜面长 L 赋值）
R1=20                        （斜面宽 B 赋值）
R2=3                         （斜面深 H 赋值）
R3=12                        （立铣刀刀具直径 D 赋值）
G54 G00 X100 Y100 Z50        （工件坐标系设定）
M03 S1000 F300               （加工参数设定）
R10=R0                       （加工长度赋初值）
AAA:                         （跳转标记符）
  R11=-R2*R10/R0             （计算 Z 值）
  G00 Z=R11                  （刀具移动到加工高度）
  X=R10+R3*0.5 Y=R1+R3       （刀具定位）
  G01 Y=-R3                  （直线插补加工斜面）
  G00 X100 Y100              （返回）
  R10=R10-0.5                （加工长度递减）
IF R10>=0 GOTOB AAA          （循环条件判断）
G00 Z50                      （抬刀）
M30                          （程序结束）
```

下面是采用斜线下刀铣削加工该斜面的加工程序，试与上述程序进行分析比较。

```
CX3283.MPF
R0=30                        （斜面长 L 赋值）
R1=20                        （斜面宽 B 赋值）
R2=3                         （斜面深 H 赋值）
R3=12                        （立铣刀刀具直径 D 赋值）
G54 G00 X100 Y100 Z50        （工件坐标系设定）
M03 S1000 F300               （加工参数设定）
  R10=0                      （加工宽度赋初值）
  AAA:                       （跳转标记符）
  G00 X=R3*0.5 Y=R10         （刀具定位）
  G01 Z0                     （下刀到加工平面）
  X=R0+R3*0.5 Z=-R2          （斜线下刀铣削加工）
  G00 Z2                     （抬刀）
  R10=R10+0.2                （加工宽度值递增）
  IF R10<=R1 GOTOB AAA       （加工条件判断）
G00 Z50                      （抬刀）
X100 Y100                    （返回起刀点）
M30                          （程序结束）
```

## 思考练习

1. 试利用球头刀刀具半径补偿法铣削加工零件轮廓凸圆角参数编程模板编制铣削加工如图 3-145 所示椭圆凸台倒圆角的加工程序。

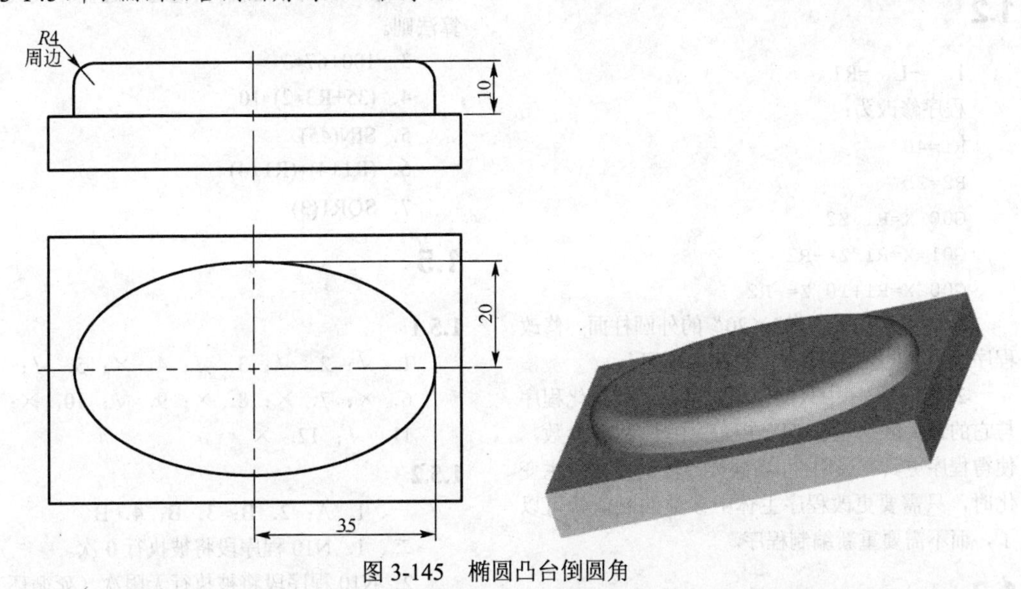


图 3-145　椭圆凸台倒圆角

2. 利用刀具半径动态补偿倒圆角的编程方法能否实现凸球、凹球和椭圆球等球表面的加工编程？

3. 利用刀具半径动态补偿倒斜角的编程方法能否实现外圆锥面、内圆锥面和直棱锥面的加工编程？

# 思考练习答案

## 第 1 章

### 1.1

1．参数化编程与普通程序编制相比有使用 R 参数、可对参数赋值、参数间可进行演算和程序运行可以跳转四大特征。

2．参数化程序的优点有：长远性、共享性、多功能性、简练性、智能性。

3．参数化编程可以用于：相似系列零件的加工、非圆曲线的拟合处理加工和曲线交点的计算。

4．要求编程人员具备一定的数学基础知识、计算机编程基础知识、一定的英语基础和足够的耐心与毅力。

### 1.2

1．=-L、=R1

程序修改为：

```
R1=40
R2=25
G00 X=R1 Z2
G01 X=R1 Z=-R2
G00 X=R1+10 Z=-R2
```

若要求精加工“$\phi$32×20”的外圆柱面，修改程序段为“R1=32”和“R2=20”即可。

2．普通程序中只能使用常量，而参数化程序与它的最大区别在于可以在程序中使用 R 参数，使得程序更具有通用性，当同类零件的尺寸发生变化时，只需要更改程序主体中参数的赋值就可以了，而不需要重新编制程序。

### 1.3

一、1.C；2．D；3．D；4．C；5．B；6．D；7．A；8．ABD

二、1．正确

2．正确

3．G00 X10 Y0

4．2

5．22

6．程序段错误，R 参数不能代替地址 G 后面的数值。

7．N1 G01 X1．5 Y3．7 F20

8．N2 G01 X1．5 Y0 F20

### 1.4

一、1．√；2．√；3．×；4．√；5．×；

二、1．C．2．A；3．A；4．B；5．C；6．A；7．D；8．C；9．C；10．C；11．C；12．C

三、1．有四则运算、三角函数、平方根、绝对值、取整、指数函数运算、比较运算等。

2．运算的先后次序为：圆括号“()”→函数→乘除→加减→比较。其他运算遵循相关数学运算法则。

3．100+67*3

4．(35+R3*2)*10

5．SIN(45)

6．(R1+4)*(R1+4)

7．SQRT(3)

### 1.5

#### 1.5.1

1．√；2．√；3．√；4．×；5．√；6．×；7．×；8．×；9．√；10．×；11．√；12．×

#### 1.5.2

一、1．A；2．B；3．B；4．B

二、1．N10 程序段将被执行 0 次。

2．N10 程序段将被执行无限次（死循环）。

#### 1.5.3

一、1．D；2．B；3．A

二、1．．执行完程序后刀具刀位点的 $X$ 坐标值为 80（最大值）。

2.当 R1=32 时 R2=1.5，当 R1=30.1 时 R2=0.1，

当R1=20时R2为0（没有赋值）。

三、1. 编制求20～100各整数的总和的程序如下。

```
CX1053.MPF
R1=0                 （和赋初值）
R2=20                （计数器赋初值）
AAA:                 （跳转标记符）
  R1=R1+R2           （求和）
  R2=R2+1            （计数器累加）
IF R2<=100 GOTOB AAA
（条件判断，如果计数器值小于或等于100执行循环）
M30                  （程序结束）
```

2. 编制求1～20各整数的总乘积的程序如下。

```
CX1054.MPF
R1=1（乘积赋初值1，注意不能赋值为0）
R2=1                 （计数器赋初值）
AAA:                 （跳转标记符）
  R1=R1*R2           （求乘积）
  R2=R2+1            （计数器累加）
IF R2<=20 GOTOB AAA
（条件判断，如果计数器值小于或等于20执行循环）
M30                  （程序结束）
```

3. 编制计算数值 $1.1^2+2.2^2+3.3^2+\cdots+9.9^2$ 的总和的程序如下。

```
CX1055.MPF
R1=0                 （和赋初值）
R2=1.1               （加数赋初值）
AAA:                 （跳转标记符）
  R1=R1+R2*R2        （数值计算）
  R2=R2+1.1          （加数递增1.1）
IF R2<=9.9 GOTOB AAA
（条件判断，如果加数值小于或等于9.9执行循环）
M30                  （程序结束）
```

4. 编制求该数列中小于360范围内最大的那一项的程序如下。

```
CX1056.MPF
R1=1                 （所求数值赋初值）
R2=2                 （运算结果赋初值）
AAA:                 （跳转标记）
  R3=R2              （运算结果转存）
  R2=R2+R1           （计算下一数值）
  R1=R3              （所求数值赋值）
IF R2<=360 GOTOB AAA （条件判断）
M30                  （程序结束）
```

程序中使用了三个变量，R2是存储运算结果的，R3作为中间自变量，储存R2运算前的数值并传递给R1，R1和R2依次变化，当R2大于或等于360时，循环结束，这时变量R1中的数值就是所求的最大的那一项的数值（为什么不是R2，读者自行考虑）。

5. 将任意5位以内的数值赋给变量R20，通过程序自动判断其各位上的数值并分别用R1～R5来表示从万位到个位上的具体数值。

```
CX1057.MPF
R20=123              （任意5位以内数值赋值）
R1=0                 （个位数赋初值）
R2=0                 （十位数赋初值）
R3=0                 （百位数赋初值）
R4=0                 （千位数赋初值）
R5=0                 （万位数赋初值）
R10=0                （计数器置零）
AAA:                 （跳转标记）
  IF R1<>10 GOTOF BBB（如果个位数满10）
  R1=0               （个位置零）
  R2=R2+1            （十位递增1）
  BBB:               （跳转标记）
  IF R2<>10 GOTOF CCC（如果十位数满10）
  R2=0               （十位置0）
  R3=R3+1            （百位递增1）
  CCC:               （跳转标记）
  IF R3<>10 GOTOF DDD（如果百位数满10）
  R3=0               （百位置0）
  R4=R4+1            （千位递增1）
  DDD:               （跳转标记）
  IF R4<>10 GOTOF EEE（如果千位数满10）
  R4=0               （千位置0）
  R5=R5+1            （万位递增1）
  EEE:               （跳转标记）
  R1=R1+1            （个位递增）
  R10=R10+1          （计数器递增）
IF R10<R20 GOTOB AAA （条件判断）
M30                  （程序结束）
```

上述程序采用从“0”依次数到给定数值的方法编程，虽然程序正确但执行时间较长，下面是改进后的程序。

```
CX1058.MPF
R20=123              （任意5位以内数值赋值）
R1=TRUNC(R20/10000)  （万位数值计算）
R2=TRUNC((R20-10000*R1)/1000)
                     （千位数值计算）
R3=TRUNC((R20-10000*R1-1000*R2)/100)
                     （百位数值计算）
R4=TRUNC((R20-10000*R1-1000*R2-R10
0*R3)/10)            （十位数值计算）
R5=R20-10000*R1-1000*R2-100*R3-10*
R4                   （个位数值计算）
```

```
M30              (程序结束)
```

### 1.5.4

一、1. 其格式为：IF 条件 GOTOB 标记符。

2. 在条件分支流程中，若条件成立则只执行"程序 B"，若条件不成立执行"程序 A"后，如果没有无条件跳转指令会接着执行"程序 B"，即未实现"二选一"的选择执行功能。

3. 共执行 3 次。当 R3=0 时执行第一次，执行 G00 指令时 R1=0，即 X=0；当 R3=1 时执行第二次，R1=30；当 R3=2 时执行第三次，执行 G00 指令时 R1=60，即 X 的值为 60。

4. 共执行 3 次。当 R2=0 时执行第一次，执行 G00 指令时 R4=0，即 X=0；当 R2=1 时执行第二次，R4=10；当 R2=2 时执行第三次，执行 G00 指令时 R4=0，即 X 的值为 0。

二、1. 编制程序如下，若参数 R10 返回值为 0 则能被整除，返回值为 1 则不能被整除。

```
CX1068.MPF
R1=234           (将数值 Y 赋给 R1)
R2=6             (将数值 X 赋给 R2)
IF R1/R2==TRUNC(R1/R2) GOTOF AAA
                 (条件判断)
R10=1            (将 1 赋值给 R10)
GOTOF BBB        (无条件跳转至程序段 BBB)
AAA:R10=0        (将 0 赋值给 R10)
BBB:             (跳转标记符 BBB)
M30              (程序结束)
```

2. 编制程序如下，若参数 R10 返回值为 0 则是偶数，返回值为 1 则是奇数。

```
CX1069.MPF
R1=234  [将需要判断是奇数或偶数的数值
(应为正整数)赋给 R1]
R2=2             (将数值 2 赋给 R2)
IF R1/R2==TRUNC(R1/R2) GOTOF AAA
                 (条件判断)
R10=1            (将 1 赋值给 R10)
GOTOF BBB        (无条件跳转至程序段 BBB)
AAA:R10=0        (将 0 赋值给 R10)
BBB:             (跳转标记符 BBB)
M30              (程序结束)
```

3. 采用条件分支流程编制程序如下。

```
CX1070.MPF
R1=…          (将西瓜的实际重量赋值给 R1)
IF R1<4 GOTOF AAA (条件判断)
R2=0.8        (将销售价格 0.8 赋值给 R2)
GOTOF BBB            (无条件跳转)
AAA:                 (跳转标记符)
R2=0.6     (将销售价格 0.6 赋值给 R2)
BBB:            (跳转标记符)
M30             (程序结束)
```

4. 根据题意，应采用条件分支流程实现三选一的选择执行，编制程序如下。

```
CX1071.MPF
IF R1>1 GOTOF AAA (若加工余量 R1 大于 1)
R2=R1                 (R2 赋值 R1)
GOTOF CCC             (无条件跳转)
AAA:                  (跳转标记符)
  IF R1>=4 GOTOF BBB
            (若加工余量 R1 大于大于 4)
  R2=2                (R2 赋值 2)
  GOTOF CCC           (无条件跳转)
  BBB:                (跳转标记符)
  R2=3                (R2 赋值 3)
CCC:                  (跳转标记)
M30                   (程序结束)
```

# 第 2 章

## 2.1

1. 适用范围有：

① 适用于手工编制含椭圆、抛物线、双曲线等没有插补指令的非圆曲线类零件的数控车削加工程序；

② 适用于编制工艺路线相同、但位置参数不同的系列零件的加工程序；

③ 适用于编制形状相似、但尺寸不同的系列零件的加工程序；

④ 使用参数编程能扩大数控车床的加工编程范围，简化零件加工程序。

2. 注意事项有：绝对坐标值与相对坐标值、直径值与半径值和模态指令与非模态指令等。

3. 区别主要在于：模态指令也称为续效指令，一经程序段中指定，便一直有效，与上段相同的模态指令可省略不写，直到以后程序中重新指定同组指令时才失效。而非模态指令（非续效指令）的功能仅在本程序段中有效，与上段相同的非模态指令不可省略不写。

## 2.2

1. 编制加工程序如下。

```
CX2001.MPF
R1=50        (D 赋值)
R2=3         (R 赋值)
```

```
R3=10                    (L赋值)
R11=R1/2-R2              (计算r1的值)
R12=5*R3-R11             (计算r2的值)
R13=4*R3-R12             (计算r3的值)
G90 M03 S1200 T1 F120    (加工参数设定)
G00 X100 Z50             (刀具到起刀点)
G00 G42 X0 Z2            (进刀到切削起点)
G01 Z0                   (直线插补)
G03 X=2*R13 Z=-R13 CR=R13 (圆弧插补)
G02 X=2*4*R11/5 Z=-3*R12/5-R13
CR=R12                   (圆弧插补)
G03 X=2*R11 Z=-R13-3*R3 CR=R11
                         (圆弧插补)
G01 Z=-R13-5*R3+R2       (直线插补)
G02 X=R1 Z=-R13-5*R3 CR=R2 (圆弧插补)
G91 G01 Z=-R3            (直线插补)
G90 G00 G40 X100         (退刀)
Z50                      (返回起刀点)
M30                      (程序结束)
```

2．设工件原点在右端面与工件轴线的交点上，编制矩形槽加工程序如下。

```
CX2003.MPF               (主程序号)
R0=3                     (A尺寸变量赋值)
R1=10                    (B尺寸变量赋值)
R2=30                    (C尺寸变量赋值)
R3=42                    (D尺寸变量赋值)
R4=38                    (E尺寸变量赋值)
R10=R2-R1+R0             (Z向距离赋初值)
M03 S800 T01 F80         (加工参数设定)
G00 X100 Z50             (刀具快进到起刀点)
G00 X=R3+10              (刀具X向定位)
AAA:                     (跳转标记符)
  G00 Z=-R10             (刀具Z向定位)
  G01 X=R4               (切到要求深度)
  G00 X=R3+10            (退刀到工件外)
  R10=R10+R0-1           (Z向距离递增)
IF R10<R2 GOTOB AAA      (加工条件判断)
G00 Z=-R2                (最后一刀Z向定位)
G01 X=R4                 (最后一刀切削加工)
G00 X=R3+10              (退出工件之外)
G00 X100 Z50             (返回起刀点)
M30                      (程序结束)
```

3．设工件坐标原点在右端面与工件轴线的交点上，下面是数控车削加工该系列零件的程序，仅需要对 R10 赋值“1”、“2”、“3”或“4”即可选择相应4种不同尺寸规格的零件进行加工。

```
CX2004.MPF
R10=1                    (零件尺寸规格选择)
IF R10==1 GOTOF AAA      (尺寸规格判断)
IF R10==2 GOTOF BBB      (尺寸规格判断)
IF R10==3 GOTOF CCC      (尺寸规格判断)
IF R10==4 GOTOF DDD      (尺寸规格判断)
GOTOF LAB
(若R10赋值错误，无条件跳转到程序结束)
AAA:                     (标记符AAA)
  R0=30                  (尺寸参数A赋值)
  R1=50                  (尺寸参数B赋值)
  R2=40                  (尺寸参数C赋值)
  R3=60                  (尺寸参数D赋值)
  R17=3                  (尺寸参数R赋值)
GOTOF MAR
(无条件跳转，不再执行后续赋值程序)
BBB:                     (标记符BBB)
  R0=25                  (尺寸参数A赋值)
  R1=46                  (尺寸参数B赋值)
  R2=28                  (尺寸参数C赋值)
  R3=48                  (尺寸参数D赋值)
  R17=2                  (尺寸参数R赋值)
GOTOF MAR                (无条件跳转)
CCC:                     (标记符CCC)
  R0=19                  (尺寸参数A赋值)
  R1=45                  (尺寸参数B赋值)
  R2=21                  (尺寸参数C赋值)
  R3=47                  (尺寸参数D赋值)
  R17=4                  (尺寸参数R赋值)
GOTOF MAR                (无条件跳转)
DDD:                     (标记符DDD)
  R0=24                  (尺寸参数A赋值)
  R1=55                  (尺寸参数B赋值)
  R2=32                  (尺寸参数C赋值)
  R3=52                  (尺寸参数D赋值)
  R17=3                  (尺寸参数R赋值)
MAR:                     (标记符MAR)
  M03 S1000 T1 F120      (加工参数设定)
  G00 X100 Z100          (刀具快进到起刀点)
  G00 G42 X=R2-9 Z2      (快进到切削起点)
  G01 X=R2 Z-2.5         (直线插补)
  Z=-R0+R17              (直线插补)
  G02 X=R2+2*R17 Z=-R0 CR=R17
                         (圆弧插补)
  G01 X=R3-2*R17         (直线插补)
  G03 X=R3 Z=-R0-R17 CR=R17 (圆弧插补)
  G01 Z=-R1              (直线插补)
  G00 G40 X=R3+10        (退刀)
  G00 X100 Z100          (返回起刀点)
```

```
LAB:             (标记符 LAB)
M30              (程序结束)
```

4. 设工件坐标原点在工件右端面和轴线的交点上，编制加工程序如下。

```
CX2005.MPF
R20=123  (加工槽赋值，如赋值“123”表示要求加工槽 1、槽 2 和槽 3)
R1=0     (个位数赋初值)
R2=0     (十位数赋初值)
R3=0     (百位数赋初值)
R4=0     (千位数赋初值)
R5=0     (万位数赋初值)
R10=0    (计数器置零)
AAA:             (跳转标记)
  IF R1<>10 GOTOF BBB (如果个位数满 10)
  R1=0           (个位置零)
  R2=R2+1        (十位递增 1)
  BBB:           (跳转标记)
  IF R2<>10 GOTOF CCC (如果十位数满 10)
  R2=0           (十位置 0)
  R3=R3+1        (百位递增 1)
  CCC:           (跳转标记)
  IF R3<>10 GOTOF DDD (如果百位数满 10)
  R3=0           (百位置 0)
  R4=R4+1        (千位递增 1)
  DDD:           (跳转标记)
  IF R4<>10 GOTOF EEE (如果千位数满 10)
  R4=0                 (千位置 0)
  R5=R5+1              (万位递增 1)
  EEE:                 (跳转标记)
  R1=R1+1              (个位递增)
  R10=R10+1            (计数器递增)
IF R10<R20 GOTOB AAA   (条件判断)
T1 M03 S800 F120       (加工参数设置)
G00 X100 Z100          (刀具快进到起刀点)
X60 Z-3                (刀具定位)
R11=5                  (槽位计数器赋初值)
LAB:                   (跳转标记符)
  IF R[R11]==0 GOTOF MAR (若各位数为 0)
  G00 Z=-3-R[R11]*10 (刀具定位到槽上方)
  G01 X44              (切槽)
  G00 X60              (退刀)
  MAR:                 (跳转标记符)
  R11=R11-1            (槽位计数器递减)
IF R11<=1 GOTOB LAB    (加工条件判断)
G00 X100 Z100          (返回起刀点)
M30                    (程序结束)
```

5. 设工件原点在工件右端面与轴线的交点上，编制加工程序如下。

```
CX2006.MPF
R1=50                  (外圆直径赋初值)
R2=44                  (槽底径赋初值)
R3=40                  (槽底径赋初值)
R4=3                   (槽宽赋值)
R5=7                   (槽间距赋值)
R10=1                  (槽数计数器)
T01 M03 S600 F150 (加工参数赋值)
  AAA:                 (跳转标记符)
  R11=90*R10           (角度值计算)
  R12=(R2-R3)*ABS(COS(R11))
                 (加工深度差值计算，周期变化)
  G00 X=R1+4 Z=-R4-R10*(R4+R5)
                 (刀具定位)
  G01 X=R2-R12         (切槽)
  G00 X=R1+4           (退刀)
  R10=R10+1            (槽计数器递增)
  IF R10<=5 GOTOB AAA (加工条件判断)
G00 X100 Z50           (返回)
M30                    (程序结束)
```

## 2.3

### 2.3.1

一、1. 参数 R10 的变化范围是[30, 28]，即从$\phi$30mm 加工到$\phi$28mm。

2. 0.5mm

3. 5 次，第一次 X30（本次走了空刀），第二次 X29.5，第三次 X29，第四次 X28.5，第五次 X28。

4. 将程序段“R10=R10–0.5”改为“R10=R10–0.8”即可。若直接将例题程序中每层切削厚度修改为 0.8 不行，因为若将切削厚度修改为 0.8 后第一次加工的 *X* 坐标值为 X30，第二次 X29.2，第三次 X28.4，下一次加工值为 X27.6 不满足循环条件，因此只会加工到 X28.4 就停止加工，未完成零件的精加工。

5. 加工程序需要改进的地方主要有：第一刀不能走空刀，必须保证能进行最后一刀精加工，从粗加工到精加工切削厚度递减。改进后的参考程序如下。

```
CX2011.MPF
R1=28                  (将圆柱直径值赋给 R1)
R2=40                  (将圆柱长度值赋给 R2)
R10=30                 (将毛坯直径值赋给 R10)
T01 M03 S1000 F80 (加工参数设定)
G00 X100 Z50           (快进到起刀点)
MAR:                   (跳转标记符)
```

```
    IF R10-R1>2 GOTOF AA1
                (若R10-R1大于2)
    IF R10-R1>1 GOTOF AA2
                (若R10-R1大于1)
    IF R10-R1>0.5 GOTOF AA3
                (若R10-R1大于0.5)
    AA1:        (跳转标记符)
    R20=2       (将2赋给R20，即加工余量大于
2mm时切削厚度取2mm)
    GOTOF LAR0  (无条件跳转)
    AA2:        (跳转标记符)
    R20=1       (将1赋给R20)
    GOTOF LAR0  (无条件跳转)
    AA3:        (跳转标记符)
    R20=0.5     (将0.5赋给R20)
    LAR0:       (跳转标记符)
    R10=R10-R20 (R10递减R20)
    IF R10+R20-R1<=0.5 GOTOF LAR1 (若
加工余量小于等于0.5mm)
    GOTOF LAR2  (无条件跳转)
    LAR1:       (跳转标记符)
    R10=R1      (将R1赋给R10，执行精加工)
    LAR2:       (跳转标记符)
    G00 X=R10 Z2
                (刀具定位到各层切削起点位置)
    G01 Z=-R2   (直线插补加工)
    G00 X100    (退刀)
    Z50         (返回)
  IF R10>R1 GOTOB MAR (加工循环条件判断)
  M30           (程序结束)
```

提示：改进后只需要加工3次即可（第一次X29，第二次X28.5，第三次X28）；若将R10赋值为30.2则只需要加工2次即可（第一次X28.2，第二次X28）。

二、1. 设工件坐标原点在工件右端面与轴线的交点上，圆柱直径为R1，圆柱长为R2，毛坯直径R0，编制加工程序如下。不同的外圆柱面加工仅需修改R0、R1和R2的值即可。

```
  CX2012.MPF
  R0=35         (毛坯直径赋值)
  R1=28         (圆柱直径赋值)
  R2=40         (圆柱长度赋值)
  G54 G90 T01 M03 S800 F100 (参数设置)
  G00 X100 Z50  (刀具到安全位置)
  AAA:          (跳转标记)
    IF R0-R1>1 GOTOF BB01
                (若加工余量大于1)
    R0=R1       (R0赋值R1)
    GOTOF BB03  (无条件跳转)
    BB01:       (跳转标记)
      IF R0-R1>3 GOTOF BB02
                (若加工余量大于3)
      R0=R0-1 (R0赋值R0-1，即背吃刀量为1)
      GOTOF BB03        (无条件跳转)
      BB02:             (跳转标记)
      R0=R0-3 (R0赋值R0-3，即背吃刀量为3)
    BB03:               (跳转标记)
    G00 X=R0 Z2         (刀具定位)
    G01 Z=-R2           (直线插补)
    G00 X=R0+10         (退刀)
    X100 Z50            (返回)
  IF R0>R1 GOTOB AAA    (加工条件判断)
  M30                   (程序结束)
```

2. 设工件坐标原点在工件右端面与轴线的交点上，编制加工程序如下。

```
  CX2013.MPF
  R0=30             (圆锥大径赋值)
  R1=20             (圆锥小径赋值)
  R2=30             (圆锥长度赋值)
  R4=32             (毛坯直径赋值)
  T01 M03 S1000 F150    (加工参数设定)
  G00 X100 Z100     (快进到起刀点)
  R10=R4-2          (X坐标赋初值)
  AAA:              (跳转标记)
    G00 X=R10 Z2    (快进到切削起点)
    G01 X=R10+(2*(R0-R1)/R2+R0-R1) Z=
-R2                 (直线插补)
    G00 Z2          (退刀)
    R10=R10-2       (X坐标递减)
  IF R10>=R1 GOTOB AAA (加工条件判断)
  G00 X=R1-2*(R0-R1)/R2 Z2
                (刀具定位到精加工切削起点)
  G01 X=R0 Z=-R2    (精加工)
  G00 X100          (退刀)
  Z100              (返回起刀点)
  M30               (程序结束)
```

**2.3.2**

1. 仅需将程序CX2020中参数R10赋值为20即可，即将程序段“R10=15”改为“R10=20”。

2. 例题程序中选用的是如图2-12所示的同心圆法粗精加工策略。下面是采用如图2-13所示的定起点和终点变半径的方法编制的加工程序。

```
  CX2023.MPF
  R10=15            (将球半径15赋给R10)
  R11=SQRT(2)*0.5*R10
```

（计算 $\frac{\sqrt{2}}{2}R$ 即图 2-14 中 $r$ 的值）

```
R20=R11+1.5     （第一刀加工半径值赋值）
T01 M03 S800 F120（加工参数设定）
G00 X100 Z50      （刀具快进到起刀点）
AAA:              （跳转标记符）
  G00 X0 Z=R10+2（粗加工刀具定位）
  G01 Z=R10       （直线插补）
  G03 X=2*R10 Z0 CR=R20
    （粗加工，注意X坐标值应为直径值）
  G00 X100        （退刀）
  Z50             （返回）
  R20=R20+1.5（加工半径递增1.5mm）
IF R20<R10 GOTOB AAA（粗加工循环条件判断）
G00 X0 Z=R10+2      （精加工刀具定位）
G01 Z=R10           （进刀到球顶点）
G03 X=2*R10 Z0 CR=R10（精加工半球面）
G00 X100            （退刀）
Z50                 （返回）
M30                 （程序结束）
```

### 2.3.3

1．区别在于用参数 R1 替代了切削起点的 $X$ 坐标值。修改 R1 的赋值即可实现粗、精加工。

2．若是将程序段“R1=R1-3”放在程序段“IF R1>R2 GOTOB AAA”的前一个程序段的位置，则第一刀走了空刀（未切削到工件），并且不一定能执行精加工。

3．该语句的作用在于能使程序执行精加工。

4．优点是粗、精加工程序变化修改的地方仅有一处，即切削起点的 $X$ 坐标值，缺点是加工效率比用台阶法粗、精加工低，并且编程计算相对坐标值时较困难。

5．设工件原点在球心，编制粗、精加工该零件外轮廓的程序如下。

```
CX2031.MPF
R1=38      （将毛坯直径值赋给R1）
R2=0（将精加工切削起点的X值赋给R2）
M03 S1000 T01 F120 G90（加工参数设定）
G00 X100 Z50         （快进到起刀点）
AAA:         （标记符）
  R1=R1-3（加工切削起点X值递减3mm）
  IF R1>R2 GOTOF BBB（精加工条件判断）
  R1=R2          （将R2赋给R1）
  GOTOF BBB（无条件跳转）
  BBB:           （跳转标记符）
  X=R1 Z7        （刀具定位）
  G01 Z5         （直线插补到切削起点）
  G03 X=IC(10) Z0 CR=5（圆弧插补）
  G02 X=IC(8) Z-8 CR=10（圆弧插补）
  G03 X=IC(12) Z-20 CR=15（圆弧插补）
  G01 Z-27          （直线插补）
  G02 X=IC(6) Z-30 CR=3（圆弧插补）
  G01 Z-40          （直线插补）
  G00 X100          （退刀）
  Z50               （返回）
IF R1>R2 GOTOB AAA  （加工条件判断）
M30                 （程序结束）
```

### 2.3.4

1．例题中加工深度变化是按第一次 $\sqrt{1}C$，第二次 $\sqrt{2}C$，第 $n$ 次 $\sqrt{n}C$ 的方式处理的（其中 $C$ 是螺纹加工第一刀吃刀深度）。下面是采用另外的处理方式编制的螺纹加工子程序。

```
L2042.SPF         （子程序号）
R30=R3            （将螺纹大径值赋给R30）
R31=R3-2*0.54*R5  （计算螺纹小径值）
AAA:                   （跳转标记符）
  R30=R30-R2           （加工X坐标递减）
    IF R30-R31>0.2 GOTOF BB01
                       （加工余量条件判断）
    R30=R31            （将小径值赋给R30）
    GOTOF CCC          （无条件跳转）
    BB01:              （跳转标记符）
    IF R30-R31>0.4 GOTOF BB02
                       （加工余量条件判断）
    R2=0.2             （背吃刀量赋值）
    GOTOF CCC          （无条件跳转）
    BB02:              （跳转标记符）
    IF R30-R31>0.6 GOTOF BB03
                       （加工余量条件判断）
    R2=0.4             （背吃刀量赋值）
    GOTOF CCC          （无条件跳转）
    BB03:              （跳转标记符）
    R2=0.6             （背吃刀量赋值）
    CCC:               （跳转标记符）
   G00 X=R30 Z=R0      （快进到切削起点）
   G33 Z=R1 K=R5       （螺纹加工）
   G00 X=R3+10         （退刀）
   Z=R0                （返回）
   R32=R32+1           （深度变量递增）
IF R30>R31 GOTOB AAA  （加工条件判断）
M17           （子程序结束并返回主程序）
```

2．设工件原点在工件右端面与轴线的交点上，设切削起点的 $Z$ 坐标值为 10，切削终点的 $Z$ 坐标值为-50，采用半径为“$R3$”的圆弧螺纹车刀直进法加工该螺纹，编制加工程序如下。

```
CX2043.MPF          （主程序号）
R0=10      （螺纹切削起点的 Z 坐标值赋值）
R1=-50     （螺纹切削终点的 Z 坐标值赋值）
R2=0.8     （第一刀切削深度赋值）
R3=40      （螺纹大径赋值）
R4=34      （螺纹小径赋值）
R5=8       （螺距赋值）
R30=R3     （将螺纹大径值赋给 R30）
R31=1      （深度变量赋初值）
T03 M03 S600        （加工参数设定）
G00 X100 Z100       （快进到起刀点）
AAA:                （跳转标记符）
  R30=R3-R2*SQRT(R31)（加工 X 坐标递减）
  IF R30<R4 GOTOF BBB（精加工条件判断）
  GOTOF CCC         （无条件跳转）
  BBB:              （跳转标记符）
  R30=R4            （将小径值赋给 R30）
  CCC:              （跳转标记符）
  G00 X=R30 Z=R0    （快进到切削起点）
  G33 Z=R1 K=R5     （螺纹加工）
  G00 X=R3+10       （退刀）
  Z=R0              （返回）
  R31=R31+1         （深度变量递增）
IF R30>R4 GOTOB AAA   （加工条件判断）
G00 X100 Z100         （返回起刀点）
M30                   （程序结束）
```

3．设工件坐标原点在工件对称中心上，设切削起点距右端面 10mm，则其 $Z$ 坐标值为 23（13+10），设切削终点距左端面 6mm，则其 $Z$ 坐标值为-19（-13-6），编制加工程序如下。

```
CX2044.MPF
R0=3           （圆弧螺纹牙深赋值）
R1=8           （螺距赋值）
R2=60          （圆弧半径赋值）
R3=23          （螺纹切削起点 Z 坐标赋值）
R4=19          （螺纹切削终点 Z 坐标赋值）
R5=0.8         （第一刀切削深度赋值）
R10=R2         （加工圆弧面半径赋初值）
R11=R2-R0      （加工圆弧面终止半径值计
算，即螺纹底部所在圆弧半径值）
T03 M03 S600 （加工参数设置）
G00 X100 Z100       （快进至起刀点）
G64                 （连续切削）
AAA:                （跳转标记符）
  R10=R10-R5 （加工 X 坐标递减一个切深）
   IF R10-R11>0.2 GOTOF BB01
             （条件判断，若加工余量大于 0.2）
   R10=R11          （将小径值赋给 R30）
  GOTOF CCC         （无条件跳转）
  BB01:             （跳转标记符）
  IF R10-R11>0.4 GOTOF BB02
             （条件判断，若加工余量大于 0.4）
  R5=0.2            （切削深度取 0.2mm）
  GOTOF CCC         （无条件跳转）
  BB02:             （跳转标记符）
  IF R10-R11>0.6 GOTOF BB03
             （条件判断，若加工余量大于 0.6）
  R5=0.4            （切削深度取 0.4mm）
  GOTOF CCC         （无条件跳转）
  BB03:             （跳转标记符）
  R5=0.6            （切削深度取 0.6mm）
 CCC:               （跳转标记符）
 R20=SQRT(R10*R10-R3*R3)-30
         （计算切削起点的 X 坐标值，半径值）
 R21=SQRT(R10*R10-R4*R4)-30
         （计算切削终点的 X 坐标值，半径值）
 G00 X=2*R20 Z=R3+5    （刀具快速定位）
 G33 Z=R3 K=R1         （螺纹加工）
 G03 X=2*R21 Z=-R4 CR=R10 F=R1
         （圆弧插补加工圆弧表面螺纹）
 G00 X70               （退刀）
 Z=R3+5                （返回）
IF R10>R11 GOTOB AAA   （加工条件判断）
G00 X100 Z100          （返回起刀点）
M30                    （程序结束）
```

### 2.3.5

由图可得，螺纹牙宽 $H$=5mm，螺距增量 $\Delta P$=2mm，同例题分析可得其基本（初始）螺距 $P$=8mm，终止螺距 $P_5$=18mm。若选择宽度 $V$=2mm 的矩形螺纹刀加工，则第一刀切削后工件实际轴向剩余最大余量为

$$U=P_5-V-H=18-2-5=11\text{（mm）}$$

还需切削的次数为

$$Q=\frac{U}{V}=\frac{11}{2}=5.5$$

即至少还需车削 6 刀。设工件坐标原点在右端面与轴线的交点上，第一刀的 $Z$ 坐标值为

$$Z_1=P=8\text{（mm）}$$

最后一刀切削起点的 $Z$ 坐标值为

$$Z_2=2P-\Delta P-V-H=2\times8-2-2-5=7\text{（mm）}$$

则每一次赶刀时切削起点的偏移量为

$$M=\frac{Z_2-Z_1}{Q}=\frac{7-8}{6}\approx-0.167\text{（mm）}$$

每一次赶刀的螺距变化量为

$$N=\frac{\Delta P}{Q}=\frac{2}{6}\approx0.333\text{（mm）}$$

编制加工程序如下（注意程序中切削起点 $Z$ 坐标值由 $Z_1=8$ 递增 6 次−0.167 到 $Z_2=7$，螺距 $F$ 由 6 递减 6 次 0.333 到 4）。

```
CX2052.MPF
T03 M03 S150       （加工参数设定）
G00 X100 Z50       （螺纹刀具移动到起刀点）
X50 Z8             （快进至循环起点）
R0=40              （螺纹大径值赋值）
R1=34              （螺纹小径值赋值）
R8=8（考虑导入空刀量后的切削起点的 Z 坐标值赋值）
R9=-66 （考虑导出空刀量后的切削终点的 Z 坐标值赋值）
R5=6               （螺距初始值赋值）
R10=2              [螺距增（减）量赋值]
L2051              （调用子程序加工变距螺纹）
R0=40              （螺纹大径值赋值）
R1=34              （螺纹小径值赋值）
R8=7.833 （考虑导入空刀量后的切削起点的 Z 坐标值赋值）
R9=-66 （考虑导出空刀量后的切削终点的 Z 坐标值赋值）
R5=5.667           （螺距初始值赋值）
R10=2              [螺距增（减）量赋值]
L2051              （调用子程序加工变距螺纹）
R0=40              （螺纹大径值赋值）
R1=34              （螺纹小径值赋值）
R8=7.666 （考虑导入空刀量后的切削起点的 Z 坐标值赋值）
R9=-66 （考虑导出空刀量后的切削终点的 Z 坐标值赋值）
R5=5.334           （螺距初始值赋值）
R10=2              [螺距增（减）量赋值]
L2051              （调用子程序加工变距螺纹）
R0=40              （螺纹大径值赋值）
R1=34              （螺纹小径值赋值）
R8=7.499 （考虑导入空刀量后的切削起点的 Z 坐标值赋值）
R9=-66 （考虑导出空刀量后的切削终点的 Z 坐标值赋值）
R5=5.001           （螺距初始值赋值）
R10=2              [螺距增（减）量赋值]
L2051              （调用子程序加工变距螺纹）
R0=40              （螺纹大径值赋值）
R1=34              （螺纹小径值赋值）
R8=7.332 （考虑导入空刀量后的切削起点的 Z 坐标值赋值）
R9=-66 （考虑导出空刀量后的切削终点的 Z 坐标值赋值）
R5=4.668           （螺距初始值赋值）
R10=2              [螺距增（减）量赋值]
L2051              （调用子程序加工变距螺纹）
R0=40              （螺纹大径值赋值）
R1=34              （螺纹小径值赋值）
R8=7.165 （考虑导入空刀量后的切削起点的 Z 坐标值赋值）
R9=-66 （考虑导出空刀量后的切削终点的 Z 坐标值赋值）
R5=4.335           （螺距初始值赋值）
R10=2              [螺距增（减）量赋值]
L2051              （调用子程序加工变距螺纹）
R0=40              （螺纹大径值赋值）
R1=34              （螺纹小径值赋值）
R8=7（考虑导入空刀量后的切削起点的 Z 坐标值赋值）
R9=-66 （考虑导出空刀量后的切削终点的 Z 坐标值赋值）
R5=4               （螺距初始值赋值）
R10=2              [螺距增（减）量赋值]
L2051              （调用子程序加工变距螺纹）
G00 X100 Z50       （返回起刀点）
M30                （程序结束）
```

上述程序是先以工件的第一个螺距为 10mm 加工一个槽等宽牙变距螺纹（图 1），然后逐渐往 $Z$ 轴正方向也就是槽的右面赶刀（该过程中切削起点逐渐靠近工件端面，基本螺距逐渐变小），直到工件第一个螺距为 8mm（图 2）最终完成变距螺纹的加工，该方法称为正向偏移直进法车削。

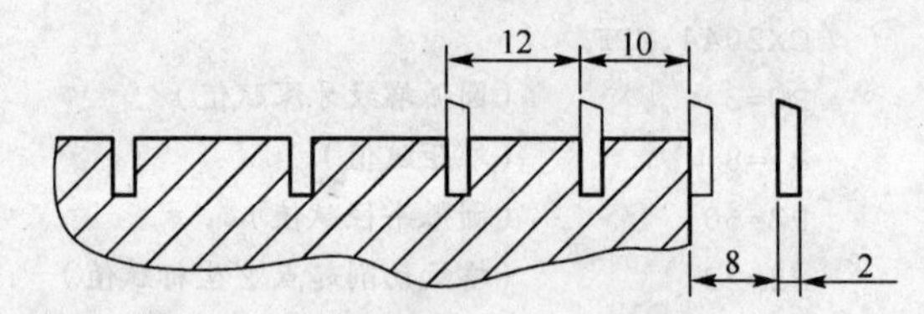


图 1　正向偏移直进法车削第一步

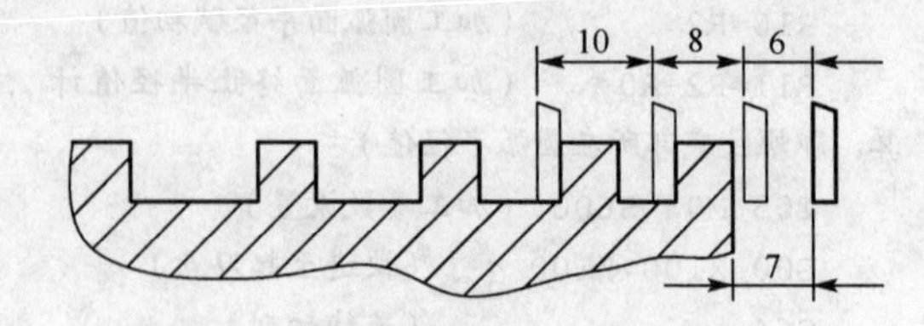


图 2　正向偏移直进法车削最后一步

另外一种方法是负向偏移直进法车削，先以工件的第一个螺距为 8mm 加工一个槽等宽牙变距螺纹（图 3），然后逐渐往 $Z$ 轴负方向也就是槽的左面赶刀（该过程中切削起点逐渐远离工件端面，基本螺距逐渐变大），直到工件第一个螺距为10mm（图 4）完成牙等宽槽变距螺纹的加工。除了直进法车削外还可以采用分层法车削。

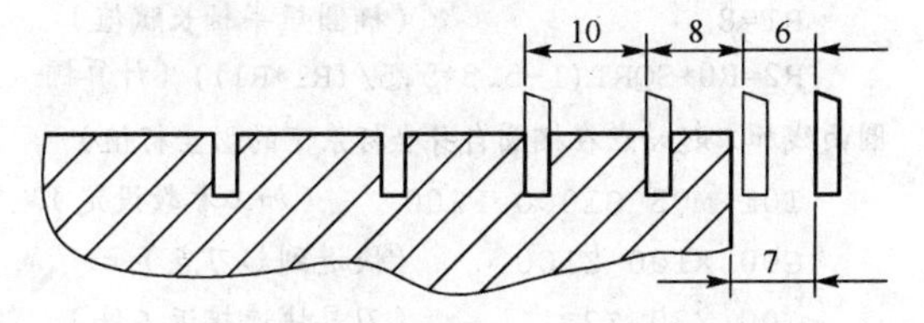


图 3　负向偏移直进法车削第一步

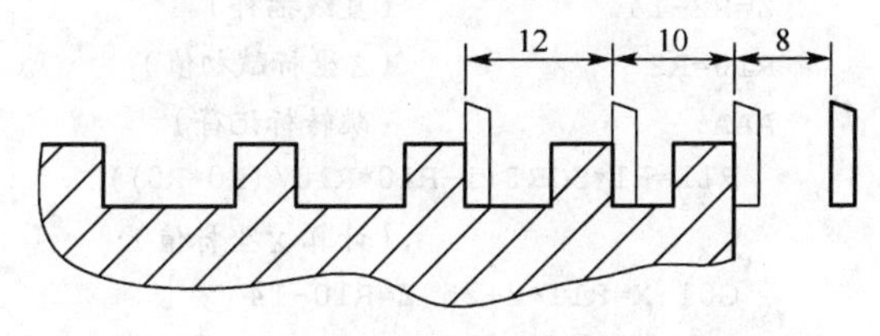


图 4　负向偏移直进法车削最后一步

**2.3.6**

1. 孔底 $Z$ 坐标值为 15，$R$ 点的 $Z$ 坐标值设为 52，将例题中孔加工主程序段的参数 R25 重新赋值“R25=15”，参数 R17 重新赋值“R17=52”即可。

2. 能，仅需要将相应自变量重新赋值即可。

3. 设工件原点在工件右端面与轴线的交点上，修改参数 R25 赋值为“R25=-40”后调用子程序即可完成该孔的加工。

## 2.4

**2.4.1**

1. 函数、$Z$、$X$、10.5、24、10.5、24、0.2、5*R26*R26+10

2. 不对，应修改条件判断语句和变量改为递增。下面的程序增加了一个进行自动判断自变量起点终点大小的二选一条件分支流程。

**2.4.2**

1. 设工件坐标原点在椭圆中心，编制加工程序如下。

```
  CX2072.MPF
  R0=40          （椭圆长半轴赋值）
  R1=25          （椭圆短半轴赋值）
  R10=29         （Z 坐标值赋初值）
  T01 M03 S1000 F200       （加工参数设定）
  G00 X100 Z100            （快进到起刀点）
  G00  X=2*R1*SQRT(1-R10*R10/(R0*R0))
Z31                    （快速靠近工件）
  G01 Z29               （直线插补到切削起点）
  AAA:                  （跳转标记符）
    R20=R1*SQRT(1-R10*R10/(R0*R0))
                        （X 坐标值计算）
    G01 X=2*R20 Z=R10
                        （直线插补逼近椭圆曲线）
    R10=R10-0.2         （Z 坐标递减）
  IF R10>=0 GOTOB AAA   （循环条件判断）
  G01 X50 Z0            （直线插补）
  Z-15                  （直线插补）
  X65                   （直线插补）
  Z-45                  （直线插补）
  G00 X100              （退刀）
  Z100                  （返回）
  M30                   （程序结束）
```

2. 由图可得椭圆长半轴长 40mm，短半轴长 23mm，设工件坐标原点在椭圆中心，选择 $Z$ 坐标为自变量，则其定义域为[20, −20]，编制加工程序如下。

```
  CX2073.MPF
  R0=40              （椭圆长半轴赋值）
  R1=23              （椭圆短半轴赋值）
  R10=20             （Z 坐标赋初值）
  M03 S800 T01 F200 （加工参数设置）
  G00 X100 Z100      （快进到起刀点）
  G00   X=2*R1*SQRT(1-R10*R10/(R0*R0)
Z22                 （刀具快速接近工件）
  G01 Z20            （直线插补到切削起点）
  AAA:               （跳转标记符）
    R20=R1*SQRT(1-R10*R10/(R0*R0))
                     （计算 X 坐标值）
    G01 X=2*R20 Z=R10
                     （直线插补逼近椭圆曲线）
    R10=R10-0.2 （Z 坐标递减）
  IF R10>=-20 GOTOB AAA （加工条件判断）
  G00 X60            （退刀）
  G00 X100 Z100      （返回起刀点）
  M30                （程序结束）
```

3. $P_1$：$t=0°$

$P_2$：$t=\arctan\left(\dfrac{a}{b}\tan\theta\right)=\arctan\left(\dfrac{40}{20}\tan 20°\right)\approx$ 36.052°

$P_3$：$t=90°$

$P_4$：$t=\arctan\left(\dfrac{a}{b}\tan\theta\right)=\arctan\left(\dfrac{40}{20}\tan 150°\right)=$

$\arctan\left(-\dfrac{40}{20}\tan 30°\right)=180°-\arctan\left(\dfrac{40}{20}\tan 30°\right)\approx$

$180°-49.107°=130.893°$

下面是一个用于将圆心角换算为离心角的程序。

```
R0=              （椭圆长半轴a赋值）
R1=              （椭圆短半轴b赋值）
R2=              （圆心角θ赋值）
IF R2>90 GOTOF AAA （若R2大于90°）
R20=0            （令R20=0）
GOTOF CCC        （无条件跳转）
AAA:             （跳转标记符）
IF R2>270 GOTOF BBB（若R2大于270°）
R20=180          （令R20=180）
GOTOF CCC        （无条件跳转）
BBB:             （跳转标记符）
R20=360          （令R20=360）
CCC:             （跳转标记符）
R10=ATAN2(R0*TAN(R2)/R1)+R20
                 （计算离心角并将值赋给R10）
```

4．由图可得椭圆长半轴长35mm，短半轴长18mm，圆心角θ的起始值为0°，终止值为133°。设工件原点在椭圆中心，采用参数方程编程，编制加工程序如下。

```
CX2074.MPF
R0=35            （椭圆长半轴赋值）
R1=18            （椭圆短半轴赋值）
R2=133           （圆心角终止值赋值）
R3=ATAN2(R0*TAN(R2)/R1)+180
                 （计算终点的离心角）
M03 S1000 T01 F150    （加工参数设定）
G00 X100 Z100    （快进到起刀点）
X0 Z=R0+2        （快速接近工件）
G01 Z=R0         （直线插补到切削起点）
R10=0            （离心角赋初值）
AAA:             （跳转标记符）
R20=R1*SIN(R10)  （计算X坐标值）
R21=R0*COS(R10)  （计算Z坐标值）
G01 X=2*R20 Z=R21
                 （直线插补逼近椭圆曲线）
R10=R10+0.2      （离心角递增）
IF R10<=R3 GOTOB AAA（加工条件判断）
G02 X44 Z-25 CR=10 （圆弧插补）
G01 Z-38         （直线插补）
G00 X100         （退刀）
Z100             （返回起刀点）
M30              （程序结束）
```

### 2.4.3

1．椭圆长半轴长12mm，短半轴长8mm，设工件坐标原点在右端面与工件回转轴线的交点上，则椭圆中心在工件坐标系中的坐标值为(25,–14)，采用标准方程以Z坐标为自变量编制其加工程序如下。

```
CX2081.MPF
R0=12            （椭圆长半轴长赋值）
R1=8             （椭圆短半轴长赋值）
R2=R0*SQRT(1-5.5*5.5/(R1*R1))（计算椭圆曲线加工起始点在椭圆自身坐标系下的Z坐标值）
T01 M03 S1000 F200 （加工参数设定）
G00 X100 Z100    （快进到起刀点）
G00 X30 Z2       （刀具快速接近工件）
G01 X36 Z-1      （直线插补）
Z=R2-14          （直线插补）
R10=R2           （Z坐标赋初值）
AAA:             （跳转标记符）
R11=R1*SQRT(1-R10*R10/(R0*R0))
                 （计算X坐标值）
G01 X=R11*2+25 Z=R10-14
                 （直线插补逼近椭圆曲线）
R10=R10-0.2      （Z坐标递减）
IF R10>=-R2 GOTOB AAA（加工条件判断）
G01 Z-26.93      （直线插补）
G02 X38.68 Z-31.93 R10（圆弧插补）
G01 X48 Z-40     （直线插补）
Z-54             （直线插补）
G00 X100         （退刀）
Z100             （返回起刀点）
M30              （程序结束）
```

2．椭圆长半轴长20mm，短半轴长3mm，设工件坐标原点在工件右端面与工件回转轴线的交点上，则椭圆中心在工件坐标系中的坐标值为(36,–25)，椭圆曲线加工起始点的离心角为360°，终止点的离心角为180°，编制加工程序如下。

```
CX2082.MPF
R0=20            （椭圆长半轴赋值）
R1=3             （椭圆短半轴赋值）
T01 M03 S1000 F200 （加工参数设定）
G00 X100 Z100    （快进到起刀点）
X36 Z2           （刀具快速接近工件）
G01 Z-5          （直线插补）
R10=360          （离心角赋初值）
AAA:             （跳转标记符）
R11=R1*SIN(R10)  （计算X坐标值）
R12=R0*COS(R10)  （计算Z坐标值）
G01 X=2*R11+36 Z=R12-25
                 （直线插补逼近椭圆曲线）
R10=R10-0.2      （离心角递减）
IF R10>=180 GOTOB AAA（加工条件判断）
G01 Z-50         （直线插补）
```

```
G00 X100          （退刀）
Z100              （返回起刀点）
M30               （程序结束）
```

**2.4.4**

1．由图可得，椭圆在 Z、X 轴上的截距分别为“20”、“12”，设工件坐标原点在右端面与轴线的交点上，则椭圆中心在工件坐标系下的坐标值为（0，–20），曲线加工起始点的 Z 坐标值为“20”，终止点的 Z 坐标值为“0”，加工曲线段在第Ⅰ和第Ⅱ象限内 K 取正值，编制精加工程序如下。

```
CX2091.MPF
T01 M03 S800      （加工参数设定）
G00 X100 Z100     （快进到起刀点）
G00 X0 Z2         （快速接近工件）
G01 Z0        （直线插补到切削起点）
R0=20         （椭圆在 Z 轴上的截距赋值）
R1=12         （椭圆在 X 轴上的截距赋值）
R23=0 （椭圆中心 G 在工件坐标系中的 X 坐标赋值）
R25=-20 （椭圆中心 G 在工件坐标系中的 Z 坐标赋值）
R8=20 （椭圆曲线加工起始点 P1 在椭圆自身坐标系中的 Z 坐标赋值）
R9=0  （椭圆曲线加工终止点 P2 在椭圆自身坐标系中的 Z 坐标赋值）
R10=1         （象限判断赋值）
R5=80         （进给速度赋值）
L2090         （调用子程序加工椭圆曲线）
G01 X24 Z-20  （直线插补）
Z-26          （直线插补）
X26           （直线插补）
X30 Z-28      （直线插补）
Z-40          （直线插补）
G00 X100      （退刀）
Z100          （返回起刀点）
M30           （程序结束）
```

2．采用椭圆标准方程，编制以 X 坐标为自变量编程加工椭圆曲线的子程序。

设相关自变量含义如下。

R0=A——椭圆在 X 轴上的截距；

R1=B——椭圆在 Z 轴上的截距；

R23=X——椭圆中心 G 在工件坐标系中的 X 坐标值（直径值）；

R25=Z——椭圆中心 G 在工件坐标系中的 Z 坐标值；

R8=I——椭圆曲线加工起始点 $P_1$ 在椭圆自身坐标系中的 X 坐标值；

R9=J——椭圆曲线加工终止点 $P_2$ 在椭圆自身坐标系中的 X 坐标值；

R10=K——象限判断，当加工椭圆曲线在椭圆自身坐标系的第Ⅰ或Ⅳ象限时取 K=1；当加工椭圆曲线在椭圆自身坐标系的第Ⅱ或Ⅲ象限时取 K=–1；

R5=F——进给速度。

编制子程序如下。

```
L2092.SPF         （子程序名）
AAA:              （跳转标记符）
 R30=R1*SQRT(1-R8*R8/(R0*R0))*R10
                  （计算 Z 坐标值）
 G01 X=2*R8+R23 Z=R30+R25 F=R5
                  （直线插补逼近椭圆曲线）
 R8=R8+0.2        （Z 坐标递减）
IF R8<=R9 GOTOB AAA   （加工条件判断）
M17               （子程序结束并返回主程序）
```

由图可得，椭圆在 X、Z 轴上的截距分别为“23”、“12”，设工件坐标原点在椭圆中心，则椭圆中心在工件坐标系下的坐标值为（0，0），曲线加工起始点的 X 坐标值为“15”，终止点的 X 坐标值为“23”，加工曲线段在第Ⅰ象限内 K 取正值，调用子程序精加工该曲线的程序段如下。

```
R0=23         （椭圆在 Z 轴上的截距赋值）
R1=12         （椭圆在 X 轴上的截距赋值）
R23=0 （椭圆中心 G 在工件坐标系中的 X 坐标赋值）
R25=0 （椭圆中心 G 在工件坐标系中的 Z 坐标赋值）
R8=15 （椭圆曲线加工起始点 P1 在椭圆自身坐标系中的 Z 坐标赋值）
R9=23 （椭圆曲线加工终止点 P2 在椭圆自身坐标系中的 Z 坐标赋值）
R10=1         （象限判断赋值）
R5=80         （进给速度赋值）
L2092         （调用子程序加工椭圆曲线段）
```

3．采用椭圆参数方程编程加工椭圆曲线，相关自变量含义如下。

R0=A——椭圆在 Z 轴上的截距；

R1=B——椭圆在 X 轴上的截距；

R23=X——椭圆中心 G 在工件坐标系中的 X 坐标值（直径值）；

R25=Z——椭圆中心 G 在工件坐标系中的 Z 坐标值；

R8=I——椭圆曲线加工起始点 $P_1$ 的离心角值；

R9=J——椭圆曲线加工终止点 $P_2$ 的离心角值；

R5=F——进给速度。

编制子程序如下。

```
L2093.SPF                 （子程序名）
IF R8<=R9 GOTOF AAA       （条件判断）
MAR01:                    （跳转标记符）
  R30=R1*SIN(R8)          （计算X坐标值）
  R31=R0*COS(R8)          （计算Z坐标值）
  G01 X=2*R30+R23 Z=R31+R25 F=R5
                    （直线插补逼近椭圆曲线）
  R8=R8-0.2               （Z坐标递减）
IF R8>=R9 GOTOB MAR01     （条件判断）
GOTOF BBB                 （无条件跳转）
  AAA:                    （跳转标记符）
  MAR02:                  （跳转标记符）
    R30=R1*SIN(R8)        （计算X坐标值）
    R31=R0*COS(R8)        （计算Z坐标值）
    G01 X=2*R30+R23 Z=R31+R25 F=R5
                    （直线插补逼近椭圆曲线）
    R8=R8+0.2             （Z坐标递减）
  IF R8<=R9 GOTOB MAR02   （循环结束）
BBB:                      （条件结束）
M17                       （子程序结束并返回主程序）
```

由图可得，椭圆在Z、X轴上的截距分别为“15”、“4”，设工件坐标原点在工件右端面与工件回转轴线的交点，则椭圆中心在工件坐标系下的坐标值为（40，-20），曲线加工起始点的离心角为“360°”，终止点的离心角为“180°”，调用子程序精加工该曲线的部分程序段如下。

```
R0=15      （椭圆在Z轴上的截距赋值）
R1=4       （椭圆在X轴上的截距赋值）
R23=40 （椭圆中心G在工件坐标系中的X坐标值赋值）
R25=-20（椭圆中心G在工件坐标系中的Z坐标值赋值）
R8=360（椭圆曲线加工起始点P1的离心角赋值）
R9=180（椭圆曲线加工终止点P2的离心角赋值）
R5=80      （进给速度赋值）
L2093      （调用子程序加工椭圆曲线段）
```

## 2.4.5

1. 采用标准方程，以Z坐标为自变量编制倾斜椭圆曲线段加工程序如下，注意旋转角度和X坐标值的正负。

```
CX2100.MPF
R0=20          （椭圆长半轴赋值）
R1=10          （椭圆短半轴赋值）
R2=-20         （旋转角度赋值，顺时针为负值）
T01 M03 S1000 F150        （加工参数设定）
G00 X100 Z100             （快进到起刀点）
G00 X26.87 Z2             （刀具快速接近工件）
G01 Z0                    （直线插补到切削起点）
R10=13.35                 （Z坐标赋初值）
AAA:                      （跳转标记符）
  R11=-R1*SQRT(1-R10*R10/(R0*R0))
                （计算旋转前的X坐标值，为负值）
  R12=R10*SIN(R2)+R11*COS(R2)
                （计算旋转后的X坐标值）
  R13=R10*COS(R2)-R11*SIN(R2)
                （计算旋转后的Z坐标值）
  G01 X=R12*2+50 Z=R13-10
                （直线插补逼近椭圆曲线）
  R10=R10-0.2               （Z坐标递减）
IF R10>=-16.17 GOTOB AAA （加工条件判断）
G01 X50                   （直线插补）
Z-40                      （直线插补）
G00 X100                  （退刀）
Z100                      （返回）
M30                       （程序结束）
```

2. 采用参数方程，以离心角为自变量编制加工程序如下，注意椭圆中心在工件坐标系中的坐标值、两段椭圆曲线不同的离心角起止角度和旋转角度。

```
CX2101.MPF
R0=50        （椭圆长半轴赋值）
R1=30        （椭圆短半轴赋值）
R2=45        （右部椭圆曲线旋转角度赋值）
R3=-45       （左部椭圆曲线旋转角度赋值）
T01 M03 S1000 F150        （加工参数设定）
G00 X100 Z100             （快进到起刀点）
G00 X70.71 Z2             （快速接近工件）
G01 Z-10                  （直线插补）
R10=0 （右部椭圆曲线起始点离心角赋值）
AAA:                      （跳转标记符）
  R11=R1*SIN(R10)（计算旋转前的X坐标值）
  R12=R0*COS(R10)（计算旋转前的Z坐标值）
  R13=R12*SIN(R2)+R11*COS(R2)
                （计算旋转后的X坐标值）
  R14=R12*COS(R2)-R11*SIN(R2)
                （计算旋转后的Z坐标值）
  G01 X=R13*2 Z=R14-45.36
                （直线插补逼近曲线）
  R10=R10+0.5（离心角递增）
IF R10<=90 GOTOB AAA （加工条件判断）
G01 X42.43 Z-66.57        （直线插补）
Z-76.57                   （直线插补）
R10=90 （左部椭圆曲线起始点离心角赋值）
BBB:                      （跳转标记符）
```

```
    R11=R1*SIN(R10)（计算旋转前的X坐标值）
    R12=R0*COS(R10)（计算旋转前的Z坐标值）
    R13=R12*SIN(R3)+R11*COS(R3)
                    （计算旋转后的X坐标值）
    R14=R12*COS(R3)-R11*SIN(R3)
                    （计算旋转后的Z坐标值）
    G01 X=R13*2 Z=R14-97.78
                    （直线插补逼近椭圆曲线）
    R10=R10+0.5（离心角递增）
  IF R10<=180 GOTOB BBB（加工条件判断）
  G01 X70.71 Z-133.14      （直线插补）
  Z-143.14                 （直线插补）
  G00 X90                  （退刀）
  G00 X100 Z100            （返回起刀点）
  M30                      （程序结束）
```

3．采用标准方程，以X坐标为自变量（椭圆曲线起始点和终止点的X坐标值可通过CAD查询得）编制该零件加工程序如下。

```
  CX2102.MPF
  R0=40             （椭圆长半轴赋值）
  R1=30             （椭圆短半轴赋值）
  R2=30             （椭圆旋转角度赋值）
  T01 M03 S1500 F150        （加工参数设定）
  G00 X100 Z100             （快进至起刀点）
  G00 X40 Z2                （刀具定位）
  G01 Z-12                  （直线插补）
  R10=-10.18                （X坐标赋初值）
  AAA:                      （跳转标记符）
    R11=R0*SQRT(1-R10*R10/(R1*R1))
                    （计算旋转前的Z坐标值）
    R12=R11*SIN(R2)+R10*COS(R2)
                    （计算旋转后的X坐标值）
    R13=R11*COS(R2)-R10*SIN(R2)
                    （计算旋转后的Z坐标值）
    G01 X=R12*2+20 Z=R13-49.68
                    （直线插补逼近椭圆曲线）
    R10=R10+0.2       （X坐标递增）
  IF R10<=29.32 GOTOB AAA（加工条件判断）
  G01 X79.25 Z-57    （直线插补）
  Z-97                      （直线插补）
  G00 X90                   （退刀）
  G00 X100 Z100             （返回起刀点）
  M30                       （程序结束）
```

4．同样适用于其他曲线的旋转转换。

5．有三种不同的角度，它们分别是离心角$t$、圆心角$\theta$和旋转角$\beta$。

椭圆上任一点$P$与椭圆中心的连线与水平向右轴线（Z向正半轴）的夹角称为圆心角，$P$点对应的同心圆（半径分别为$a$和$b$）的半径与Z轴正方向的夹角称为离心角，倾斜椭圆相对于正椭圆绕椭圆中心的旋转角度为旋转角。

**2.4.6**

1．设工件原点在抛物线顶点，以Z为自变量编制加工程序如下。

```
  CX2111.MPF
  M03 S1000 T01 F150       （加工参数设定）
  G00 X100 Z100            （快进到起刀点）
  G00 X0 Z2                （刀具定位）
  G01 Z0              （直线插补到切削起点）
  R10=0               （Z坐标赋初值）
  AAA:                （跳转标记符）
    R11=SQRT(-10*R10)（计算X坐标值）
    G01 X=2*R11 Z=R10
                    （直线插补逼近抛物曲线）
    R10=R10-0.2      （Z坐标递减）
  IF R10>=-40 GOTOB AAA（加工条件判断）
  G01 X40 Z-40             （直线插补）
  X46                      （直线插补）
  X50 Z-42                 （直线插补）
  Z-52                     （直线插补）
  G02 X56 Z-55 CR=3        （圆弧插补）
  G01 X65                  （直线插补）
  Z-65                     （直线插补）
  G00 X70                  （退刀）
  G00 X100 Z100            （返回起刀点）
  M30                      （程序结束）
```

2．设工件原点在工件右端面与轴线的交点上，则抛物线顶点在工件坐标系中的坐标值为（0，12），编制该零件的加工程序如下。

```
  CX2112.MPF
  M03 S1000 T01 F150       （加工参数设定）
  G00 X100 Z100            （快进到起刀点）
  G00 X9.8 Z2              （刀具定位）
  G01 Z0              （直线插补到切削起点）
  R10=-12             （Z坐标赋初值）
  AAA:                （跳转标记符）
    R11=SQRT(-2*R10)       （计算X坐标值）
    G01 X=2*R11 Z=R10+12
                    （直线插补逼近抛物曲线）
    R10=R10-0.2        （Z坐标递减）
  IF R10>=-32 GOTOB AAA（循环条件判断）
  G01 X16 Z-20             （直线插补）
  Z-28                     （直线插补）
  X20                      （直线插补）
  Z-36                     （直线插补）
```

```
G00 X30              (退刀)
G00 X100 Z100        (返回起刀点)
M30                  (程序结束)
```

3. 设工件坐标原点在工件右端面与轴线的交点上，则抛物线顶点在工件坐标系中的坐标值为（60，–30），以Z坐标为自变量，则定义域为[20，–10]，编制加工程序如下。

```
CX2113.MPF
T01 M03 S1000 F150   (加工参数设定)
G00 X100 Z100        (快进到起刀点)
G00 X20 Z2         (快进到切削起点)
G01 Z-10             (直线插补)
R10=20               (Z坐标赋初值)
AAA:                 (循环条件判断)
  R11=-R10*R10/20    (计算X坐标值)
  G01 X=R11*2+60 Z=R10-30
                 (直线插补逼近抛物曲线)
  R10=R10-0.2        (Z坐标递减)
IF R10>=-10 GOTOB AAA (循环结束)
G01 X50 Z-40         (直线插补)
Z-60                 (直线插补)
G00 X65              (退刀)
G00 X100 Z100        (返回起刀点)
M30                  (程序结束)
```

**2.4.7**

1. 设工件坐标原点在工件右端面与轴线的交点上，则双曲线中心在工件坐标系中的坐标值为(0,4)，编制加工程序如下。

```
CX2120.MPF
T01 M03 S1500 F200   (加工参数设置)
G00 X100 Z100    (刀具快进至起刀点)
G00 X0 Z2        (刀具定位)
G01 Z0           (直线插补到切削起点)
R10=0            (X坐标赋初值)
AAA:             (跳转标记符)
  R11=-4*SQRT(1+R10*R10/25)
                 (计算Z坐标值)
  G01 X=2*R10 Z=R11+4
                 (直线插补逼近双曲线)
  R10=R10+0.2          (X坐标递增)
IF R10<=12 GOTOB AAA   (循环条件判断)
G01 X24 Z-6.4          (直线插补)
Z-16                   (直线插补)
G00 X30                (退刀)
G00 X100 Z100          (返回起刀点)
M30                    (程序结束)
```

2. 由图可得双曲线段的实半轴长13mm，虚半轴长10mm，双曲线方程为

$$-\frac{z^2}{13^2}+\frac{x^2}{10^2}=1$$

选择Z坐标为自变量，设工件坐标原点在工件右端面与轴线的交点上，则双曲线中心在工件坐标系中的坐标值为（0，–29.54），编制加工程序如下。

```
CX2121.MPF
T01 M03 S1200 F120       (加工参数设定)
G00 X100 Z100            (快进到起刀点)
G00 X30 Z2               (刀具定位)
G01 Z-15                 (直线插补)
R10=14.53                (Z坐标赋初值)
AAA:                     (跳转标记符)
  R11=10*SQRT(1+R10*R10/(13*13))
                         (计算X坐标值)
  G01 X=2*R11 Z=R10-29.54
                   (直线插补逼近双曲线)
  R10=R10-0.2            (Z坐标递减)
IF R10>=-19.46 GOTOB AAA (加工条件判断)
G01 X36 Z-48.99          (直线插补)
Z-60                     (直线插补)
G00 X40                  (退刀)
G00 X100 Z100            (返回起刀点)
M30                      (程序结束)
```

3. 由图可得双曲线段的实半轴长10mm，虚半轴长10mm，双曲线方程为

$$-\frac{z^2}{10^2}+\frac{x^2}{10^2}=1$$

选择Z坐标为自变量，设工件坐标原点在工件右端面与轴线的交点上，则双曲线中心在工件坐标系中的坐标值为（40，–17.32），编制加工程序如下。

```
CX2122.MPF
T01 M03 S1200 F120       (加工参数设定)
G00 X100 Z100            (快进到起刀点)
G00 X0 Z2                (刀具定位)
G01 Z0                   (直线插补)
R10=17.32                (Z坐标赋初值)
AAA:                     (跳转标记符)
  R11=-10*SQRT(1+R10*R10/(10*10))
            (计算X坐标值，注意X坐标值为负值)
  G01 X=2*R11+40 Z=R10-17.32
                 (直线插补逼近双曲线)
  R10=R10-0.2            (Z坐标递减)
IF R10>=0 GOTOB AAA      (加工条件判断)
G01 X20 Z-17.32          (直线插补)
G02 X36 Z-33.32 CR=20    (圆弧插补)
G03 X60 Z-57.32 CR=30    (圆弧插补)
```

```
G01 Z-72.32              (直线插补)
G02 X72 Z-78.32 CR=6     (圆弧插补)
G01 Z-87.32              (直线插补)
G00 X80                  (退刀)
G00 X100 Z100            (返回起刀点)
M30                      (程序结束)
```

### 2.4.8

1. 由图可得，曲线峰值为3.75mm，1/2周期对应的Z向长度为30mm，则一个周期对应的Z向长度为60mm，设工件原点在工件右端面与轴线的交点上，曲线自身坐标原点在工件坐标系中的坐标值为（40,30），编制加工程序如下。

```
CX2131.MPF
R0=3.75                  (正弦曲线极值赋值)
R1=60 (正弦曲线一个周期对应的Z坐标长度赋值)
T01 M03 S1000 F150       (加工参数设定)
G00 X100 Z100            (刀具快进到起刀点)
G00 X40 Z2               (刀具定位)
G01 Z0                   (直线插补到切削起点)
R10=180                  (角度θ赋初值)
AAA:                     (跳转标记符)
  R11=R0*SIN(R10)        (计算X坐标值)
  R12=R1*R10/360         (计算Z坐标值)
  G01 X=2*R11+40 Z=R12-30
                         (直线插补逼近正弦曲线)
  R10=R10-0.2            (角度θ递减)
IF R10>=0 GOTOB AAA      (加工条件判断)
G00 X55                  (退刀)
G00 X100 Z100            (返回起刀点)
M30                      (程序结束)
```

2. 编制加工程序如下。

```
CX2132.MPF
R0=3                     (正弦曲线极值赋值)
R1=20 (正弦曲线一个周期对应的Z坐标长度赋值)
T01 M03 S1000 F150       (加工参数设定)
G00 X100 Z100            (刀具快进到起刀点)
G00 X20 Z2               (刀具定位)
G01 Z-10                 (直线插补)
X30                      (直线插补)
Z-15                     (直线插补)
X40                      (直线插补)
Z-20                     (直线插补)
R10=90                   (角度θ赋初值)
AAA:                     (跳转标记符)
  R11=R0*SIN(R10)        (计算X坐标值)
  R12=R1*R10/360         (计算Z坐标值)
  G01 X=2*R11+34 Z=R12-25
                         (直线插补逼近正弦曲线)
  R10=R10-0.5            (角度θ递减)
IF R10>=-630 GOTOB AAA
                         (循环条件判断)
G01 X40 Z-60             (直线插补)
Z-65                     (直线插补)
G00 X50                  (退刀)
G00 X100 Z100            (返回起刀点)
M30                      (程序结束)
```

3. 工件坐标原点设在右端面和轴线的交点上，沿正弦曲线轮廓逐刀切削该正弦螺纹的精加工程序如下。

```
CX2133.MPF
R0=3.5                   (正弦曲线极值赋值)
R1=12 (正弦曲线一个周期对应的Z坐标长度赋值)
R2=-5                    (螺纹切削起点Z坐标赋值)
R3=0.2                   (Z向移动步距赋值)
T03 M03 S500             (加工参数设置)
G00 X100 Z100            (刀具快进到起刀点)
R10=12                   (正弦曲线Z坐标赋初值)
AAA:                     (跳转标记符)
  R11=R10*360/R1         (计算θ值)
  R12=R0*SIN(R11)        (计算X坐标值)
  G00 X=2*R12+80 Z=R2
               (刀具移动到下一刀螺纹切削起点)
  G33 Z-130 K=R1         (螺纹切削加工)
  G00 X90                (退刀)
  Z=R2                   (返回)
  R10=R10-R3 (正弦曲线Z坐标递减一个步距)
  R2=R2-R3 (循环起点Z坐标递减一个步距)
IF R10>=0 GOTOB AAA (如果没有切削完一个周期的正弦曲线牙型则继续循环)
G00 X100 Z100            (返回起刀点)
M30                      (程序结束)
```

### 2.4.9

1.（参数赋初值）、（跳转标记符）、（计算X坐标值）、（计算Z坐标值）、（直线插补逼近正切曲线）、（参数值递减）、（循环条件判断）、（计算起点参数值）、（参数赋初值）、（跳转标记符）、（计算X坐标值）、（计算Z坐标值）、（直线插补逼近正切曲线）、（参数值递减）、（循环条件判断）

2. 设工件坐标原点在工件右端面与轴线的交点上，则曲线方程原点O在工件坐标系中的坐标值为（0，-72），编制加工程序如下。

```
CX2141.MPF
T01 M03 S1200 F150        (加工参数设定)
G00 X100 Z100             (快进到起刀点)
G00 X7 Z2     (刀具定位)
G01 Z0        (直线插补到切削起点)
R10=72               (Z坐标赋初值)
AAA:                 (跳转标记符)
  R11=36/R10+3       (计算X坐标值)
  G01 X=2*R11 Z=R10-72
              (直线插补逼近双曲线段)
  R10=R10-0.2             (Z坐标递减)
IF R10>=2 GOTOB AAA       (循环条件判断)
G01 X42 Z-70              (直线插补)
Z-80                      (直线插补)
G00 X50                   (退刀)
G00 X100 Z100             (返回起刀点)
M30                       (程序结束)
```

3. (20, 15)、(23, 29)

### 2.4.10

设曲线 $y=f(x)$ 上某点 $M(x, y)$ 的曲率为 $K$ 且不为0，则其倒数 $\frac{1}{K}$ 称为该曲线在 $M(x, y)$ 处的曲率半径，记为 $R$，即

$$R=\frac{1}{K}$$

由于

$$K=\frac{|y''|}{(1+y'^2)^{3/2}}$$

所以曲率半径

$$R=\frac{(1+y'^2)^{3/2}}{|y''|}$$

抛物曲线方程为 $z=-0.1x^2$，则可得 $z'=-0.2x$，$z''=-0.2$，所以曲率半径

$$R=\frac{(1+z'^2)^{3/2}}{|z''|}=\frac{(1+0.04x^2)^{3/2}}{0.2}=5\times\sqrt{1+0.04x^2}^3$$

编制加工程序如下。

```
CX2151.MPF
M03 S600 T01 F150          (加工参数设定)
G00 X100 Z100              (刀具定位)
X0 Z2               (快进到切削起点)
G01 Z0              (直线插补)
R0=1                (X坐标赋初值)
AAA:                (跳转标记符)
  R11=-0.1*R0*R0    (计算Z坐标值)
  R12=1+0.04*(R0-0.5)*(R0-0.5)
       (计算中间点的1+0.04x^2的值)
  R13=5*SQRT(R12)*SQRT(R12)*SQRT
(R12)          (计算曲率半径R的值)
  G03 X=R0*2 Z=R11 CR=R13
            (圆弧插补逼近曲线加工)
  R0=R0+1                  (X坐标递增)
IF R0<=10 GOTOB AAA        (加工条件判断)
G01 X30                    (直线插补)
Z-20                       (直线插补)
G00 X100 Z100              (返回起刀点)
M30                        (程序结束)
```

### 2.4.11

编制加工程序如下。

```
CX2161.MPF
R0=1                   (X坐标赋初值)
AAA:                   (跳转标记符)
  R[101+R0*3]=2*R0(存储X坐标值，为直径值)
  R[102+R0*3]=-0.1*R0*R0 (计算并存储
Z坐标值)
  R1=1+0.04*(R0-0.5)*(R0-0.5)
          (计算中间点1+0.04x^2的值)
  R[103+R0*3]=5*SQRT(R1)*SQRT(R1)*
SQRT(R1)     (计算并存储曲率半径R的值)
  R0=R0+1                  (X坐标递增)
IF R0<=10 GOTOB AAA        (循环条件判断)
M03 S600 T01 F150          (加工参数设定)
G00 X100 Z100              (快进到起刀点)
X0 Z2                  (快进到切削起点)
G01 Z0                 (直线插补)
R1=1                   (读取地址计数器置1)
BBB:                   (跳转标记符)
  G03  X=R[101+R1*3]  Z=R[102+R1*3]
CR=R[103+R1*3]     (圆弧插补逼近曲线加工)
  R1=R1+1          (读取地址计数器递增)
IF R1<=R0-1 GOTOB BBB (加工条件判断)
G01 X30                    (直线插补)
Z-20                       (直线插补)
G00 X100 Z100              (返回起刀点)
M30                        (程序结束)
```

# 第3章　参考答案

## 3.1

1. 常见的刀具有立铣刀、端铣刀、键槽铣刀、球头铣刀和牛鼻刀等。

2. 常用的铣削加工刀具轨迹形式有等高铣削、曲面铣削、曲线铣削和插式铣削。

3. 行切法粗加工时有很高的效率，在精加工时可获得刀痕一致、整齐美观的加工表面，适应性

广，编程稍有不便。环切法加工可以减少提刀，提高铣削效率，用于粗加工时，其效率比行切法加工低，但可方便编程实现。

## 3.2

### 3.2.1

1. 当$R$的值大于$r$的值时是。

2. 在圆心距1赋值程序段后加入如下部分程序即可。

```
IF R2>0 GOTOF AAA（条件判断）
M30                 （程序结束）
AAA:IF R2<R0+R1 GOTOF BBB（条件判断）
M30                 （程序结束）
BBB:（条件成立时执行本程序段及之后的程序）
```

3. 设工件坐标原点在正多边形中心，选用$\phi$10mm立铣刀铣削加工正多边形外轮廓，编制加工程序如下。

```
CX3003.MPF
R1=20          （正多边形外接圆半径R赋值）
R2=6           （正多边形边数n赋值）
R10=1          （加工边数计数器赋初值）
G54 G00 X100 Y100（工件坐标系设定）
M03 S1000 F300     （加工参数设定）
G00 G42 X=R1+5 Y0 D01
                   （建立工件坐标系设定）
G01 X=R1           （直线插补到切削起点）
 AAA:              （跳转标记符）
 R20=R1*COS(R10*360/R2)
                   （计算节点P的X坐标值）
 R21=R1*SIN(R10*360/R2)
                   （计算节点P的Y坐标值）
 G01 X=R20 Y=R21（直线插补）
 R10=R10+1         （计数器递增）
 IF R10<=R2 GOTOB AAA（加工循环条件判断）
G00 G40 X100       （取消刀具半径补偿）
Y100               （返回起刀点）
M30                （程序结束）
```

4. 设工件坐标原点在中间连接大圆弧中心，编制加工程序如下。

```
CX3004.MPF
R0=10     （菱形件两端小圆弧半径r赋值）
R1=20（菱形件中间连接大圆弧半径R赋值）
R3=60               （中心距L赋值）
R10=ATAN2(SQRT(R3*0.5*R3*0.5-(R1-R0)*(R1-R0))/(R1-R0))（计算切点圆心连线与水平轴线夹角）
R11=R0*COS(R10)+R3*0.5
                （计算小圆弧上切点的X坐标值）
R12=R0*SIN(R10)
                （计算小圆弧上切点的Y坐标值）
R13=R1*COS(R10)
                （计算大圆弧上切点的X坐标值）
R14=R1*SIN(R10)
                （计算大圆弧上切点的Y坐标值）
G54 G00 X100 Y100（工件坐标系设定）
M03 S1000 F300   （加工参数设定）
G00 G41 X=R3*0.5+R0+10 Y10 D01
                     （建立刀具半径补偿）
G03 X=R3*0.5+R0 Y0 CR=10（圆弧插补切入）
G02 X=R11 Y=-R12 CR=R0（圆弧插补）
G01 X=R13 Y=-R14        （直线插补）
G02 X=-R13 CR=R1        （圆弧插补）
G01 X=-R11 Y=-R12       （直线插补）
G02 Y=R12 CR=R0         （圆弧插补）
G01 X=-R13 Y=R14        （直线插补）
G02 X=R13 CR=R1         （圆弧插补）
G01 X=R11 Y=R12         （直线插补）
G02 X=R3*0.5+R0 Y0 CR=R0（圆弧插补）
G03 X=R3*0.5+R0+10 Y-10 CR=10
                        （圆弧插补切出）
G00 G40 X100 Y100       （返回起刀点）
M30                     （程序结束）
```

5. 刀具沿矩形路线加工一个齿两侧面，然后采用坐标旋转加工其他各齿。设工件坐标原点在工件上表面的圆心，选用直径为$\phi$8mm的立铣刀铣削加工，编制其加工程序如下。

```
CX3005.MPF
R0=80          （离合器外径赋值）
R1=60          （离合器内径赋值）
R2=10          （齿宽赋值）
R3=10          （齿深赋值）
R4=8           （齿数赋值）
R5=8           （刀具直径赋值）
G54 G00 X100 Y0 Z50（工件坐标系设定）
M03 S1000 F300      （加工参数设定）
Z=-R3               （下刀到加工平面）
 R10=0              （旋转角度赋初值）
 AAA:               （跳转标记符）
 ROT RPL=R10        （坐标旋转设定）
 G01 X=R0/2+R5/2 Y=-R2/2
                  （直线插补到切削起点）
 X=R1/2-R5 Y=-R2/2      （加工齿侧面）
 X=R1/2-R5 Y=R2/2       （进刀）
 X=R0/2+R5/2 Y=R2/2     （加工齿侧面）
 ROT                    （坐标旋转结束）
```

```
    R10=R10+360/R4     （旋转角度递增）
    IF R10<360 GOTOB AAA（加工条件判断）
  G00 Z50              （抬刀）
  X100 Y0              （返回起刀点）
  M30                  （程序结束）
```

6．设齿数 $N$，齿形外圆周直径 $D$，内圆周直径 $d$，齿侧面夹角为 $\theta$，齿高 $H$。设工件坐标原点在工件上表面的对称中心，选用直径为 $\phi$6mm 的立铣刀铣削加工，编制加工程序如下。

```
  CX3006.MPF
  R0=4                 （齿数N赋值）
  R1=60                （齿形外圆周直径D赋值）
  R2=40                （齿形内圆周直径d赋值）
  R3=30                （齿侧面夹角θ赋值）
  R4=5                 （齿高H赋值，即加工深度）
  R5=R2*0.5*COS(R3*0.5)（计算X坐标值）
  R6=R2*0.5*SIN(R3*0.5)（计算Y坐标值）
  R7=R1*0.5*COS(R3*0.5)（计算X坐标值）
  R8=R1*0.5*SIN(R3*0.5)（计算Y坐标值）
  R10=0                （旋转角度赋初值）
  G54 G00 X0 Y0 Z50    （工件坐标设定）
  M03 S1000 F250       （加工参数设定）
  Z=-R4                （下刀到加工平面）
    AAA:               （跳转标记符）
    ROT RPL=R10        （坐标旋转设定）
    G41 G01 X=R5 Y=R6 D01
                       （建立刀具半径补偿）
    X=R7 Y=R8          （直线插补加工）
    G02 Y=-R8 CR=R1*0.5（圆弧插补）
    G01 X=R5 Y=-R6     （直线插补加工）
    G00 G40 X0 Y0      （取消刀具半径补偿）
    ROT                （取消坐标旋转）
    R10=R10+360/R0     （旋转角度递增）
    IF R10<360 GOTOB AAA（循环结束）
  G00 Z50              （抬刀）
  M30                  （程序结束）
```

### 3.2.2

1．在安全平面进行，保证刀具和工件不发生干涉。

2．圆弧槽加工部分程序如下。

```
  CX3012.MPF
  R0=40                （外圆半径赋值）
  R1=6                 （圆弧槽半径赋值）
  R2=35                （圆弧槽圆心所在圆半径）
  R3=6                 （圆弧槽数量）
  R10=1                （圆弧槽数量计数器赋初值）
  R11=0                （坐标旋转角度赋初值）
  R12=360/R3           （计算圆弧槽间隔角度）
  G54 G00 X0 Y0 Z50    （工件坐标系设定）
  M03 S800 F300        （加工参数设定）
  Z2                   （下刀到安全平面）
  AAA:                 （跳转标记符）
    G17 ROT RPL=R11    （坐标旋转设定）
    G00 G41 X=R0+10 Y=R1 D01
                       （刀具定位，刀具半径补偿建立）
    Z-5                （下刀到加工平面）
    G01 X=R2 Y=R1      （直线插补）
    G03 X=R2 Y=-R1 CR=R1（圆弧插补）
    G01 X=R0 Y=-R1     （直线插补）
    G00 Z2             （抬刀到安全平面）
    G00 G40 X0 Y0      （取消刀具半径补偿）
    ROT                （取消坐标旋转）
    R10=R10+1          （计数器累加）
    R11=R11+R12        （坐标旋转角度累加）
  IF R10<=R3 GOTOB AAA （加工条件判断）
  G00 Z50              （返回初始平面）
  M30                  （程序结束）
```

3．若采用坐标旋转指令编程，仅需修改 CX3011 程序中大圆半径 $R$ 和圆缺半径 $r$ 的赋值即可，修改后的程序如下。

```
  CX3013.MPF
  R0=35                （大圆半径R赋值）
  R1=8                 （圆缺半径r赋值）
  R2=40                （圆心距l赋值）
  R3=8                 （圆缺数量n赋值）
  IF R2<=0 GOTOF AAA   （条件判断）
  IF R2>=R0+R1 GOTOF AAA（条件判断）
  GOTOF BBB            （无条件跳转）
  AAA:                 （跳转标记）
  M30                  （程序结束）
  BBB:                 （跳转标记符）
  R10=(R0*R0+R2*R2-R1*R1)/(2*R0*R2)
```

（计算 $\cos\frac{\alpha}{2}$ 的值）

```
  R11=SQRT(1-R10*R10)
```

（计算 $\sin\frac{\alpha}{2}$ 的值）

```
  R12=R0*R10           （计算XA的值）
  R13=R0*R11           （计算YA的值）
  G54 G00 X0 Y0 Z50    （工件坐标系设定）
  M03 S800 F300        （主轴旋转，进给速度设定）
  Z2                   （下刀到安全平面）
  R20=1                （计数器赋初值）
  R21=0                （旋转角度赋初值）
  R22=360/R3           （计算θ值）
  CCC:                 （跳转标记符）
```

```
G17 ROT RPL=R21（坐标旋转）
G00 G41 X=R2+R1 Y0 D01
        （刀具定位，建立刀具半径补偿）
Z-5             （下刀到加工平面）
G02 X=R12 Y=R13 CR=-R1
  （加工半径为 r 的圆缺，注意圆弧切入）
G00 Z2          （抬刀到安全平面）
G00 G40 X0 Y0（返回，取消刀具半径补偿）
ROT             （取消坐标旋转）
R21=R21+R22     （旋转角度递增）
R20=R20+1       （计数器累加）
IF R20<=R3 GOTOB CCC
            （加工圆缺个数条件判断）
G00 Z50         （抬刀）
X0 Y0           （返回）
M30             （程序结束）
```

4. 将上题程序中 R0 的赋值改为 40，R1 的赋值改为 50，R2 的赋值改为 70，R3 的赋值改为 3 即可，加工程序略。

5.设工件坐标系原点在工件上表面的圆心，选用$\phi$8mm 立铣刀铣削加工该零件内轮廓，编制加工程序如下。

```
CX3014.MPF
R1=22        （正多边形外接圆半径 R 赋值）
R2=12        （正多边形边数 n 赋值）
R3=7         （圆弧半径 r 赋值）
R10=1        （加工边数计数器赋初值）
G54 G00 X0 Y0 Z50（工件坐标系设定）
M03 S1000 F300    （加工参数设定）
Z-5          （刀具下降到加工平面）
AAA:         （跳转标记符）
R20=R1*COS((R10-1)*360/R2)
             （计算节点 P1 的 X 坐标值）
R21=R1*SIN((R10-1)*360/R2)
             （计算节点 P1 的 Y 坐标值）
R22=R1*COS(R10*360/R2)
             （计算节点 P2 的 X 坐标值）
R23=R1*SIN(R10*360/R2)
             （计算节点 P2 的 Y 坐标值）
G01 G41 X=R20 Y=R21 D01（直线插补）
G03 X=R22 Y=R23 CR=R3
             （圆弧插补加工“R7”圆弧）
G00 G40 X0 Y0     （返回工件中心）
R10=R10+1         （计数器递增）
IF R10<=R2 GOTOB AAA
             （加工循环条件判断）
G00 Z50           （抬刀）
M30               （程序结束）
```

6. 设均布圆弧个数为 $N$，圆弧半径为 $R$，均布圆弧圆心所在圆周直径为 $D$。如图 5 所示在 $\triangle O_1O_2P$ 中（其中，$D$ 的圆心为 $O_1$，$R$ 的圆心为 $O_2$，均布圆弧在第一象限的交点为 $P$），已知 $O_1O_2=\frac{D}{2}$，$O_2P=R$，$\angle O_2O_1P=\frac{360}{2N}$，根据正弦定理有：

$$\sin\angle O_1PO_2=\frac{O_1O_2\sin\angle PO_1O_2}{PO_2}$$

$$\angle O_1O_2P=180°-(\angle O_2O_1P+\angle O_1PO_2)$$

$$PO_1=\frac{PO_2\sin\angle O_1O_2P}{\sin\angle PO_1O_2}$$

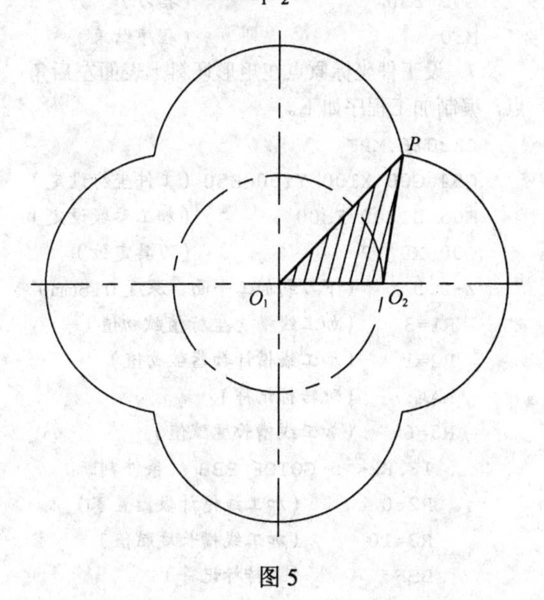


图 5

求得 $PO_1$ 线段的长度后，即可由圆的方程求得 $P$ 点的坐标值。

设工件坐标原点在对称中心，选用刀具直径为$\phi$8mm 的立铣刀铣削加工，编制该型孔加工程序如下。

```
CX3015.MPF
R0=4          （均布圆弧个数 N 赋值）
R1=18         （圆弧半径 R 赋值）
R2=30 （均布圆弧圆心所在圆周直径 D 赋值）
R3=R2*0.5*SIN((360/R0)/2)/R1
              （计算 sin∠O1PO2 ）
R4=ASIN(R3)   （计算 ∠O1PO2 ）
R5=R1*SIN(180-(360/R0)/2-R4)/SIN((
360/R0)/2)（计算圆弧交点与对称中心的连线距离）
R6=R5*COS((360/R0)/2)
              （计算圆弧交点的 X 坐标值）
R7=R5*SIN((360/R0)/2)
              （计算圆弧交点的 Y 坐标值）
G54 G00 X0 Y0 Z10（工件坐标系设定）
M03 S1000 F250    （主轴转速设定）
```

```
G01 Z-2      (下刀到加工平面)
 R10=0  (加工均布圆弧个数计数器赋初值)
 AAA:   (跳转标记符)
 ROT RPL=R10*360/R0  (坐标旋转设定)
 G01 G41 X=R6 Y=-R7 D01
          (直线插补到切削起点)
 G03 X=R6 Y=R7 CR=R1 (圆弧插补)
 G00 G40 X0 Y0       (返回)
 R10=R10+1           (计数器累加)
 IF R10<R0 GOTOB AAA (加工条件判断)
G00 Z50              (抬刀)
M30                  (程序结束)
```

7. 设工件坐标原点在矩形坯料上表面左后角点，编制加工程序如下。

```
CX3016.MPF
G54 G00 X100 Y100 Z50 (工件坐标设定)
M03 S1200 F300        (加工参数设定)
G00 X0 Y2             (刀具定位)
Z-0.5     (下刀到加工平面，深度0.5mm)
 R1=3     (加工线槽X坐标值赋初值)
 R2=1     (加工线槽计数器赋初值)
 AAA:     (跳转标记符)
 R3=6     (加工线槽长度赋值)
  IF R2<>5 GOTOF BBB (条件判断)
  R2=0         (加工线槽计数器置零)
  R3=10        (加工线槽长度赋值)
  BBB:         (跳转标记符)
 G00 X=R1      (刀具定位)
 G01 Y=-R3     (刻线槽)
 G00 Y2        (原路返回)
 R1=R1+3       (加工线槽X坐标值递增)
 R2=R2+1       (加工线槽计数器递增)
 IF R1<60 GOTOB AAA  (加工条件判断)
G00 Z50              (抬刀)
X100 Y100            (返回起刀点)
M30                  (程序结束)
```

8. 设工件原点在工件上表面左边第一个圆的左边象限点，编制加工程序如下。

```
CX3017.MPF
R1=24           (环槽直径值赋初值)
R2=15           (行间距赋初值)
R3=15           (列间距赋初值)
R10=0           (加工计数器赋初值)
G17 G90 G40     (程序初始化)
G54 G00 X100 Y100 Z50 (工件坐标系设定)
M03 S800 F200        (加工参数设定)
 AAA:                (跳转标记符)
 R11=90*R10          (角度计算)
 R12=R2*ABS(SIN(R11))
             (Y向增加值，周期变化)
 G00 X=R10*R3 Y=R12  (刀具定位)
 G01 Z-1             (下刀)
 G03 I=-R1*0.5       (槽加工)
 G00 Z5              (抬刀)
 R10=R10+1           (槽加工计数器递增)
 IF R10<5 GOTOB AAA (加工条件判断)
G00 Z50              (抬刀)
X100 Y100            (返回)
M30                  (程序结束)
```

# 3.3

## 3.3.1

1. 如图所示，由于加工零件时有台阶侧面，即最后一刀的刀具中心轨迹必须保证距离台阶侧面正好为0.5倍刀具直径，例题程序无法保证这一点，所以不能直接修改程序中的长宽等值用于该台阶面的加工，而应重新编制适用该类零件加工的程序。

设工件坐标原点在工件上表面左前角，选用刀具直径为$\phi$12mm的立铣刀铣削加工该台阶面，编制加工程序如下。

```
CX3021.MPF
R1=70          (台阶矩形平面长L赋值)
R2=30          (台阶矩形平面宽B赋值)
R3=5           (台阶高度H赋值)
R4=12          (立铣刀刀具直径D赋值)
R5=0.7*R4
       (计算行距值，行距取0.7倍刀具直径)
R10=0                (加工Y坐标值赋值)
G54 G00 X100 Y100 Z50 (工件坐标系设定)
M03 S1000 F300       (加工参数设定)
X-10 Y0        (刀具定位)
Z=-R3          (刀具下降到加工平面)
G01 X0         (直线插补到切削起点)
AAA:           (跳转标记符)
 IF R10+0.5*R4>R2 GOTOF MAR01
          (若满足最后一刀加工条件)
 G90 G01 Y=R10       (Y向移动一个行距)
 G91 X=R1            (行切加工)
 GOTOF MAR02         (无条件跳转)
 MAR01:              (跳转标记符)
 G90 G01 Y=R2-0.5*R4
         (刀具移动到最后一刀加工的Y坐标)
 G91 X=R1            (最后一刀加工)
 MAR02:              (跳转标记符)
```

```
  R10=R10+R5（加工 Y 坐标值递增一个行距）
  R1=-1*R1  （反向）
IF R10<=R2-0.5*R4+R5 GOTOB AAA
            （加工条件判断）
G90 G00 Z50 （抬刀）
X100 Y100   （返回起刀点）
M30         （程序结束）
```

2．本题可直接借用CX3021程序来加工，为方便直接借用可将工件调个方向后加工。设工件坐标原点在调向后的工件上表面左前角，选用刀具直径$\phi$12mm 的立铣刀铣削加工该台阶面，编制加工程序如下。

```
CX3022.MPF            （主程序号）
G54 G00 X100 Y100 Z50（工件坐标系设定）
M03 S1000 F300        （加工参数设定）
R1=30             （R1 台阶矩形平面长）
R2=80             （R2 台阶矩形平面宽）
R3=0              （R3 台阶高度）
R4=12             （R4 立铣刀刀具直径）
R6=0.7        （R5 行距与刀具直径之比）
L3023         （调用子程序加工台阶面）
R1=30 R2=60 R3=5 R4=12 R6=0.7
              （R 参数赋值）
L3023         （调用子程序加工台阶面）
R1=30 R2=35 R3=10 R4=12 R6=0.7
              （R 参数赋值）
L3023         （调用子程序加工台阶面）
G90 G00 Z50   （抬刀）
X100 Y100     （返回起刀点）
M30           （程序结束）
L3023.SPF（子程序号，该子程序由CX3021
程序修改而来）
R5=R6*R4      （计算行距值）
R10=0         （加工 Y 坐标值赋值）
X-10 Y0       （刀具定位）
Z=-R3         （刀具下降到加工平面）
G01 X0        （直线插补到切削起点）
AAA:          （跳转标记符）
  IF R10+0.5*R4>R2 GOTOF MAR01
            （若满足最后一刀加工条件）
  G90 G01 Y=R10     （Y 向移动一个行距）
  G91 X=R1          （行切加工）
  GOTOF MAR02       （无条件跳转）
  MAR01:            （跳转标记符）
  G90 G01 Y=R2-0.5*R4 （刀具移动到最
后一刀加工的 Y 坐标）
  G91 X=R1          （最后一刀加工）
  MAR02:            （跳转标记符）
  R10=R10+R5（加工 Y 坐标值递增一个行距）
  R1=-1*R1    （反向）
IF R10<=R2-0.5*R4+R5 GOTOB AAA
              （加工条件判断）
G90 G00 Z5    （抬刀）
M17           （子程序结束）
```

**3.3.2**

1．设圆环形平面外圆周直径为$D$，内圆周直径为$d$，铣削深度为$H$，设工件坐标原点在工件上表面圆心，选用刀具直径$\phi$12mm 的立铣刀铣削加工该平面，编制加工程序如下。

```
CX3031.MPF
R1=70         （圆环形平面外圆周直径 D 赋值）
R2=20         （圆环形平面内圆周直径 d 赋值）
R3=5          （铣削深度 H 赋值）
R4=12         （刀具直径赋值）
R5=0.7*R4（计算行距值，行距取 0.7 倍刀具
直径）
R10=0.5*R1        （加工圆周半径赋初值）
G54 G00 X100 Y100 Z50（工件坐标系设定）
M03 S1000 F300    （加工参数设定）
X=R10+10 Y0       （刀具定位）
Z=-R3             （下刀到加工平面）
  AAA:            （加工条件判断）
  IF R10<=R2*0.5+0.5*R4 GOTOF MAR01
              （最后一刀加工条件判断）
  G01 X=R10       （直线插补）
  G02 I=-R10      （圆弧插补）
  GOTOF MAR02     （无条件跳转）
  MAR01:          （跳转标记符）
  G01 X=R2*0.5+0.5*R4（直线插补到最
后一刀切削起点）
  G02 I=-(R2*0.5+0.5*R4)  （圆弧插补
加工最后一刀）
  MAR02:          （跳转标记符）
  R10=R10-R5      （加工圆周半径递减）
  IF R10>=R2*0.5+0.5*R4-R5 GOTOB AAA
                  （加工条件判断）
G00 Z50           （抬刀）
X100 Y100         （返回起刀点）
M30               （程序结束）
```

2．设工件坐标原点在工件上表面圆心，选用刀具直径$\phi$12mm 的立铣刀铣削加工该平面，将CX3030程序中的圆形平面圆周直径$D$重新赋值即可，加工程序如下。

```
CX3032.MPF
R1=70         （圆形平面圆周直径 D 赋值）
```

```
R2=0              (铣削深度 H 赋值)
R3=12             (刀具直径 d 赋值)
R4=0.7*R3 (计算行距值，行距取 0.7 倍刀具直径)
R10=0.5*R1       (加工圆周半径赋初值)
G54 G00 X100 Y100 Z50 (工件坐标系设定)
M03 S1000 F300     (加工参数设定)
X=R10+10 Y0       (刀具定位)
Z=-R2             (刀具下降到加工平面)
 AAA:             (跳转标记符)
 G01 X=R10        (定位到切削起点)
 G02 I=-R10       (圆弧插补)
 R10=R10-R4       (加工圆周半径递减)
 IF R10>=0.5*R3-R4 GOTOB AAA
                  (加工条件判断)
G00 Z50           (抬刀)
X100 Y100         (返回起刀点)
M30               (程序结束)
```

也可将 CX3031 程序中的铣削深度 $H$ 重新赋值实现该圆环平面的加工，加工程序如下。

```
CX3033.MPF
R1=70        (圆环形平面外圆周直径 D 赋值)
R2=20        (圆环形平面内圆周直径 d 赋值)
R3=0         (铣削深度 H 赋值)
R4=12        (刀具直径赋值)
R5=0.7*R4 (计算行距值，行距取 0.7 倍刀具直径)
R10=0.5*R1       (加工圆周半径赋初值)
G54 G00 X100 Y100 Z50 (工件坐标系设定)
M03 S1000 F300      (加工参数设定)
X=R10+10 Y0         (刀具定位)
Z=-R3               (下刀到加工平面)
 AAA:               (跳转标记符)
 IF R10<=R2*0.5+0.5*R4 GOTOF MAR01
                    (最后一刀加工条件判断)
 G01 X=R10    (直线插补)
 G02 I=-R10   (圆弧插补)
 GOTOF MAR02  (无条件跳转)
 MAR01:       (跳转标记符)
 G01 X=R2*0.5+0.5*R4 (直线插补到最后一刀切削起点)
 G02 I=-(R2*0.5+0.5*R4)  (圆弧插补加工最后一刀)
 MAR02:       (跳转标记符)
 R10=R10-R5   (加工圆周半径递减)
 IF R10>=R2*0.5+0.5*R4-R5 GOTOB AAA
                    (加工条件判断)
G00 Z50             (抬刀)
X100 Y100           (返回起刀点)
M30                 (程序结束)
```

## 3.4

### 3.4.1

1．设工件坐标系原点在工件上表面的椭圆中心，选用$\phi$8mm 的立铣刀铣削加工，编制加工程序如下。

```
CX3042.MPF
R0=30            (椭圆长半轴 a 赋值)
R1=16            (椭圆短半轴 b 赋值)
R2=5             (加工深度 H 赋值)
R10=0            (离心角 t 赋初值)
G54 G00 X100 Y100 Z50   (工件坐标系设定)
M03 S800 F250        (加工参数设定)
G41 G00 X0 Y0 D01 (建立刀具半径补偿)
X=R0                 (刀具定位)
G01 Z=-R2        (刀具下降到加工平面)
 AAA:            (跳转标记符)
 R11=R0*COS(R10)      (计算 X 坐标值)
 R12=R1*SIN(R10)      (计算 Y 坐标值)
 G01 X=R11 Y=R12 (直线插补逼近椭圆曲线)
 R10=R10+0.2        (离心角递增)
 IF R10<=360 GOTOB AAA
             (椭圆曲线加工循环条件判断)
G00 Z50              (抬刀)
G40 X100 Y100        (返回起刀点)
M30                  (程序结束)
```

2．设工件坐标系原点在工件上表面的椭圆中心，选用$\phi$10mm 的立铣刀铣削加工该零件外轮廓，编制加工程序如下。

```
CX3043.MPF
R0=30            (椭圆长半轴 a 赋值)
R1=20            (椭圆短半轴 b 赋值)
R5=14.84         (X 坐标赋初值)
R10=R5           (加工 X 坐标赋初值)
G54 G00 X100 Y100 Z50 (工件坐标系设定)
M03 S1000 F300       (加工参数设定)
Z-5              (刀具下降到加工平面)
G41 G00 X20 Y30 D01 (建立刀具半径补偿)
G01 X20 Y-9.9        (直线插补)
G02 X14.84 Y-17.38 CR=8 (圆弧插补)
 AAA:G01 X=R10Y=-R1*SQRT(1-R10*R10/(R0*R0)) (直线插补逼近)
 R10=R10-0.2         (加工 X 坐标递减)
 IF R10>-R5 GOTOB AAA (加工条件判断)
G02 X-20 Y-9.9 CR=8    (圆弧插补)
```

```
G01 Y9.9                (直线插补)
R10=-R5                 (加工X坐标赋初值)
G02 X-14.84 Y17.38 CR=8 (圆弧插补)
  BBB:G01  X=R10  Y=R1*SQRT(1-R10*R10/(R0*R0))   (直线插补逼近)
  R10=R10+0.2           (加工X坐标递增)
  IF R10<R5 GOTOB BBB   (加工条件判断)
G02 X20 Y9.9 CR=8       (圆弧插补)
G40 G00 X100 Y100       (返回起刀点)
Z50                     (抬刀)
M30                     (程序结束)
```

3. 由图可得$a$=25mm，$b$=17.5mm，$\theta$=45°，则

$$t=\arctan\left(\frac{a}{b}\tan\theta\right)=\arctan\left(\frac{25}{17.5}\tan 45°\right)\approx 55°$$

设工件坐标系原点在椭圆中心，选用$\phi$10mm 的立铣刀铣削加工该零件外轮廓，编制加工程序如下。

```
CX3044.MPF
R0=25                   (椭圆长半轴a赋值)
R1=17.5                 (椭圆短半轴b赋值)
R10=55                  (离心角t赋初值)
G54 G00 X100 Y-100      (工件坐标系设定)
M03 S1000 F300          (加工参数设定)
G42 G00 X25 Y-20 D01    (建立刀具半径补偿)
G01 Y10.5               (直线插补)
  AAA:                  (跳转标记符)
  R20=R0*COS(R10)       (计算X坐标值)
  R21=R1*SIN(R10)       (计算Y坐标值)
  G01 X=R20 Y=R21       (直线插补逼近)
  R10=R10+0.5           (离心角递增)
  IF R10<360-55 GOTOB AAA
                        (加工循环条件判断)
G01 X25 Y-10.5          (直线插补)
G00 G40 X100 Y-100      (返回起刀点)
M30                     (程序结束)
```

若将离心角$t$的计算在程序中实现，编制程序如下。

```
CX3045.MPF
R0=25                   (椭圆长半轴a赋值)
R1=17.5                 (椭圆短半轴b赋值)
R2=45                   (圆心角θ赋值)
R10=ATAN2(R0*TAN(R2)/R1)
                        (起点离心角t值计算)
R11=R10                 (加工离心角t赋初值)
G54 G00 X100 Y-100      (工件坐标系设定)
M03 S1000 F300          (加工参数设定)
G42 G00 X25 Y-20 D01
                        (建立刀具半径补偿)
G01 Y10.5               (直线插补)
AAA:                    (跳转标记符)
R20=R0*COS(R11)         (计算X坐标值)
R21=R1*SIN(R11)         (计算Y坐标值)
G01 X=R20 Y=R21         (直线插补逼近)
R11=R11+0.5             (离心角递增)
IF R11<360-R10 GOTOB AAA
                        (加工循环条件判断)
G01 X25 Y-10.5          (直线插补)
G00 G40 X100 Y-100      (返回起刀点)
M30                     (程序结束)
```

### 3.4.2

1. 设工件坐标原点在左半椭圆中心，则右半椭圆中心在工件坐标系中的坐标值为（10，0），选用$\phi$10mm 的立铣刀铣削加工该零件外轮廓，编制加工程序如下。

```
CX3051.MPF
R0=30                   (椭圆长半轴a赋值)
R1=18                   (椭圆短半轴b赋值)
R2=10 (上半椭圆中心在工件坐标系中的X坐标值赋值)
R3=0 (上半椭圆中心在工件坐标系中的Y坐标值赋值)
R10=90                  (离心角t赋初值)
G54 G00 X100 Y100       (工件坐标系设定)
M03 S1000 F300          (加工参数设定)
G00 G42 X40 Y18 D01     (建立刀具半径补偿)
G01 X0                  (直线插补)
  AAA:                  (跳转标记符)
  R20=R0*COS(R10)       (计算X坐标值)
  R21=R1*SIN(R10)       (计算Y坐标值)
  G01 X=R20 Y=R21
                        (直线插补逼近上半椭圆曲线)
  R10=R10+0.5           (离心角递增)
  IF R10<=270 GOTOB AAA
                        (加工循环条件判断)
G01 X10 Y-18            (直线插补)
  R10=270               (离心角t赋初值)
  BBB:                  (跳转标记符)
  R20=R0*COS(R10)       (计算X坐标值)
  R21=R1*SIN(R10)       (计算Y坐标值)
  G01 X=R20+R2 Y=R21+R3
                        (直线插补逼近下半椭圆曲线)
  R10=R10+0.5           (离心角递增)
  IF R10<=450 GOTOB BBB
                        (加工循环条件判断)
G00 G40 X100 Y100       (返回起刀点)
M30                     (程序结束)
```

2. 设工件坐标系原点在工件上表面椭圆右边象限点，选用$\phi$8mm立铣刀铣削加工该凸台零件外轮廓，编制加工程序如下。

```
CX3052.MPF
R0=15                  (椭圆长半轴a赋值)
R1=10                  (椭圆短半轴b赋值)
R2=5                   (加工深度赋值)
G54 G00 X100 Y100 Z50  (工件坐标系设定)
M03 S1000 F300         (加工参数设定)
G00 G42 X0 Y=-5 D01    (建立刀具半径补偿)
G01 Y0                 (直线插补)
R10=R2                 (加工深度赋初值)
R11=-15 (椭圆中心在工件坐标系中坐标值赋初值)
AAA:                   (跳转标记符)
G01 Z=-R10             (刀具下降到加工平面)
  R20=0                (离心角t赋初值)
  BBB:                 (跳转标记符)
  R30=R0*COS(R20)      (计算X坐标值)
  R31=R1*SIN(R20)      (计算Y坐标值)
  G01 X=R30+R11 Y=R31
                       (直线插补逼近上半椭圆曲线)
  R20=R20+0.5          (离心角递增)
  IF R20<=360 GOTOB BBB
                       (加工循环条件判断)
R0=R0+7.5              (椭圆长半轴a递增)
R1=R1+5                (椭圆短半轴b递增)
R10=R10+R2             (加工深度递增)
R11=R11-7.5 (椭圆中心在工件坐标系中坐标值递减)
IF R10<=15 GOTOB AAA (加工深度循环条件判断)
G00 Z50                (抬刀)
G40 X100 Y100          (返回起刀点)
M30                    (程序结束)
```

**3.4.3**

1. 设工件坐标系原点在椭圆中心，选用$\phi$8mm立铣刀铣削加工该零件外轮廓，编制加工程序如下。

```
CX3063.MPF
R0=30                  (椭圆长半轴a赋值)
R1=16                  (椭圆短半轴b赋值)
R2=10                  (加工深度赋值)
R10=0                  (旋转角度赋初值)
G54 G00 X100 Y100 Z50  (工件坐标系设定)
M03 S800 F250          (加工参数设定)
 AAA:                  (跳转标记符)
ROT RPL=R10            (坐标旋转设置)
G00 G42 X=R0 Y=-R2 D01
                       (建立刀具半径补偿)
Y0                     (插补至切削起点)
G01 Z=-R2              (刀具下降到加工平面)
R20=0                  (离心角t赋初值)
 BBB:                  (跳转标记符)
 R31=R0*COS(R20)       (计算X坐标值)
 R32=R1*SIN(R20)       (计算Y坐标值)
 G01 X=R31 Y=R32 (直线插补逼近椭圆曲线)
 R20=R20+0.2           (离心角递增)
 IF R20<=360 GOTOB BBB
                       (椭圆曲线加工循环条件判断)
G00 Z50                (抬刀)
G40 X100 Y100          (返回起刀点)
ROT                    (取消坐标旋转)
R10=R10+60             (旋转角度递增)
IF R10<180 GOTOB AAA (坐标旋转条件判断)
M30                    (程序结束)
```

2. 设工件坐标系原点在椭圆中心，选用$\phi$8mm立铣刀铣削加工该零件内轮廓，编制加工程序如下。

```
CX3064.MPF
R0=30                  (椭圆长半轴a赋值)
R1=16                  (椭圆短半轴b赋值)
R2=10                  (加工深度赋值)
R10=0                  (旋转角度赋初值)
G54 G00 X0 Y0 Z50      (工件坐标系设定)
M03 S800 F250          (加工参数设定)
 AAA:                  (跳转标记符)
 ROT RPL=R10           (坐标旋转设置)
 G00 G41 X=R0-10 Y0 D01
                       (建立刀具半径补偿)
 G00 X=R0              (插补至切削起点)
 G01 Z=-R2             (刀具下降到加工平面)
 R20=0                 (离心角t赋初值)
  BBB:                 (跳转标记符)
  R31=R0*COS(R20)      (计算X坐标值)
  R32=R1*SIN(R20)      (计算Y坐标值)
  G01 X=R31 Y=R32
                       (直线插补逼近椭圆曲线)
  R20=R20+0.2          (离心角递增)
  IF R20<=360 GOTOB BBB
                       (椭圆曲线加工循环条件判断)
 G00 Z50               (抬刀)
 G40 X0 Y0             (返回起刀点)
 ROT                   (取消坐标旋转)
 R10=R10+60            (旋转角度递增)
```

```
  IF R10<180 GOTOB AAA（坐标旋转条件判断）
M30                   （程序结束）
```

3．设工件坐标系原点在工件上表面椭圆中心，选用$\phi$8mm立铣刀铣削加工该零件外轮廓，编制加工程序如下。

```
CX3065.MPF
R0=25               （椭圆长半轴a赋值）
R1=17.5             （椭圆短半轴b赋值）
R2=45               （圆心角θ赋值）
R3=30               （旋转角α赋值）
R10=ATAN2(R0*TAN(R2)/R1)
                    （起点离心角t值计算）
R11=R10             （加工离心角t赋初值）
G54 G00 X100 Y-100 Z50（工件坐标系设定）
M03 S1000 F300      （加工参数设定）
ROT RPL=R3          （坐标旋转设定）
G42 G00 X25 Y-20 D01（建立刀具半径补偿）
Z-5                 （刀具下降到加工平面）
G01 X25 Y10.5           （直线插补）
 AAA:                   （跳转标记符）
 R20=R0*COS(R11)        （计算X坐标值）
 R21=R1*SIN(R11)        （计算Y坐标值）
 G01 X=R20 Y=R21        （直线插补逼近）
 R11=R11+0.5            （离心角递增）
 IF R11<=360-R10 GOTOB AAA
                    （加工循环条件判断）
G01 X25 Y-10.5          （直线插补）
Z50                     （抬刀）
G00 G40 X100 Y-100      （返回起刀点）
ROT                     （取消坐标旋转）
G00 X100 Y-100          （返回起刀点）
M30                     （程序结束）
```

### 3.4.4

1．为方便，将曲线方程转换为$x=y^2/8$后以$Y$坐标为自变量编程，设工件原点在工件上表面的抛物曲线段顶点，编制其加工程序如下。

```
CX3072.MPF
G17 G90 G40         （程序初始化）
G54 G00 X100 Y100 Z50（工件坐标系设定）
M03 S800 F100       （加工参数设定）
G41 G00 X32 D01     （建立刀具半径补偿）
Y-20                （进刀）
Z-5                 （下刀到加工平面）
R1=32               （X坐标赋值）
R2=SQRT(8*R1)       （计算Y坐标值）
R10=-R2             （加工Y坐标赋初值）
 AAA:               （跳转标记符）
 R11=R10*R10/8      （计算X坐标值）
 G01 X=R11 Y=R10    （直线插补）
 R10=R10+0.02       （Y坐标递增）
 IF R10<=R2 GOTOB AAA（加工条件判断）
G00 Z50             （抬刀）
G40 G00 X100 Y100   （返回）
M30                 （程序结束）
```

2．设工件坐标原点在工件对称中心，则左部抛物线顶点在工件坐标系中的坐标值为（–22.5,0），右部抛物线顶点在工件坐标系中的坐标值为（22.5,0），选择直径为$\phi$12mm的立铣刀铣削加工该零件外轮廓，编制加工程序如下。

```
CX3073.MPF
R0=15                  （Y坐标值赋值）
G54 G00 X100 Y100（工件坐标系设定）
M03 S1000 F300         （加工参数设定）
G00 G42 X5 Y15 D01（建立刀具半径补偿）
G01 X0             （切削刀切削起点）
 R10=R0            （加工Y坐标值赋初值）
 AAA:              （跳转标记符）
 R11=R10*R10/10        （计算X坐标值）
 G01 X=R11-22.5 Y=R10
                   （直线插补逼近抛物曲线）
 R10=R10-0.1           （Y坐标值递减）
 IF R10>=-R0 GOTOB AAA
                   （左部抛物线加工条件判断）
  R10=-R0          （加工Y坐标值赋初值）
  BBB:             （跳转标记符）
  R11=-R10*R10/10      （计算X坐标值）
  G01 X=R11+22.5 Y=R10
                   （直线插补逼近抛物曲线）
  R10=R10+0.1          （Y坐标值递增）
  IF R10<=R0 GOTOB BBB
                   （右部抛物线加工条件判断）
G00 G40 X100 Y100      （返回起刀点）
M30                    （程序结束）
```

### 3.4.5

由曲线方程可得双曲线的实半轴$a$=4，虚半轴$b$=3。设工件坐标系原点在双曲线中心，编制加工程序如下。

```
CX3081.MPF
R0=4               （双曲线实半轴a赋值）
R1=3               （双曲线虚半轴b赋值）
R2=5               （加工深度H赋值）
G54 G00 X100 Y100 Z50（工件坐标系设定）
M03 S1000 F300          （加工参数设定）
 R10=0             （坐标旋转角度赋初值）
```

```
AAA:                (跳转标记符)
ROT RPL=R10         (坐标旋转设定)
G00 G42 X20 Y14.695 D01
                    (建立刀具半径补偿)
G01 Z=-R2           (下刀到加工平面)
R20=14.695 (加工Y坐标值赋初值)
BBB:                (跳转标记符)
R21=R0*SQRT(1+R20*R20/(R1*R1))
                    (计算X坐标值)
G01 X=R21 Y=R20
                    (直线插补逼近双曲线段)
R20=R20-0.2         (Y坐标值递减)
IF R20>=-14.695 GOTOB BBB
                    (加工条件判断)
G00 Z10             (抬刀)
G40 X50 Y50         (取消刀具半径补偿)
ROT                 (取消坐标旋转)
R10=R10+180         (坐标旋转角度递增)
IF R10<=180 GOTOB AAA (循环条件判断)
G00 Z50             (抬刀)
X100 Y100           (返回起刀点)
M30                 (程序结束)
```

### 3.4.6

1. 分了3层加工，每层加工起点的Z坐标值分别为"Z-1"、"Z-3.5"、"Z-6"。

2. 设工件坐标系原点在工件上平面的正弦曲线前端点，选用刀具直径为$\phi$6mm的立铣刀铣削加工该曲线部分，编制其加工程序如下。

```
CX3091.MPF
R0=10          (正弦曲线极值A赋值)
R1=60 (正弦曲线一个周期对应Z轴上的长度L赋值)
R2=5           (加工深度H赋值)
G54 G00 X100 Y100 Z50 (工件坐标系设定)
M03 S1000 F300 (加工参数设定)
G00 G41 X0 Y-10 D01 (建立刀具半径补偿)
Z=-R2          (刀具下降到加工平面)
G01 Y0         (进刀)
R10=0          (加工Y坐标值赋初值)
AAA:           (跳转标记符)
R11=360*R10/R1 (计算角度θ的值)
R12=R0*SIN(R11) (计算X坐标值)
G01 X=R12 Y=R10 (直线插补)
R10=R10+0.2    (加工Y坐标值递增)
IF R10<=R1 GOTOB AAA (加工条件判断)
G00 Z50        (抬刀)
G40 X100 Y100  (返回起刀点)
M30            (程序结束)
```

3. 由图可得，在一个周期内余弦曲线的X向长度为100mm，则有$\theta=\frac{360x}{100}$，设工件原点在工件上表面的左侧对称中心点，编制加工程序如下。

```
CX3092.MPF
G90 G17 G40           (程序初始化)
G54 G00 X150 Y28 Z50 (工件坐标系设定)
M03 S800 F100         (加工参数设定)
G00 Z-4               (下刀到加工平面)
G41 G00 X102 D01      (建立刀具半径补偿)
G01 X100              (进刀)
R1=100                (X坐标赋初值)
AAA:                  (跳转标记符)
R10=360*R1/100        (计算θ值)
R11=28*COS(R10)       (计算Y坐标值)
G01 X=R1 Y=R11        (直线插补逼近曲线)
R1=R1-0.1             (X坐标递减)
IF R1>=0 GOTOB AAA    (条件判断)
G00 Z50               (抬刀)
G40 X150 Y28          (返回)
M30                   (程序结束)
```

### 3.4.7

180°，60；360°，40

(上半段螺线角度赋初值)、(跳转标记符)、(计算R值)、(计算X坐标值)、(计算Y坐标值)、(直线插补逼近螺线)、(角度递增)、(加工条件判断)、(下半段螺线角度赋初值)、(跳转标记符)、(计算R值)、(计算X坐标值)、(计算Y坐标值)、(直线插补逼近螺线)、(角度递增)、(加工条件判断)

### 3.4.8

1. ($Y=f(X-G)+H=f(x-G)+H$)、(13,29)

2. 编制加工程序如下。

```
CX3112.MPF
R0=50                 (B赋值)
R1=5                  (加工深度H赋值)
G54 G00 X100 Y100 Z50 (工件坐标系设定)
M03 S1000 F150        (加工参数设定)
G00 X=R0 Y0           (刀具定位)
G01 Z=-R1             (下刀到加工平面)
R10=0                 (角度α赋初值)
AAA:                  (跳转标记符)
R11=R0*COS(R10*0.5)   (计算R值)
R12=R11*COS(R10)      (计算X坐标值)
R13=R11*SIN(R10)      (计算Y坐标值)
G03 X=R12 Y=R13 CR=R11
                      (圆弧插补逼近曲线)
R10=R10+1             (角度α递增)
```

```
  IF R10<=180 GOTOB AAA
                    (上半部曲线加工条件判断)
   BBB:                  (跳转标记符)
   R10=R10-1            (角度α递减)
   R11=R0*COS(R10*0.5) (计算R值)
   R12=R11*COS(R10)    (计算X坐标值)
   R13=R11*SIN(R10)    (计算Y坐标值)
   G03 X=R12 Y=-R13 CR=R11
                    (圆弧插补逼近曲线)
   IF R10>0 GOTOB BBB
                    (下半部曲线加工条件判断)
 G00 Z50          (抬刀)
 X100 Y100        (返回起刀点)
 M30              (程序结束)
```

3．由图可得，上半段渐开线的起始角度为0°，终止角度为257.436°（360°−102.564°），渐开线基圆半径为20mm，设工件坐标原点在渐开线基圆中心，编制加工程序如下。

```
 CX3113.MPF
 R0=20       (渐开线基圆半径r赋值)
 R1=0       (上半段渐开线起始角度赋值)
 R2=257.436 (上半段渐开线终止角度赋值)
 G54 G00 X0 Y0 Z50 (工件坐标系设定)
 M03 S1000 F200     (加工参数设定)
 G00 Z-5           (刀具下刀到加工平面)
 G01 X=R0          (直线插补到切削起点)
  R10=R1           (将角度初始值赋给R10)
  AAA:                 (跳转标记符)
  R11=R0*(COS(R10)+(R10*3.14159/
180)*SIN(R10))         (计算X坐标值)
  R12=R0*(SIN(R10)-(R10*3.14159/
180)*COS(R10))         (计算Y坐标值)
  G01 X=R11 Y=R12 (直线插补逼近曲线)
  R10=R10+1            (角度θ递增)
  IF R10<=R2 GOTOB AAA
                    (上半段曲线加工条件判断)
   R10=R2          (将角度初始值赋给R10)
   BBB:            (跳转标记符)
   R11=R0*(COS(R10)+(R10*3.14159/
180)*SIN(R10))     (计算X坐标值)
   R12=R0*(SIN(R10)-(R10*3.14159/
180)*COS(R10))     (计算Y坐标值)
   G01 X=R11 Y=-R12 (直线插补逼近曲线)
   R10=R10-1           (角度θ递减)
   IF R10>=R1 GOTOB BBB
                    (下半段曲线加工条件判断)
 G00 X0 Y0             (返回)
 Z50                   (抬刀)
 M30                   (程序结束)
```

4．设工件原点在正切曲线的拐点（即工件上表面的对称中心），编制加工程序如下。

```
 CX3114.MPF
 R1=10                    (X向距离赋值)
 R2=ATAN2(R1/2)/57.2957(计算参数t的值)
 R10=R2                   (加工参数赋初值)
 G17 G90 G40              (加工初始化)
 G54 G00 X100 Y100 Z50(工件坐标设定)
 M03 S800 F200            (加工参数设定)
 G00 X10 Y=-3*R2+6        (刀具定位)
 G01 Z-1.5                (下刀)
 G02 Y=-3*R2 CR=3         (圆弧插补)
  AAA:                    (跳转标记符)
  R11=2*TAN(57.2957*R10)(计算X值)
  R12=-3*R10              (计算Y值)
  G01 X=R11 Y=R12         (直线插补)
  R10=R10-0.02            (加工参数递减)
  IF R10>=-R2 GOTOB AAA(加工条件判断)
 G01 X-10 Y=3*R2          (直线插补)
 G03 Y=3*R2-6 CR=3        (圆弧插补)
 G00 Z50                  (抬刀)
 X100 Y100                (返回)
 M30                      (程序结束)
```

## 3.5

### 3.5.1

1．编制加工程序如下。

```
 CX3122.MPF
 R0=8                  (直线孔个数赋值)
 R1=11                 (孔间距赋值)
 R2=30 (孔系中心线与X轴正半轴夹角赋值)
 G54 G00 X100 Y100 Z50(工件坐标系设定)
 M03 S800 F200         (加工参数设定)
  R10=1                (孔数赋初值)
  AAA:                 (跳转标记符)
  R11=(R10-1)*R1*COS(R2)
                   (计算加工孔位X坐标值)
  R12=(R10-1)*R1*SIN(R2)
                   (计算加工孔位Y坐标值)
  G00 X=R11 Y=R12
             (刀具移动到加工孔上方定位)
  CYCLE81(10,0,3,-5,) (钻孔加工)
  R10=R10+1            (孔数累加)
  IF R10<=R0 GOTOB AAA(加工条件判断)
 G00 Z50               (抬刀)
 X100 Y100             (返回起刀点)
```

```
M30              （程序结束）
```

2．设工件坐标原点在左前角第一孔中心，编制加工程序如下。

```
CX3123.MPF
R0=5             （孔系行数赋值）
R1=6             （孔系列数赋值）
R2=10            （行间距赋值）
R3=15            （列间距赋值）
R4=15（孔系行中心线与X正半轴的夹角赋值）
R5=60（孔系行中心线与列中心线夹角赋值）
G54 G00 X100 Y100 Z50（工件坐标系设定）
M03 S400 F200（加工参数设定）
 R10=1           （加工行计数器赋初值）
 AAA:            （跳转标记符）
 R11=(R10-1)*R2*COS(R4+R5)
          （计算各行起始孔位X坐标值）
 R12=(R10-1)*R2*SIN(R4+R5)
          （计算各行起始孔位Y坐标值）
  R20=1          （加工列计数器赋初值）
  BBB:           （跳转标记符）
  R21=(R20-1)*R3*COS(R4)
                 （计算列孔位X坐标值）
  R22=(R20-1)*R3*SIN(R4)
                 （计算列孔位Y坐标值）
  G00 X=R21+R11 Y=R22+R12
                 （刀具定位到加工孔上方）
  CYCLE81(10,0,3,-5,)（钻孔循环）
  R20=R20+1            （列计数器累加）
  IF R20<=R1 GOTOB BBB（列加工条件判断）
 R10=R10+1             （行计数器累加）
 IF R10<=R0 GOTOB AAA（行加工条件判断）
G00 Z50                （抬刀）
X100 Y100              （返回起刀点）
M30                    （程序结束）
```

3．设工件原点在左前角第一孔位，编制加工程序如下。

```
CX3124.MPF
R0=4        （孔行数赋值）
R1=6        （孔列数赋值）
R2=10       （行间距赋值）
R3=10       （列间距赋值）
R4=15（孔系行中心线与X正半轴的夹角赋值）
R5=90（孔系行中心线与列中心线夹角赋值）
G54 G00 X100 Y100 Z50（工件坐标系设定）
M03 S400 F200          （加工参数设定）
 R10=1           （加工行计数器赋初值）
 AAA:            （跳转标记符）
 R11=(R10-1)*R2*COS(R4+R5)
          （计算各行起始孔位X坐标值）
 R12=(R10-1)*R2*SIN(R4+R5)
          （计算各行起始孔位Y坐标值）
  R20=1          （加工列计数器赋初值）
  BBB:           （跳转标记符）
  R21=(R20-1)*R3*COS(R4)
                 （计算列孔位X坐标值）
  R22=(R20-1)*R3*SIN(R4
                 （计算列孔位Y坐标值）
  G00 X=R21+R11 Y=R22+R12
                 （刀具定位到加工孔上方）
  CYCLE81(10,0,3,-5,)（钻孔循环）
  IF R10==1 GOTOF MAR01（若行数等于1）
  IF R10==R0 GOTOF MAR01
                 （若行数等于R0）
  R20=R20+(R1-1)       （列计数器递增）
  GOTOF MAR02          （无条件跳转）
  MAR01:               （跳转标记符）
  R20=R20+1            （列计数器累加）
  MAR02:               （跳转标记符）
  IF R20<=R1 GOTOB BBB（列加工条件判断）
 R10=R10+1             （行计数器累加）
 IF R10<=R0 GOTOB AAA（行加工条件判断）
G00 Z50                （抬刀）
X100 Y100              （返回起刀点）
M30                    （程序结束）
```

4．编制加工程序如下。

```
CX3125.MPF
R0=5             （三角形边上均布孔数赋值）
R1=15            （孔间距赋值）
G54 G00 X100 Y100 Z50（工件坐标系设定）
M03 S800 F250          （加工参数设定）
 R10=1                 （行数计数器赋初值）
 AAA:                  （跳转标记符）
 R11=R1*SIN(60)*(R10-1)
                       （计算各行Y坐标值）
  R20=1                （列数计数器赋初值）
  BBB:                 （跳转标记符）
  R21=R1*(R20-1)+(R10-1)*R1*0.5
                       （各孔X坐标值计算）
  G00 X=R21 Y=R11（加工孔上表面定位）
  CYCLE81(10,0,3,-5,)（钻孔加工）
  R20=R20+1            （列数计数器累加）
  IF R20<=R0+1-R10 GOTOB BBB
                       （列加工条件判断）
 R10=R10+1             （行数计数器累加）
 IF R10<=R0 GOTOB AAA（行加工条件判断）
G00 Z50                （抬刀）
```

```
X100 Y100                (返回起刀点)
M30                      (程序结束)
```

### 3.5.2

1．设工件坐标原点在工件上表面的对称中心。如图所示，孔系所在圆周半径的值为“*R25*”，该圆周圆心 *O* 的坐标值为（0,0），孔数 *n* 为 6 个，“3 点钟”位置第一个孔的起始角度 *α* 为 0°，相邻孔间的夹角 *θ* 为 360°/6=60°，将本节例题中各程序的变量重新赋值即可实现该孔系的加工。

```
CX3135.MPF
R0=25              (孔系所在圆周半径R赋值)
R1=0               (圆周圆心O的X坐标赋值)
R2=0               (圆周圆心O的Y坐标赋值)
R3=6               (孔个数n赋值)
R4=0               (起始角度α赋值)
R5=60              (相邻孔夹角θ赋值)
G54 X100 Y100 Z50 (工件坐标系设定)
M03 S1000 F300     (加工参数设定)
 R10=1             (孔数计数器置1)
 AAA:              (跳转标记符)
 R11=R0*COS((R10-1)*R5+R4)+R1
                   (计算孔圆心的X坐标值)
 R12=R0*SIN((R10-1)*R5+R4)+R2
                   (计算孔圆心的Y坐标值)
 G00 X=R11 Y=R12         (加工孔定位)
 CYCLE81(10,0,2,-5,) (钻孔加工)
 R10=R10+1               (孔数计数器累加)
 IF R10<=R3 GOTOB AAA (加工条件判断)
G00 Z50                  (抬刀)
X100 Y100                (返回起刀点)
M30                      (程序结束)
```

2．设工件坐标系原点在工件上表面的对称中心，编制加工程序如下。

```
CX3136.MPF
R0=200             (凹球面半径赋值)
R1=20              (内圈直径赋值)
R2=6               (内圈均布孔个数赋值)
R3=80              (外圈直径赋值)
G54 G00 X100 Y100 Z50 (工件坐标系设定)
M03 S800 F150      (加工参数设定)
 AAA:              (跳转标记符)
 R10=SQRT(R0*R0-R1*R1/4)-SQRT(R0*
R0-50*50)          (计算各圈孔深度值)
  R20=1            (孔计数器置1)
  BBB:             (跳转标记符)
  R21=R1*COS((R20-1)*360/R2)
                   (计算孔圆心的X坐标值)
  R22=R1*SIN((R20-1)*360/R2)
                   (计算孔圆心的Y坐标值)
  G00 X=R21 Y=R22      (加工孔定位)
  CYCLE81(10,0,2,-R10-2,) (钻孔加工)
  R20=R20+1            (孔计数器累加)
  IF R20<=R2 GOTOB BBB (孔加工条件判断)
 R1=R1+20              (节圆直径递增)
 R2=R2+6               (孔数递增)
 IF R1<=R3 GOTOB AAA   (加工条件判断)
G00 Z50                (抬刀)
X100 Y100              (返回起刀点)
M30                    (程序结束)
```

## 3.6

### 3.6.1

1．编制加工部分程序如下。

```
R0=40                 (型腔直径D赋值)
R1=2                  (型腔深度H赋值)
R2=12                 (立铣刀直径d赋值)
R3=0.6*R2 (刀具轨迹半径递增量B赋值)
G00 X0 Y=R2/2 Z50 (刀具定位)
Z2                    (下降至工件表面上方)
R10=R2/2              (加工半径赋初值)
AAA:                  (跳转标记符)
 G01 Z=-R1            (下降到加工平面)
 G02 J=R10            (圆弧插补)
 R10=R10+R3           (加工半径递增)
IF R10<R0/2-R2/2 GOTOB AAA
                      (循环条件判断)
G02 J=R0/2-R2/2       (精加工)
G00 Z50               (抬刀)
```

2．将椭圆外轮廓加工程序中的刀具半径补偿方向反向并修改进刀、下刀和抬刀路线即可实现内轮廓的加工，程序略。

3．设工件坐标原点在工件上表面的对称中心，螺纹大径 *D*，螺距 *P*，螺纹长度 *L*，选用直径 *d* 为 20mm 的单刃螺纹铣刀铣削加工该内螺纹，编制加工程序如下。

```
CX3142.MPF
R0=40                (螺纹大径D赋值)
R1=2.5               (螺距P赋值)
R2=36                (螺纹长度L赋值)
R3=20                (螺纹铣刀d赋值)
R10=R0-2*0.54*R1 (计算螺纹小径D1的值)
G54 G00 X0 Y0 Z50 (工件坐标系设定)
M03 S500 F300        (加工参数设定)
 R20=R10             (加工X坐标值赋初值)
```

```
    R21=1             (加工层数赋初值)
    AAA:              (跳转标记符)
    G00 Z=R1          (刀具Z轴定位)
    X=R20/2-R3/2 Y0 (刀具在XY平面内定位)
      R30=0             (加工深度赋初值)
      BBB:              (跳转标记符)
      G02 I=R3/2-R20/2 Z=-R30 TURN=1
                        (螺旋插补铣削加工螺纹)
      R30=R30+R1        (加工深度递增)
      IF R30<=R2 GOTOB BBB (加工条件判断)
    G00 X0 Y0           (退刀)
    R20=R10+SQRT(R21) (加工X坐标值赋值)
    R21=R21+1           (加工层数递增)
    IF R20<=R0 GOTOB AAA (加工条件判断)
  G00 Z50               (抬刀)
  X100 Y100             (返回起刀点)
  M30                   (程序结束)
```

### 3.6.2

设工件坐标原点在零件上表面的对称中心，选用直径为$\phi$10mm 的立铣刀加工，编制加工程序如下。

```
  CX3151.MPF
  R0=50             (型腔长L赋值)
  R1=30             (型腔宽B赋值)
  R2=10             (型腔深H赋值)
  R3=6              (转角半径R赋值)
  R4=12             (刀具直径D赋值)
  R5=0.5*R4 (加工步距赋值，步距值取 0.5
倍刀具直径)
  R6=(R1-R4)/2 (计算加工半宽值)
  R7=(R0-R4)/2 (计算加工半长值)
  IF R4*0.5<=R3 GOTOF MAR01
                    (刀具直径判断)
  M30               (程序结束)
  MAR01:            (跳转标记符)
  G54 G00 X100 Y100 Z50 (工件坐标系设定)
  M03 S600 F150         (加工参数设定)
  G00 X=-R7 Y0          (刀具定位)
  Z2                    (刀具下降)
  R10=0                 (加工深度赋初值)
  AAA:                  (跳转标记符)
    R10=R10+4           (加工深度递增)
    IF R10<=R2 GOTOF LAB01
                        (加工深度判断)
    R10=R2              (将R2赋给R10)
    LAB01:              (跳转标记符)
    R20=0               (加工宽度赋初值)
    G00 X=R7 Y=R20      (刀具定位)
    G01 Z=-R10          (下降到加工平面)
    X=-R7               (直线插补)
    BBB:                (跳转标记符)
      R20=R20+R5        (加工宽度递增)
      IF R20+R3<=R6 GOTOF LAB02
                        (加工宽度条件判断)
      R20=R6-R3         (精加工宽度赋值)
      LAB02:            (跳转标记符)
      G01 X=-R7 Y=R20       (直线插补)
      G02 X=-R7+R3 Y=R20+R3 CR=R3
                            (圆弧插补)
      G01 X=R7-R3           (直线插补)
      G02 X=R7 Y=R20 CR=R3 (圆弧插补)
      G01 Y=-R20            (直线插补)
      G02 X=R7-R3 Y=-R20-R3 CR=R3
                            (圆弧插补)
      G01 X=-R7+R3          (直线插补)
      G02 X=-R7 Y=-R20 CR=R3 (圆弧插补)
      G01 X=-R7 Y=R20       (直线插补)
    IF R20+R3<R6 GOTOB BBB (循环条件判断)
  IF R10<R2 GOTOB AAA (深度加工循环判断)
  G00 Z50               (抬刀)
  X100 Y100             (返回起刀点)
  M30                   (程序结束)
```

### 3.6.3

设工件坐标原点在$\phi$60 圆心，选用直径为 6mm 的键槽立铣刀加工，编制加工程序如下。

```
  CX3162.MPF
  G54 G00 X100 Y100 Z50 (工件坐标系设定)
  M03 S1000 F300        (加工参数设定)
  G00 Z2                (刀具下降)
  R10=0                 (坐标旋转角度赋初值)
    AAA:                (跳转标记符)
    ROT RPL=R10 (坐标旋转设定)
    G00 X=30*COS(15) Y=-30*SIN(15)
                        (刀具定位)
      R20=-1            (加工深度赋初值)
      LAB01:            (跳转标记符)
      G03 X=30*COS(15) Y=30*SIN(15)
Z=R20 CR=30             (圆弧插补)
      G02 X=30*COS(15) Y=-30*SIN(15)
Z=R20 CR=30             (圆弧插补)
      R20=R20-2 (加工深度递减)
      IF R20>-8 GOTOB LAB01
                        (加工深度条件判断)
      G03 X=30*COS(15) Y=30*SIN(15)
```

```
Z=-8 CR=30            (圆弧插补加工到槽底)
    G02  X=30*COS(15)  Y=-30*SIN(15)
Z=-8 CR=30            (圆弧插补加工槽底)
   G00  Z2            (抬刀)
   G00 X=24*COS(45) Y=24*SIN(45)
                      (刀具定位)
    R30=-1                (加工深度赋初值)
    LAB02:                (跳转标记符)
    G01  X=36*COS(45)  Y=36*SIN(45)
Z=R30                     (斜插加工)
    G01  X=24*COS(45)  Y=24*SIN(45)
Z=R30                     (直线插补)
    R30=R30-2             (加工深度递减)
    IF R30>-8 GOTOB LAB02
                          (加工深度条件判断)
    G01  X=36*COS(45)  Y=36*SIN(45)
Z=-8                      (斜插加工到孔底)
    G01  X=24*COS(45)  Y=24*SIN(45)
Z=-8                      (直线插补加工孔底)
   G00 Z2                 (抬刀)
   ROT                    (取消坐标旋转)
   R10=R10+90             (旋转角度递增)
   IF R10<360 GOTOB AAA (加工条件判断)
  G00 Z50                 (抬刀)
  X100 Y100               (返回)
  M30                     (程序结束)
```

本题还可考虑程序的通用性，将 CX3160 和 CX3161 程序修改为可供直接调用的分别用于加工连线为直线和圆弧的腰形孔的通用程序，然后在主程序中赋值调用即可。

# 3.7

## 3.7.1

1．设工件坐标系原点在球顶，采用直径为 $\phi$8mm 的立铣刀从上往下精加工该球冠，编制加工程序如下。

```
  CX3177.MPF
  R1=30               (球半径 R 赋值)
  R2=8                (立铣刀刀具直径 D 赋值)
  R3=20               (球冠高度赋值)
  R10=0               (加工深度赋初值)
  G54  G00  X100 Y100 Z50
                      (选择 G54 工件坐标系)
  M03  S1000  F300    (加工参数设定)
   AAA:               (跳转标记符)
   R20=SQRT(R1*R1-(R1-R10)*(R1-R10))
                      (计算 X 坐标值)
   G01  X=R20+R2/2 Y0     (刀具定位)
   Z=-R10             (刀具下降到切削起点)
   G02 I=-R20-R2/2        (圆弧插补)
   R10=R10+0.2            (加工深度递增)
   IF R10<R3 GOTOB AAA (加工条件判断)
  G00  Z50                (抬刀)
  X100  Y100              (返回起刀点)
  M30                     (程序结束)
```

2．可行，但加工效率较低。

3．设工件坐标原点在球心，采用行切法加工该零件，编制加工程序如下（未考虑刀具半径补偿）。

```
  CX3178.MPF
  R1=20               (球半径 R 赋值)
  R2=70               (方形毛坯长 L 赋值)
  R3=60               (方形毛坯宽 B 赋值)
  R10=R2/2            (加工 X 坐标值赋初值)
  R11=-R10            (值取反)
  G54 G00 X100 Y100 Z50 (工件坐标系设定)
  M03  S1000  F300        (加工参数设定)
  G00 X=R10 Y=R3/2+10     (刀具定位)
  Z0                  (刀具下降到加工平面)
  G01 Y=R3/2          (直线插补至切削起点)
  AAA:                (跳转标记符)
   IF ABS(R10)>=R1 GOTOF MAR01
                      (加工 X 坐标值界线判断)
   R12=SQRT(R1*R1-R10*R10)
                  (计算半球加工 Y 坐标值界线)
   G01 Y=R12      (直线插补到半球加工边界)
   G19 G03 Y=-R12 Z0 CR=R12
                  (圆弧插补行切半球表面)
   MAR01:         (条件结束)
  G01 Y=-R3/2     (直线插补)
  R10=R10-2       (加工 X 坐标值递减)
  G01 X=R10       (刀具移动一个步距)
   IF ABS(R10)>=R1 GOTOF MAR02
                  (加工 X 坐标值界线判断)
   R12=SQRT(R1*R1-R10*R10)
                  (计算半球加工 Y 坐标值界线)
   G01 Y=-R12     (直线插补到半球加工边界)
   G19 G02 Y=R12 Z0 CR=R12
                  (圆弧插补行切半球表面)
   MAR02:         (条件结束)
  G01 Y=R3/2      (直线插补)
  R10=R10-2       (加工 X 坐标值递减)
  G01 X=R10       (刀具移动一个步距)
  IF R10>=R11 GOTOB AAA (加工条件判断)
  G00 Z50         (抬刀)
  X100 Y100       (返回起刀点)
```

```
M30               (程序结束)
```

### 3.7.2

1．设工件坐标点在球心，选用直径为$\phi$8mm的球头刀螺旋铣削加工该凹球面，编制加工程序如下（注意本程序仅在CX3180程序基础上修改凹球半径$R$的赋值，因此有部分空刀）。

```
CX3181.MPF
R1=40             (凹球半径R赋值)
R2=8              (球头刀直径D赋值)
R3=R1-R2/2        (计算R-D/2)
R10=0             (加工角度赋初值)
G54 G00 X0 Y0 Z50 (工件坐标系设定)
M03 S1000 F300        (加工参数设定)
Z0                    (下刀)
G17 G02 X=R3 Y0 CR=R3/2 (圆弧切入)
AAA:                  (跳转标记符)
  R20=R3*COS(R10) (计算r值，亦即X坐标值)
  R21=R3*SIN(R10) (计算加工深度h值)
  G02 X=R20 I=-R20 Z=-R21
                  (螺旋插补加工凹球面)
  R10=R10+0.5 (加工角度递增)
IF R10<90 GOTOB AAA (加工循环条件判断)
G00 Z50           (抬刀)
M30               (程序结束)
```

选用直径为$\phi$8mm的球头刀螺旋铣削加工该凹球面，在如上程序基础上适当修改减少空刀量编制加工程序如下。

```
CX3182.MPF
R0=10        (球心距工件上表面距离赋值)
R1=40        (凹球半径R赋值)
R2=8         (球头刀直径D赋值)
R3=R1-R2/2   (计算R-D/2)
R10=ATAN2(R0/SQRT(R1*R1-R0*R0))
                  (计算加工角度初值)
G54 G00 X0 Y0 Z50 (工件坐标系设定)
M03 S1000 F300        (加工参数设定)
Z=-R3*SIN(R10)        (下刀)
G01 X=R3*COS(R10) Y0 (快进到切削起点)
AAA:                  (跳转标记符)
  R20=R3*COS(R10) (计算r值，亦即X坐标值)
  R21=R3*SIN(R10) (计算加工深度h值)
  G17 G02 X=R20 I=-R20 Z=-R21
                  (螺旋插补加工凹球面)
  R10=R10+0.5 (加工角度递增)
 IF R10<90 GOTOB AAA (加工循环条件判断)
G00 Z50           (抬刀)
M30               (程序结束)
```

2．设工件坐标点在球心，选用直径为$\phi$8mm的立铣刀等高铣削加工该凹球面，编制加工程序如下。

```
CX3183.MPF
R1=25        (凹球半径R赋值)
R2=20        (球底距工件上表面距离赋值)
R3=8         (立铣刀直径D赋值)
R10=0        (加工深度赋初值)
G54 G00 X0 Y0 Z50 (工件坐标系设定)
M03 S1000 F300      (加工参数设定)
AAA:                (跳转标记符)
  R20=SQRT(R1*R1-R10*R10)-R3/2
                    (计算截圆半径)
  G00 X=R20 Y0      (刀具定位)
  G01 Z=-R10        (下刀)
  G03 I=-R20  (圆弧插补加工凹球面)
  R10=R10+0.2 (加工深度递增)
IF R10<=R2 GOTOB AAA (加工循环条件判断)
G00 Z50             (抬刀)
M30                 (程序结束)
```

下面是选用直径为$\phi$8mm的立铣刀螺旋铣削加工该凹球面的程序。

```
CX3184.MPF
R1=25        (凹球半径R赋值)
R2=20        (球底距工件上表面距离赋值)
R3=8         (立铣刀直径D赋值)
R10=0        (加工深度赋初值)
G54 G00 X0 Y0 Z50 (工件坐标系设定)
M03 S1000 F300    (加工参数设定)
G00 X=R1-R3/2 Y0  (刀具定位)
Z2                (刀具下降到安全平面)
G01 Z0            (下刀到加工平面)
AAA:              (跳转标记符)
  R20=SQRT(R1*R1-R10*R10)-R3/2
                  (计算截圆半径)
  G17 G03 X=R20 I=-R20 Z=-R10
                  (螺旋插补加工凹球面)
  R10=R10+0.2 (加工深度递增)
IF R10<=R2 GOTOB AAA (加工循环条件判断)
G00 Z50           (抬刀)
M30               (程序结束)
```

3．设工件坐标原点在凸台上表面圆心，选用$\phi$8mm球头刀加工，编制程序如下。

```
CX3185.MPF
R0=15             (圆弧半径赋值)
R1=30             (上圆直径赋值)
R2=8              (刀具直径赋值)
G54 G00 X100 Y0 Z50    (工件坐标设定)
M03 S1000 F300         (加工参数设定)
```

```
R10=0                （角度赋初值）
AAA:                 （跳转标记符）
R11=(R0-R2/2)*SIN(R10)（计算加工深度）
R12=(R0-R2/2)*COS(R10)
                     （计算X方向距离）
G01 X=R1/2+R0-R12 Z=-R11（直线插补）
G02 I=-(R1/2+R0-R12)（圆弧插补）
R10=R10+0.5          （角度递增）
IF R10<=90 GOTOB AAA（加工条件判断）
G00 Z50              （抬刀）
X100 Y0              （返回）
M30                  （程序结束）
```

### 3.7.3

1．设工件坐标系原点在椭球中心，若选用直径为$\phi$10mm立铣刀铣削加工，编制加工程序如下。

```
CX3193.MPF
R0=25     （椭圆长半轴a赋值）
R1=15     （椭圆中半轴b赋值）
R2=10     （椭圆短半轴c赋值）
R10=0     （XZ平面椭圆离心角t赋初值）
G54 G00 X100 Y100 Z50（工件坐标系设定）
M03 S100 F300（加工参数设定）
Z0        （刀具下降到加工底平面）
G42 G00 X=R0 Y-10 D01
          （建立刀具半径补偿）
G01 Y0    （直线插补至切削起点）
AAA:      （跳转标记符）
R11=R0*COS(R10)      （计算a'值）
R12=R1*COS(R10)      （计算b'值）
R13=R2*SIN(R10)      （计算Z坐标值）
G01 X=R11 Z=R13  （直线插补至加工截平面）
R20=0  （XY截平面椭圆离心角t赋初值）
BBB:   （跳转标记符）
R21=R11*COS(R20)     （计算X坐标值）
R22=R12*SIN(R20)     （计算Y坐标值）
G01 X=R21 Y=R22（直线插补逼近椭圆截交线）
R20=R20+0.5（XY截平面椭圆离心角t递增）
IF R20<=360 GOTOB BBB
   （截平面椭圆截交线加工条件判断）
R10=R10+0.5  （XZ平面椭圆离心角t递增）
IF R10<=90 GOTOB AAA（加工条件判断）
G00 Z50              （抬刀）
G40 X100 Y100        （返回起刀点）
M30                  （程序结束）
```

2．设工件坐标原点在椭球中心，选用直径为$\phi$6mm的球头刀铣削加工椭球面，编制加工程序如下。

```
CX3194.MPF
R0=30            （椭球长半轴a赋值）
R1=20            （椭球中半轴b赋值）
R2=15            （椭球短半轴c赋值）
R3=3             （球头刀刀具半径r赋值）
G54 G00 X100 Y100 Z50（工件坐标系设定）
M03 S1000 F300        （加工参数设定）
X0 Y0                 （刀具定位）
Z0               （下刀到加工平面）
G01 X=R0-R3      （直线插补到切削起点）
R10=ATAN2(7/26.533)
              （XZ平面内椭圆离心角t赋初值）
AAA:             （跳转标记符）
R11=R2*R3*COS(R10)/SQRT(R0*R0*SIN(
R10)*SIN(R10)+R2*R2*COS(R10)*COS(R10))
                      （计算m值）
R12=R0*R3*SIN(R10)/SQRT(R0*R0*SIN(
R10)*SIN(R10)+R2*R2*COS(R10)*COS(R10))
                      （计算n值）
R13=R0*COS(R10)       （计算a'值）
R14=R1*COS(R10)       （计算b'值）
R15=R2*SIN(R10)+R12
              （计算加工平面Z坐标值）
G01 X=R13-R11 Z=-R15
          （XZ平面直线插补逼近椭圆曲线）
R20=360（XY平面内椭圆离心角t'赋初值）
BBB:   （跳转标记符）
R21=R13*COS(R20)-R14*R11*COS(R20)/
SQRT(R13*R13*SIN(R20)*SIN(R20)+R14*R14
*COS(R20)*COS(R20))
              （计算X坐标值）
R22=R14*SIN(R20)-R13*R11*SIN(R20)/
SQRT(R13*R13*SIN(R20)*SIN(R20)+R14*R14
*COS(R20)*COS(R20))
              （计算Y坐标值）
G01 X=R21 Y=R22
   （直线插补逼近XY平面截椭圆曲线）
R20=R20-0.5          （离心角t'递减）
IF R20>=0 GOTOB BBB
   （XY平面截平面椭圆曲线加工判断）
R10=R10+0.5          （离心角t递增）
IF R10<=90 GOTOB AAA
        （XZ平面椭圆曲线加工判断）
G00 Z50              （抬刀）
X100 Y100            （返回起刀点）
M30                  （程序结束）
```

## 3.8

### 3.8.1

1．若选择直径$\phi$8mm的立铣刀从下往上螺旋上升的方法铣削加工圆锥台面，编制加工程序如下。

```
CX3204.MPF
R1=50                 (圆锥台大径A赋值)
R2=40                 (圆锥台小径B赋值)
R3=15                 (圆锥台高度H赋值)
R4=8              (立铣刀刀具直径D赋值)
R10=R3            (加工深度h赋初值)
G54 G00 X0 Y0 Z50 (工件坐标系设定)
M03 S1000 F300        (加工参数设定)
G00 Z=-R3             (刀具定位到底平面)
G01 X=R2*0.5-R4*0.5 Y0
        (刀具直线插补底平面切削起点位置)
AAA:                  (跳转标记符)
  R20=(R1-R10*(R1-R2)/R3)*0.5-R4*
0.5  (计算立铣刀刀位点与圆锥台轴线的距离)
  G17 G03 X=R20 I=-R20 Z=-R10
                  (螺旋插补加工圆锥台面)
  R10=R10-0.2 (加工深度递减)
IF R10>0 GOTOB AAA     (循环条件判断)
G00 Z50                (抬刀)
M30                    (程序结束)
```

2. 若选择直径$\phi$8mm 的球头刀从下往上螺旋上升的方法铣削加工圆锥台面，编制加工程序如下。

```
CX3205.MPF
R1=30             (圆锥台大径A赋值)
R2=20             (圆锥台小径B赋值)
R3=25             (圆锥台高度H赋值)
R4=8              (球头刀刀具直径D赋值)
R10=R3            (加工深度h赋初值)
R11=R4*0.5*COS(ATAN2((R1-R2)*0.5/R
3))
```

$\left[\text{计算}\frac{D}{2}\times\cos\left(a\tan\frac{A-B}{2H}\right)\text{的值}\right]$

```
R12=R4*0.5*SIN(ATAN2((R1-R2)*0.5/R
3))
```

$\left[\text{计算}\frac{D}{2}\times\sin\left(a\tan\frac{A-B}{2H}\right)\text{的值}\right]$

```
G54 G00 X100 Y100 Z50 (工件坐标系设定)
M03 S1000 F300       (加工参数设定)
G00 Z=-(R3-R12)      (刀具定位到底平面)
G01 X=R1*0.5+R11 Y0
        (刀具直线插补底平面切削起点位置)
AAA:                 (跳转标记符)
  R20=(R2+R10*(R1-R2)/R3)*0.5+R11
  (计算球头刀刀位点与圆锥台轴线的距离)
  R21=R10-R12
  (计算球头刀刀位点与圆锥台上表面的距离)
  G17 G02 X=R20 I=-R20 Z=-R21
                 (螺旋插补加工圆锥台面)
  R10=R10-0.2 (加工深度递减)
IF R10>0 GOTOB AAA (循环条件判断束)
G00 Z50              (抬刀)
X100 Y100            (返回起刀点)
M30                  (程序结束)
```

### 3.8.2

1. 将上顶圆看作特殊的椭圆，将 CX3210 程序重新赋值即可。设工件坐标系原点在工件上表面圆心，选择直径为$\phi$10mm 的立铣刀从下往上逐层上升铣削加工该锥面，编制加工程序如下。

```
CX3211.MPF
R0=10               (上顶面椭圆长半轴A赋值)
R1=10               (上顶面椭圆短半轴B赋值)
R2=22               (下底面椭圆长半轴a赋值)
R3=15               (下底面椭圆短半轴b赋值)
R4=15               (椭圆锥台高度H赋值)
R10=R4              (加工深度h赋初值)
G54 G00 X100 Y100 Z50 (工件坐标系设定)
M03 S1000 F300      (加工参数设定)
Z=-R4               (刀具下降到锥台底面)
G00 G42 X=R2 Y-10 D01 (建立刀具半径补偿)
G01 Y0              (直线插补到切削起点)
 AAA:               (跳转标记符)
  G01 Z=-R10        (刀具定位到加工平面)
   R20=R0+R10*(R2-R0)/R4
           (计算长轴对应锥面的斜率k1)
   R21=R1+R10*(R3-R1)/R4
           (计算短轴对应锥面的斜率k2)
   R22=0         (离心角t赋初值)
   BBB:          (跳转标记符)
   R30=R20*COS(R22) (计算截椭圆长半轴a')
   R31=R21*SIN(R22) (计算截椭圆短半轴b')
   G01 X=R30 Y=R31 (直线插补逼近椭圆)
   R22=R22+0.5      (离心角t递增)
   IF R22<360 GOTOB BBB
                 (椭圆加工循环条件判断)
  R10=R10-0.2       (加工深度h递减)
 IF R10>=0 GOTOB AAA
                 (加工深度循环条件判断)
G00 Z50             (抬刀)
G40 X100 Y100       (返回起刀点)
M30                 (程序结束)
```

2. 设工件坐标系原点在工件上表面的椭圆中心，选择直径为$\phi$10mm 的立铣刀从下往上逐层上升铣削加工该内锥面，编制加工程序如下。

```
CX3212.MPF
```

```
R0=30          (上顶面椭圆长半轴A赋值)
R1=20          (上顶面椭圆短半轴B赋值)
R2=25          (下底面椭圆长半轴a赋值)
R3=15          (下底面椭圆短半轴b赋值)
R4=10          (椭圆锥台高度H赋值)
R10=R4         (加工深度h赋初值)
G54 G00 X100 Y100 Z50 (工件坐标系设定)
M03 S1000 F300  (加工参数设定)
G00 G41 X0 Y0 D01 (建立刀具半径补偿)
Z=-R4          (刀具下降到锥台底面)
G01 X=R2       (直线插补到切削起点)
 AAA:          (跳转标记符)
 G01 Z=-R10    (刀具定位到加工平面)
  R20=R0+R10*(R2-R0)/R4
               (计算长轴对应锥面的斜率k1)
  R21=R1+R10*(R3-R1)/R4
               (计算短轴对应锥面的斜率k2)
  R22=0 (离心角t赋初值)
  BBB: (跳转标记符)
  R30=R20*COS(R22)(计算截椭圆长半轴a')
  R31=R21*SIN(R22)(计算截椭圆短半轴b')
  G01 X=R30 Y=R31(直线插补逼近椭圆)
  R22=R22+0.5    (离心角t递增)
  IF R22<360 GOTOB BBB
               (椭圆加工循环条件判断)
 R10=R10-0.2(加工深度h递减)
 IF R10>=0 GOTOB AAA
               (加工深度循环条件判断)
G00 Z50        (抬刀)
G40 X100 Y100  (返回起刀点)
M30            (程序结束)
```

### 3.8.3

1. 设工件坐标系原点在工件上表面中心，采用$\phi$6mm的立铣刀从上往下等高逐层加工，每层沿顺时针方向加工，编制加工程序如下。

```
CX3222.MPF
R1=20          (上方边长赋值)
R2=50          (下圆直径赋值)
R3=30          (渐变体高度赋值)
R4=6           (刀具直径赋值)
R5=0 (加工深度赋初值，从Z0开始向下加工)
G54 G00 X100 Y100 Z50(工件坐标系设定)
M03 S800 F300          (加工参数设定)
AAA:                   (跳转标记符)
 R10=((R2*0.5-R1*0.5)*R5)/R3+R1*
0.5                    (计算l值)
 R11=(R1*0.5*(R3-R5))/R3(计算b值)
 R12=R10-R11           (计算r值)
 G00 X=R10+R4*0.5 Y=R10+R4
(快进到工件外侧，考虑了刀具半径和安全距离)
 G00 Z=-R5             (下刀到加工平面)
 G01 Y=-R11            (直线插补到P1点)
 G02 X=R11 Y=-(R10+R4*0.5) CR=R12+
R4*0.5                 (圆弧插补到P2点)
 G01 X=-R11            (直线插补到P3点)
 G02 X=-(R10+R4*0.5) Y=-R11 CR=R12+
R4*0.5                 (圆弧插补到P4点)
 G01 Y=R11             (直线插补到P5点)
 G02 X=-R11 Y=R10+R4*0.5 CR=R12+
R4*0.5                 (圆弧插补到P6点)
 G01 X=R11             (直线插补到P7点)
 G02 X=R10+R4*0.5 Y=R11 CR=R12+
R4*0.5                 (圆弧插补到P8点)
 R5=R5+0.1             (深度递增)
IF R5<=R3 GOTOB AAA    (循环条件判断)
G00 Z50                (抬刀)
X100 Y100              (返回起刀点)
M30                    (程序结束)
```

2. 设工件原点在工件上表面的对称中心，采用等高铣削加工从下往上加工，设将高度等分为500份，则每份高度变化量为$\Delta z=\frac{30}{500}$mm，对应的$X$向变化量$\Delta x=\frac{(50-36)/2}{500}$mm，对应的$Y$向变化量$\Delta y=\frac{(44-24)/2}{500}$mm，编制加工程序如下。

```
CX3223.MPF
R1=50           (锥体底边长赋值)
R2=36           (锥体底边宽赋值)
R3=44           (锥体顶边长赋值)
R4=24           (锥体顶边宽赋值)
R5=30           (锥体高度赋值)
R6=500          (等分份数赋值)
R10=0           (加工计数器赋初值)
G17 G90 G40     (初始状态设定)
G54 G00 X100 Y100 Z50(工件坐标系设定)
M03 S800 F200   (加工参数设定)
G00 G41 X=R1*0.5 Y=R2*0.5+10 D01
                (建立刀具半径补偿)
G01 Y=R2*0.5    (刀具定位)
 AAA:           (跳转标记符)
 R11=R10*(R1-R2)*0.5/R6
                (X向变化值计算)
 R12=R10*(R3-R4)*0.5/R6
                (Y向变化值计算)
```

```
   G00 Z=-R5+R10*R5/R6 (直线插补)
   G01 X=R1*0.5-R11 Y=R2*0.5-R12
                         (直线插补)
   Y=-R2*0.5+R12         (直线插补)
   X=-R1*0.5+R11         (直线插补)
   Y=R2*0.5-R12          (直线插补)
   X=R1*0.5-R11          (直线插补)
   R10=R10+1             (加工计数器递增)
   IF R10<R6 GOTOB AAA (加工条件判断)
 G00 Z50                 (抬刀)
 G40 X100 Y100           (返回)
 M30                     (程序结束)
```

**3.8.4**

1. 设工件原点在工件上表面的前端面"*R*15"圆弧中心，选用刀具直径为*ϕ*6mm的球头刀铣削加工，编制加工程序如下。

```
 CX3233.MPF
 R0=15                (圆弧半径R赋值)
 R1=12                (工件宽度B赋值)
 R2=6                 (球头刀具直径D赋值)
 G54 G00 X100 Y100 Z50 (工件坐标系设定)
 M03 S1200 F250       (加工参数设定)
   R10=0              (角度赋初值)
   AAA:               (跳转标记符)
   R11=(R0-R2/2)*COS(R10)(计算X坐标值)
   R12=(R0-R2/2)*SIN(R10)
                      (计算加工深度值)
   G00 X=R11 Y=R1+R2 Z=-R12
                      (刀具定位到右后角)
   G01 Y=-R2          (直线插补到右前角)
   G00 X=-R11         (刀具定位到左前角)
   G01 Y=R1+R2        (直线插补到左后角)
   R10=R10+0.5        (角度递增)
   IF R10<=90 GOTOB AAA (加工条件判断)
 G00 Z50              (抬刀)
 X100 Y100            (返回起刀点)
 M30                  (程序结束)
```

2. 设工件原点在工件底平面前端面中点，选择刀具直径为*ϕ*10mm 的球头刀沿弧形面圆周方向走刀，编制加工程序如下。

```
 CX3234.MPF
 R0=25                (圆弧半径赋值)
 R1=40                (连接圆弧半径赋值)
 R2=40                (圆心中心距赋值)
 R3=30                (工件宽度赋值)
 R4=10                (球头刀铣刀直径赋值)
 R5=ATAN2(SQRT((R0+R1)*(R0+R1)-R2*R
2/4)/(R2/2))   (计算角度)
 R6=(R1-R4/2)*COS(R5)
                      (计算圆弧相切点的X坐标值)
 R7=(R0+R4/2)*SIN(R5)
                      (计算圆弧相切点的Z坐标值)
 G54 G00 X100 Y100 Z50  (工件坐标系设定)
 M03 S1000 F300       (加工参数设定)
 G00 X=R2/2+R0+R3 Y0 Z30 (刀具定位)
   R10=0              (加工宽度赋初值)
   AAA:               (跳转标记符)
   G01 X=R2/2+R0+R4/2 Y=R10 Z30
                      (刀具定位)
   G18 G02 X=R6 Z=R7+30 CR=R0+R4/2
                      (圆弧插补)
   G03 X=-R6 Z=R7+30 CR=R1-R4/2
                      (圆弧插补)
   G02 X=-R2/2-R0-R4/2 Z30 CR=R0+R4/2
                      (圆弧插补)
   R10=R10+0.1        (加工宽度递增)
   G01 Y=R10          (进刀)
   G18 G03 X=-R6 Z=R7+30 CR=R0+R4/2
                      (圆弧插补)
   G02 X=R6 Z=R7+30 CR=R1-R4/2
                      (圆弧插补)
   G03 X=R2/2+R0+R4/2 Z30 CR=R0+R4/2
                      (圆弧插补)
   R10=R10+0.1        (加工宽度递增)
   IF R10<=R3 GOTOB AAA (加工条件判断)
 G00 Z50              (抬刀)
 X100 Y100            (返回起刀点)
 M30                  (程序结束)
```

3. 如图所示圆柱体和球的相贯线为一半圆。设工件原点在球心，选择*ϕ*6mm立铣刀加工该十字球铰表面，编制加工程序如下（转角部分按"*R*3"的圆角过渡处理）。

```
 CX3235.MPF
 R0=15                (圆柱半径赋值)
 R1=25                (球半径赋值)
 R2=80                (圆柱体长度赋值)
 R3=6                 (立铣刀刀具直径赋值)
 G54 G00 X0 Y0 Z50 (工件坐标设定)
 M03 S1200 F200       (加工参数设定)
 G01 Z=R1             (刀具定位到球顶点)
   R10=R1             (加工高度赋初值)
   AAA:               (跳转标记符)
   R11=SQRT(R1*R1-R10*R10)
                      (计算加工球的截圆半径值)
   G18 G03 X=R11+R3/2 Z=R10 CR=R1
```

```
                          （圆弧插补到切削起点）
  G17 G02 I=-R11-R3/2
                          （圆弧插补加工球头上部）
    R10=R10-0.1           （加工高度递减）
    IF R10>=R0 GOTOB AAA
                          （球头上部加工条件判断）
  G00 Z=R1+10             （抬刀）
    R20=0                 （坐标旋转角度赋初值）
    BBB:                              （跳转标记符）
    G17 ROT RPL=R20                   （坐标旋转设定）
    G00 X0 Y=R2/2+R3                  （刀具定位）
      R10=R0                          （加工高度赋初值）
      CCC:                            （跳转标记符）
      R21=SQRT(R1*R1-R10*R10)+R3/2
  （计算加工球的截圆半径值加刀具半径值）
      R22=SQRT(R0*R0-R10*R10)+R3/2
（计算加工圆柱截平面矩形半宽加刀具半径值）
      R23=SQRT(R21*R21-R22*R22)
                  （计算加工交点至圆心的距离）
      G00 X=R22 Y=R2/2+R3 Z=R10
                          （刀具定位）
      IF R22>R21*SIN(45) GOTOF MAR01
                          （条件判断）
      G01 X=R22 Y=R23（直线插补加工圆柱面）
      G17 G02 X=R23 Y=R22 CR=R21
                          （圆弧插补加工球面）
      GOTOF MAR02         （无条件跳转）
      MAR01:              （跳转标记符）
      G01 X=R22 Y=R22（直线插补加工圆柱面）
      MAR02:              （跳转标记符）
      G01 X=R2/2+R3 Y=R22
                          （直线插补加工圆柱面）
      R10=R10-0.1         （加工高度递减）
      IF R10>=0 GOTOB CCC
                          （加工条件判断）
    G00 Z=R1+10           （抬刀）
    ROT                   （取消坐标旋转）
    R20=R20+90            （旋转角度递增）
    IF R20<360 GOTOB BBB（加工条件判断）
  G00 Z50                 （抬刀）
  X100 Y100               （返回起刀点）
  M30                     （程序结束）
```

**3.8.5**

1．编制加工程序如下。

```
CX3241.MPF
R1=60                 （圆锥大径赋值）
R2=50                 （圆锥小径赋值）
R3=30                 （圆锥长度赋值）
R4=8                  （刀具直径赋值）
R5=0                  （角度赋初值）
G54 G00 X100 Y100 Z50（工件坐标系设定）
M03 S800 F300         （加工参数设定）
Z0                    （刀具下降到Z0平面）
AAA:                  （跳转标记符）
  R10=(R1+R4*0.5*(R1-R2)/R3)*0.5*
COS(R5)  （计算圆锥大端圆弧上点的X坐标值）
  R11=(R1+R4*0.5*(R1-R2)/R3)*0.5*
SIN(R5)  （计算圆锥大端圆弧上点的Z坐标值）
  R20=(R2-R4*0.5*(R1-R2)/R3)*0.5*
COS(R5)  （计算圆锥小端圆弧上点的X坐标值）
  R21=(R2-R4*0.5*(R1-R2)/R3)*0.5*
SIN(R5)  （计算圆锥小端圆弧上点的Z坐标值）
  G01 X=R10+R4*0.5 Y=R3+R4*0.5 Z=R11
         （插补到P1点，考虑刀具半径补偿值）
  X=-R10-R4*0.5       （插补到P2点）
  X=-R20-R4*0.5 Y=-R4*0.5 Z=R21
                      （插补到P3点）
  X=R20+R4*0.5        （插补到P4点）
  X=R10+R4*0.5 Y=R3+R4*0.5 Z=R11
                      （插补回P1点）
  R5=R5+0.2           （角度递增）
  IF R5<=90 GOTOB AAA（循环条件判断）
G00 Z50               （抬刀）
X100 Y100             （返回起刀点）
M30                   （程序结束）
```

2．编制加工程序如下。

```
CX3242.MPF
R0=30                 （圆锥体大径赋值）
R1=25                 （圆锥体小径赋值）
R2=30                 （圆锥体长度赋值）
R3=10                 （台阶高度赋值）
R4=0.2                （加工高度增量赋值）
G54 G00 X100 Y100 Z50（工件坐标系设定）
M03 S1000 F300        （加工参数设定）
Z=R3                  （下刀到加工平面）
G00 G41 X=R0 Y=R2+10 D01（刀具快进）
G01 Y=R2            （直线插补到切削起点）
R10=R3              （圆锥大端加工高度赋初值）
R11=R3              （圆锥小端加工高度赋初值）
AAA:                （跳转标记符）
R12=SQRT(R0*R0-R10*R10)
              （计算圆锥大端加工X坐标值）
R13=SQRT(R1*R1-R11*R11)
              （计算圆锥小端加工X坐标值）
G01 X=R12 Y=R2 Z=R10（直线插补）
```

```
X=R13 Y0 Z=R11         (直线插补)
X=-R13                 (直线插补)
X=-R12 Y=R2 Z=R10      (直线插补)
R10=R10+R4             (大端加工高度递增)
R11=R11+(R1-R3)*R4/(R0-R3)
                       (小端加工高度递增)
IF R10<R0 GOTOB AAA    (加工条件判断)
G00 G40 X100 Y100      (刀具返回)
Z50                    (抬刀)
M30                    (程序结束)
```

### 3.8.6

仅需将例题程序中“R3”赋值为30即可。设工件坐标原点在五角星顶点，选用直径为$\phi$3mm的立铣刀由下至上等高环绕铣削加工该五角星外表面，编制加工程序如下。

```
CX3252.MPF
R1=10          (五角星高度H赋值)
R2=60          (外角点所在圆直径D赋值)
R3=30(五角星内角点所在圆直径d赋值)
R10=R1         (加工深度h赋初值)
G54 G00 X100 Y100 Z50(工件坐标系设定)
M03 S1000 F300         (加工参数设定)
Z=-R10                 (刀具下降到底平面)
G00 G41 X=R2*0.5+10 Y0 D01
                       (刀具半径补偿建立)
G01 X=R2*0.5   (直线插补刀切削起点)
AAA:                   (跳转标记符)
R11=R2*0.5*R10/R1
(计算截平面中五角星截交线外角点所在圆半径)
R12=R3*0.5*R10/R1
(计算截平面中五角星截交线内角点所在圆半径)
G01 X=R11 Z=-R10(直线插补到切削起点)
X=R12*COS(36) Y=-R12*SIN(36)
                       (直线插补加工平面五角星)
X=R11*COS(72) Y=-R11*SIN(72)
                       (直线插补加工平面五角星)
X=R12*COS(108) Y=-R12*SIN(108)
                       (直线插补加工平面五角星)
X=R11*COS(144) Y=-R11*SIN(144)
                       (直线插补加工平面五角星)
X=-R12 Y0              (直线插补加工平面五角星)
X=R11*COS(144) Y=R11*SIN(144)
                       (直线插补加工平面五角星)
X=R12*COS(108) Y=R12*SIN(108)
                       (直线插补加工平面五角星)
X=R11*COS(72) Y=R11*SIN(72)
                       (直线插补加工平面五角星)
X=R12*COS(36) Y=R12*SIN(36)
                       (直线插补加工平面五角星)
X=R11 Y0               (直线插补加工平面五角星)
R10=R10-0.2 (加工深度递减)
IF R10>0 GOTOB AAA(加工深度条件判断)
G00 Z50                (抬刀)
G40 X100 Y100          (返回起刀点)
M30                    (程序结束)
```

## 3.9

### 3.9.1

再次修改刀具半径补偿值，再次激活刀具半径补偿功能，取消刀具半径补偿

### 3.9.2

1．“$TC_DP6[1,1]=R10”的作用是将参数“R10”中的数值赋给刀具半径补偿系统变量。不能写成“$TC_DP6[1,1]=10”。

2．不一定。刀具半径补偿值应理解为刀具中心轨迹与编程工件轮廓之间的距离，因此该距离(即刀具半径补偿值)从粗加工到精加工会越来越小。

3．能够实现。

### 3.9.3

刀具半径右补偿、G42、刀具半径左补偿、G41、刀具半径左补偿、G41、刀具半径右补偿、G42、刀具半径左补偿、G41、刀具半径右补偿、G42、刀具半径右补偿、G42、刀具半径左补偿、G41

### 3.9.4

1．编制加工程序如下。

```
CX3284.MPF
G54 G17 G90
(选择G54工件坐标系、XY平面和绝对坐标值编程)
M03 S1000 F300          (主轴正转)
G00 X100 Y100 Z50       (快进到起刀点)
R3=8                    (球头刀直径D赋值)
R17=4                   (凸圆角半径R赋值)
R20=0                   (角度θ计数器置零)
R21=R3/2+R17
          (计算球刀中心与倒圆中心连线距离)
AAA:                    (跳转标记符)
R22=R21*SIN(R20)-R17
          (计算球头刀的Z轴动态值)
$TC_DP6[1, 1]=R21*COS(R20)-R17
          (计算动态变化的刀具半径r补偿值)
G00 Z=R22         (刀具下降至初始加工平面)
G42 X39 Y0 D01          (建立刀具半径补偿)
R40=0                   (R40赋初值)
BBB:                    (跳转标记符)
```

```
R40=R40+0.5         (R40递增0.5°)
R24=35*COS(R40)  (计算X坐标值)
R25=20*SIN(R40)  (计算Y坐标值)
G01 X=R24 Y=R25 (直线插补逼近椭圆曲线)
IF R40<=360 GOTOB BBB
    (当R40小于等于360°时执行循环)
G40 G00 X50   (取消刀具半径补偿)
R20=R20+0.5   (角度计数器加增量)
IF R20<=90 GOTOB AAA (循环条件判断)
G00 Z50           (抬刀)
X100 Y100         (返回起刀点)
M30               (程序结束)
```

2．能。

3．能，利用刀具半径补偿倒斜角的编程方法编制的外圆锥面加工程序参见3.8.1节“圆锥台面铣削加工”。

# 参 考 文 献


[1] 冯志刚. 数控宏程序编程方法、技巧与实例. 北京：机械工业出版社，2007.

[2] 张超英. 数控编程技术——手工编程. 北京：化学工业出版社，2008.

[3] 韩鸿鸾. 数控编程. 北京：中国劳动社会保障出版社，2004.

[4] 杨琳. 数控车床加工工艺与编程. 北京：中国劳动社会保障出版社，2005.

[5] 杜军. 数控编程习题精讲与练. 北京：清华大学出版社，2008.

[6] 杜军. 数控编程培训教程. 北京：清华大学出版社，2010.

[7] 杜军. 轻松掌握FANUC宏程序——编程技巧与实例精解. 北京：化学工业出版社，2011.

[8] 杜军 龚水平. 轻松掌握华中宏程序——编程技巧与实例精解. 北京：化学工业出版社，2012.